Wissenschaftsforschung

Elisabeth Miosga
Geiststr. 3
37073 Göttingen

C(

Reihe Campus Studium
Band 1086

Ulrike Felt ist promovierte Physikerin und Assistentin am Institut
für Wissenschaftstheorie und Wissenschaftsforschung (IWTF) an
der Universität Wien;
Helga Nowotny ist Professorin für Soziologie an diesem Institut
und *Permanent Fellow* am Collegium Budapest;
Klaus Taschwer ist wissenschaftlicher Mitarbeiter am IWTF.

Ulrike Felt, Helga Nowotny,
Klaus Taschwer

Wissenschaftsforschung

Eine Einführung

Campus Verlag
Frankfurt/New York

Die Deutsche Bibliothek – CIP-Einheitsaufnahme

Felt, Ulrike:
Wissenschaftsforschung: eine Einführung / Ulrike Felt;
Helga Nowotny; Klaus Taschwer. – Frankfurt/Main; New York:
Campus Verlag, 1995
   (Reihe Campus; Bd. 1086: Studium)
   ISBN 3-593-35366-0
NE: GT

Umschlaggestaltung: Atelier Warminski, Büdingen
Druck und Bindung: Friedrich Pustet, Regensburg
Gedruckt auf säurefreiem und chlorfrei gebleichtem Papier.
Printed in Germany

Inhalt

Vorbemerkungen   7

Kapitel 1
Was ist Wissenschaftsforschung?   15

1.1. Themen der Wissenschaftsforschung   15
1.2. Eine kurze Geschichte der Wissenschaftsforschung   22

Kapitel 2
Geschichte und Ausdifferenzierung
des Sozialsystems der Wissenschaften   30

2.1. Die sozialen Ursprünge neuzeitlicher Wissenschaft   33
2.2. Akademische Wissenschaft als Beruf   39
2.3. Das Wachstum der Wissenschaft   43
2.4. »Big Science« – Großforschung im 20. Jahrhundert   48

Kapitel 3
Die soziale Organisation von Forschung   57

3.1. Die *Scientific Community* und ihre Normen   59
3.2. Kommunikation im Forschungsprozeß   64
3.3. Kognitive und soziale Hierarchien   70
3.4. Konkurrenz als Triebkraft im Wissenschaftssystem   75

Kapitel 4
Die Beziehung der Geschlechter in den Wissenschaften   85

4.1. Zur Geschichte der Beziehung der Geschlechter   87
4.2. Die Stratifikation der Geschlechter   93
4.3. Die soziale Konstruktion der Geschlechterdifferenz   101
4.4. Feministische Wissenschaftskritik   107

Kapitel 5
Die »neuere« Wissenschaftsforschung:
Konzepte und Perspektiven   114

5.1. Modelle wissenschaftlicher Entwicklung:
     ein Systematisierungsversuch   117
5.2. Von der Wissenssoziologie zur
     relativistischen Wissenschaftsphilosophie   122
5.3. Soziologien des wissenschaftlichen Wissens   128
5.4. Laborstudien und Konstruktivismus   134
5.5. Weiterentwicklungen: die Repräsentation von Wissen,
     Reflexivismus und die Aktor-Netzwerk Theorie   142

Kapitel 6
Die Sozial- und Geisteswissenschaften 149

6.1. Zur Geschichte der Sozialwissenschaften 151
6.2. Die Diskussion über die Funktion der Geisteswissenschaften 158
6.3. Die Verwendungskontexte der Sozial- und Geisteswissenschaften . . . 161
6.4. Die zwei (drei) Kulturen:
     Möglichkeiten transdisziplinärer Dialoge 170

Kapitel 7
Wissenschaft und Technik:
die soziale Formbarkeit von Technik 181

7.1. Wissenschaft und Technik: unscharfe Grenzen 183
7.2. Technische Innovationsprozesse 187
7.3. Großtechnische Systeme 194
7.4. Wissenschaft, Technik und das Militär 198

Kapitel 8
Universitäten – Staat – Industrie:
das wissenschaftspolitische Dreieck 208

8.1. Die Transformation des Wissenschaftssystems
     im 19. und 20. Jahrhundert 211
8.2. Mechanismen der Forschungsförderung 219
8.3. Die wirtschaftliche Relevanz von Grundlagenforschung 226
8.4. Universitäten im Umbruch: Hochschulpolitische
     Entwicklungstrends in Europa 230
8.5. Qualität und ihre Meßbarkeit: Zur Evaluation von Wissenschaft 235

Kapitel 9
Wissenschaft im öffentlichen Raum 244

9.1. Modelle der Wissenschaftsvermittlung 248
9.2. Mediale Träger, Vermittler und »Bilder« von Wissenschaft 253
9.3. Wissensproduktion an der Schnittstelle zwischen
     Wissenschaft und Öffentlichkeit 261
9.4. Über den »laienhaften« Umgang mit Wissenschaft 265
9.5. Öffentliche Kontroversen um wissenschaftlich-technische Risiken . . . 271

Epilog 281

Glossar 285

Zeitschriften 297

Bibliographie 301

Personenregister 319

Vorbemerkungen

> Machen wir uns zunächst klar, was denn eigentlich
> diese intellektualistische Rationalisierung durch
> Wissenschaft und wissenschaftliche Technik prak-
> tisch bedeutet (...): daß man, wenn man nur wollte,
> es jederzeit erfahren könnte, daß es also prinzipiell
> keine geheimnisvollen, unberechenbaren Mächte
> gebe, die da hineinspielen, daß man vielmehr alle
> Dinge – im Prinzip – durch Berechnen beherrschen
> könne. Das aber bedeutet: die Entzauberung der
> Welt.
>
> *Max Weber (1919)*

Die »Entzauberung der Welt«, wie sie vom deutschen Soziologen
Max Weber so eindringlich beschrieben wurde, haben vor allem die
modernen Wissenschaften vollzogen, deren Siegeszug im 17. Jahrhundert in Europa begann und dessen Ende heute weniger denn je
absehbar ist. Zunehmende Wissenschafts- und Technikgläubigkeit
insbesondere in der ersten Hälfte dieses Jahrhunderts bedeutete dann,
daß Wissenschaft bis zu einem gewissen Grad selbst die Position der
überkommenen Religion eingenommen hatte. Die Wissenschaften
sind für den außenstehenden Betrachter gewissermaßen in den ma-
gisch-mythischen Bereich gerückt und zum Motor des Fortschritts
hochstilisiert worden, eines Fortschritts, der uns in eine bessere und
gerechtere Welt hätte führen sollen.

Wir begegnen heute Wissenschaft in einer großen Vielfalt, egal,
ob es nun die technologischen Artefakte sind, mit denen wir uns um-
geben, die Werbung für neue Produkte, Erkenntnisse auf dem medizinischen Sektor oder im beruflichen Bereich. Meist spielt Wissenschaft dabei – wenn auch auf sehr verschiedenen Ebenen – eine
wichtige Rolle. Daher scheint es gerechtfertigt, unsere Gesellschaft,
in der wir heute leben, als *verwissenschaftlicht* zu bezeichnen. Wissenschaftliche Erkenntnisse und insbesondere wissenschaftlich-tech-

nische Artefakte sind aus ihr nicht mehr wegzudenken, und diese gestalten ganz wesentlich auch die gesellschaftlichen Strukturen.

Obwohl sich das allgemeine Bildungsniveau in der zweiten Hälfte dieses Jahrhunderts deutlich erhöht hat und die Zugangsmöglichkeiten zu Hochschulen und Universitäten in den westlichen Industrienationen breiter wurden, ist gleichzeitig festzustellen, daß sich die Wissenskluft zwischen Laien und hochspezialisierten ForscherInnen weiter vergrößert hat. Ein Grund dafür liegt sicher in der stetigen Ausdifferenzierung und Spezialisierung von Wissenschaft – mit anderen Worten: man weiß immer mehr über immer weniger. Es bilden sich also zunehmend spezialisiertere Bereiche, deren Wissen nur in einem engen Kreis von ForscherInnen verfügbar ist.

Aber warum sollten wir etwas glauben oder wertschätzen, das wir nicht verstehen? Religiöse Dogmen verlangen blindes Vertrauen – wie aber sieht es mit den Methoden und Erkenntnispraktiken der Wissenschaft aus? Wie kommen wissenschaftliche Erkenntnisse überhaupt zustande? Was ist ausschlaggebend dafür, daß sie als »wahrer«, als universeller gelten als andere Wissensformen?

Ein zentrales Ziel, mit dem insbesondere die neuere Wissenschaftsforschung angetreten ist, war es, genau solche Fragen zu untersuchen und so die geheimnisvolle »black box« Wissenschaft zu öffnen. Seit den dreißiger Jahren dieses Jahrhunderts begann man sich damit auseinanderzusetzen, wie Wissenschaft sozial und institutionell organisiert ist und was die wichtigsten Normen in diesem Sozialsystem Wissenschaft sind. Der eigentliche Produktions*prozeß,* aber vor allem die wissenschaftlichen Erkenntnisse selbst und deren Entwicklung blieben in diesen Untersuchungen allerdings ausgeklammert. Nachdem sich die neuere Wissenschaftsforschung auch dieser Fragestellungen angenommen hat und vor Ort in den Laboratorien »*science in the making*« beobachtet hat, haben die Naturwissenschaften viel von ihrem geheimnisvollen Nimbus eingebüßt. Es wurde in Frage gestellt, daß wissenschaftliche Erkenntnisse einfach durch »Übereinstimmung mit der Natur« erklärbar sind oder daß wissenschaftliches Wissen von Machtaspekten getrennt betrachtet werden kann. Wissenschaft, die Entzauberin der modernen Welt, ist damit selbst entzaubert worden.

Neben dieser internen Entzauberung der Wissenschaft durch die Wissenschaftsforschung kamen in den letzten Jahrzehnten verschiedene Entwicklungen hinzu, die auch »von außen« erkennen ließen, daß die in den wissenschaftlichen Fortschritt gesetzten Erwartungen nicht einfach erfüllbar sind. Die Naturwissenschaft hatte mit dem Zweiten Weltkrieg ihre »Unschuld« verloren, und Möglichkeiten ihrer mißbräuchlichen Verwendung wurden klar. Aber es wurden auch die negativen Auswirkungen der fortschreitenden Technologisierung und Verwissenschaftlichung der Gesellschaft deutlicher sichtbar. Skepsis angesichts ungebremster und unkontrollierter wissenschaftlicher Entwicklungen wurde artikuliert.

Zugleich ist Wissenschaft in den vergangenen Jahrzehnten immer wichtiger und unentbehrlicher geworden, zumal für die Wirtschaft, aber auch für viele andere gesellschaftliche Teilbereiche. Die einschneidendste Veränderung für die Wissenschaft kam allerdings durch die immer engere Bindung an Industrie und Staat. Immer größere Teile der Industrie beruhen heute auf wissenschaftlicher Forschung und Entwicklung und benötigen daher das an den Universitäten vorhandene Know-how. Aber auch die Form dieser Abhängigkeit von der Industrie hat sich gewandelt, und zunehmend breitere Bereiche universitärer Forschung werden nicht mehr von öffentlicher Hand gefördert. Das Einwerben von sogenannten Drittmitteln wird somit zu einer Notwendigkeit, was strukturelle und inhaltliche Konsequenzen hat.

Mit diesen einleitenden Bemerkungen soll angedeutet werden, daß sich die Wissenschaften in einer steten Entwicklung, in einem andauernden ungeplanten Transformationsprozeß befinden und daß sie dabei in mannigfaltige soziale Kontexte eingebettet sind, die sich ebenfalls ständig verändern. Gerade diese Frage nach »sozialen Kontexten« erschließt im Zusammenhang mit Wissenschaft neue Perspektiven und ermöglicht neue Einsichten. Im Zentrum der Diskussion stehen Fragen wie: In welchen gesellschaftlichen und kulturellen Umfeldern ist Wissenschaft entstanden? In welche politischen und ökonomischen »Umwelten« ist sie eingebettet? Wie sehen die konkreten Rahmenbedingungen der Wissensproduktion aus? Kann wissenschaftliche Erkenntnis nach dieser Kontextualisierung durch die Wissenschaftsforschung immer noch als universell, als unabhängig von zeitlichen, lokalen, kulturellen Bedingungen gedacht werden? Wie sehen diese umgebenden Zusammenhänge bei der Verbreitung von wissenschaftlichen oder technischen Artefakten aus? Offensichtlich ist, daß diese sozialen Kontexte von Wissenschaft von großer Verschiedenheit sind: Sie reichen von der Interaktion einzelner ForscherInnen im Labor bei der Fabrikation von Erkenntnissen über die Probleme, die sich aus der Wissensdifferenz zwischen Laien und ExpertInnen ergeben, bis hin zu der unterschiedlichen Wahrnehmung von wissenschaftlich-technischen Risiken – um nur zwei Beispiele zu nennen.

Das Problem des Diskurses über Wissenschaft beginnt bereits bei der Frage, was unter Wissenschaft – insbesondere aus der Perspektive der Wissenschaftsforschung – zu verstehen sei. Mehrere Möglichkeiten bieten sich an. Wissenschaft in ihrer symbolischen Form ist ein *kulturelles Artefakt*, die Summe der Ergebnisse von Forschung, die sich in wissenschaftlichen Zeitschriften, in Büchern, in Konferenzen, aber auch in Patenten wiederfinden. Zugleich steht der Begriff Wissenschaft auch für einen *Beruf*, der eine bestimmte Ausbildung und in aller Regel akademische Titel verlangt, für den Selbst-Rekrutierung, Beurteilung durch die FachkollegInnen etc. kennzeichnend sind. Unter Wissenschaft ist aber auch die zumeist spezialisierte und oft kreative *Tätigkeit* zu verstehen, die von speziell ausgebildeten Personen betrieben wird und die nach Möglichkeit zu neuen wissenschaftlichen Erkenntnissen führen soll. In einer makroskopischen Perspektive ist Wissenschaft schließlich noch ein spezifischer *gesellschaftlicher Teilbereich*, in dem »wahres« Wissen erzeugt wird, das für andere gesellschaftliche Bereiche (etwa Wirtschaft oder Politik) von Relevanz ist. Neben diesen verschiedenen Betrachtungsperspektiven existieren auch grundlegende Differenzen zwischen den verschiedenen wissenschaftlichen Disziplinen, sowohl in ihrer sozialen Organisation als auch in ihrer jeweiligen alltäglichen Forschungspraxis.

Diese Komplexität der modernen Wissenschaft und ihrer mannigfaltigen sozialen Kontexte hat u.a. dazu geführt, daß die Wissenschaftsforschung und die mit ihr verwandten Forschungsbereiche unterschiedliche theoretische und empirische Zugänge entwickelt haben. Daraus resultiert eine Vielfalt an Literatur über die soziale Struktur, über die gesellschaftliche Funktion oder die Forschungspraktiken von Wissenschaft. Auch steckt die Wissenschaftsforschung noch in ihrer Entwicklungsphase, und damit ist das Schreiben eines solchen Buches mit dem Zeichnen einer Landkarte einer nur halbgesehenen Welt zu vergleichen. »Was ist die Form dieser Welt, die wir Wissenschafts- und Technikforschung nennen? Wo liegen ihre Unterteilungen und Grenzen? Was könnte in Kontinente gespalten werden (...) auf eine Weise, die allen Einwohnern gerecht wird?« – das sind einige der dem neuesten Handbuch der Wissenschafts- und Technikforschung vorangestellten Fragen, die auch für unsere Situation zutreffen. Das Verfassen einer *Einführung in die Wissenschaftsforschung* muß immer unvollständig bleiben, ist immer ein Ausleseprozeß, bei dem entschieden wird, welche Fragestellungen und Themen behandelt und welche ausgeklammert werden.

Ein weiteres wichtiges Kriterium bei der Konzeption dieses Leitfadens war die Abstimmung auf seine voraussichtlichen LeserInnen: Wissenschaftsforschung als »metawissenschaftliches« Projekt würde sich selbst diskreditieren, wenn es sich nicht auch mit dem auseinandersetzte, was für Studierende, für praktizierende WissenschaftlerInnen, aber auch für all jene, die sich im weitesten Sinn mit wissenschaftlichen Belangen befassen, von Interesse und Bedeutung ist. Eine zentrale Aufgabe dieser Einführung in die Wissenschaftsforschung sollte es demnach auch sein, reflexives Wissen über die eigene wissenschaftliche Tätigkeit und deren Einbettung in ein gesellschaftliches Gesamtgefüge – sei es als Studierende, Lehrende oder Forschende – anzubieten und zur kritischen Auseinandersetzung mit der jeweiligen wissenschaftlichen Disziplin bzw. dem eigenen Studium anzuregen. So werden Fragen wie jene nach den wichtigsten Unterschieden zwischen den Disziplinen und den Konsequenzen, die sich daraus für den Erkenntnisprozeß ergeben, diskutiert. Es wird aber auch danach gefragt, was es für die Wissenschaft und die Universität bedeutet, daß sie ihre Leistungen gegenüber einer kritischen Öffentlichkeit verantworten müssen, oder welche Konsequenzen die fortschreitende Privatisierung von Wissen haben könnte. Die Wissenschaftsforschung bietet also ein Forum dafür, Fragen *über* die Wissenschaften zu formulieren – auch wenn sie durchaus nicht immer in der Lage ist, diese auch zu beantworten. Sie hat sich zur Aufgabe gemacht, gerade das genauer unter die Lupe zu nehmen und selbst »wissenschaftlich« zu hinterfragen, was in den übrigen Wissenschaften meist als gegeben angesehen wird.

Neben der thematischen Auswahl besteht das Problem einer Systematisierung, d.h. einer Gliederung in Kapitel. Gerade bei einer Auseinandersetzung mit sozialen Kontexten von Wissenschaft wird das eng verwobene Netz von vielschichtigen Zusammenhängen erst wirklich sichtbar: »Interne« Erkenntnispraktiken in der Großforschung beispielsweise sind nicht separierbar von den Instrumenten, die dafür verwendet werden. Diese wiederum müssen aufgrund ihrer enormen Kosten erst einmal von den beteiligten Staaten finanziert werden. Diese Finanzierung hängt aber immer mehr auch davon ab, ob mit wirtschaftlich oder technologisch bedeutsamen Rückflüssen argumentiert werden kann und ähnlichem mehr.

Aber nicht nur die wissenschaftlich-technische Entwicklung verläuft mit rasanter Geschwindigkeit, sondern es hat sich etwas von dieser Geschwindigkeit auch auf die Wissenschaftsforschung übertragen: Die einschlägige Literatur nimmt rasant zu und diversifiziert sich weiter. Die Hinweise auf weiterführende Texte, zu deren Lektüre wir anregen wollen, sind uns daher ein wichtiges Anliegen. Einige Bereiche der Wissenschaftsforschung kamen aus Platzgründen zu kurz bzw. konnten nicht eingeordnet werden. So mußten ein Abschnitt zur Rhetorik und Semiotik von wissenschaftlichen Texten und Bildern, eine Zusammenschau der quantitativen und qualitativen Methoden der Wissenschaftsforschung sowie ein Überblick über neuere Ansätze der Risikoforschung entfallen. Weggelassen werden mußten auch ein Kapitel über Wissenschaft und Technik in und für die Länder der sogenannten Dritten Welt und eine Einführung in die Umweltforschung aus der Sicht der Wissenschaftsforschung.

Eine Zukunftsperspektive, die vielleicht auch einige LeserInnen vermissen werden, ist jene der *Alternativen* zur zeitgenössischen, anscheinend immer stärker der Wirtschaft bzw. dem Militär verpflichteten Forschung. Tatsächlich hat Wissenschaftsforschung, so meinen wir, insbesondere auch den Anspruch und die Aufgabe, den Blick zu schärfen und skeptisch zu machen, sowohl gegenüber den anscheinend unumstößlichen wissenschaftlichen Tatsachen als auch gegenüber den scheinbaren Notwendigkeiten wissenschaftlich-technischen Handelns. Anstelle eines eigenen Kapitels über »alternative Wissenschaft« oder der direkten Beteiligung am theoretischen Diskurs um eine neue, andere Ethik in der Wissenschaft haben wir versucht, den Blick für die Strukturen und das Funktionieren von Technowissenschaft kritisch zu schärfen. Um alternative Entwicklungen in der Zukunft und Handlungsspielräume in der Gegenwart abschätzen und ausloten zu können, bedarf es u.a. des theoretischen und empirischen Verständnisses, wie die Wissenschaften zu dem geworden sind, was sie heute sind.

Schließlich noch einige Worte zur Handhabung des vorliegenden Textes. Aufgrund des beschränkten Umfangs und seines einführenden Charakters nehmen die Verweise auf lesenswerte Bücher und Artikel einen wichtigen Platz ein. An jedes Kapitel schließt eine kommentierte Literaturliste an, die konkrete Vorschläge für vertiefende Lektüre in Zusammenhang mit bestimmten Themenbereichen macht. Im letzten Teil des Buches findet sich ein *Glossar*, in dem wichtige Begriffe und Abkürzungen der Wissenschaftsforschung kurz erläutert werden. Außerdem finden sich Hinweise darauf, in welchen Kapiteln mehr Information zum jeweiligen Stichwort zu finden ist. Auch die Wissenschaftsforschung verfügt mittlerweile über eine wachsende Anzahl an Fachzeitschriften, von denen die meisten in englischer Sprache erscheinen. Wir listen vor dem Literaturverzeichnis, das über die verwendete und weiterführende Literatur hinausgeht, die wichtigsten angloamerikanischen Zeitschriften aus den Bereichen Wissenschaftsforschung, Wissenschaftspolitik und Wissenschaftsgeschichte auf, die auf ihre Art die Bedeutung und die Dynamik dieses Forschungsfeldes dokumentieren.

Dieses Einführungsbuch ist aus einem zweisemestrigen Vorlesungszyklus hervorgegangen, der von Helga Nowotny seit 1987 an der Universität Wien abgehalten und später alternierend mit Ulrike Felt fortgesetzt wurde. Ulrike Felt* ist die Initiative (und vieles mehr) zu verdanken, diese Vorlesungsreihe in der hier vorliegenden Form weiterzuentwickeln und damit einem breiteren Publikum zugänglich zu machen. Ulrike Felt und Helga Nowotny sind an dem 1987 gegründeten Institut für Wissenschaftstheorie und Wissenschaftsforschung der Universität Wien als Universitätsassistentin bzw. Professorin tätig. Klaus Taschwer war Student an diesem Institut und ist jetzt Mitarbeiter an einem Forschungsprojekt zum Thema Wissenschaft und Öffentlichkeit.

Dem Österreichischen Bundesministerium für Wissenschaft, Forschung und Kunst sei an dieser Stelle gedankt, da es uns durch seine finanzielle Unterstützung ermöglichte, eine Erstfassung in Skriptform zu erstellen. Vor allem gilt unser Dank aber all jenen StudentInnen, die uns durch ihr Interesse und ihre konstruktive Kritik an der ersten, im Dezember 1992 erschienenen Version ermutigten, dieses Manuskript zu erweitern und neu zu gestalten.

Wir hoffen, mit diesem Buch einen Beitrag zu leisten, daß die Wissenschaftsforschung auch im deutschen Sprachraum besser Fuß fassen kann.

Wien, Januar 1995

---

* Ich möchte mich hier bei Sébastien und Yves für Geduld und Verständnis bedanken – viele Abende und Wochenenden habe ich mit diesem Buch anstatt mit ihnen verbracht.

Kapitel 1

Was ist Wissenschaftsforschung?

Ziel dieses Einführungskapitels ist es, Wissenschaftsforschung als ein eigenständiges, noch junges und in Entwicklung befindliches, integratives Forschungsgebiet vorzustellen. Dadurch soll die Grundlage geschaffen werden, die in den folgenden Kapiteln präsentierten Forschungsbereiche und Fragestellungen besser einordnen zu können. Es wird auf Themenbereiche und Zielvorstellungen, aber auch auf mögliche Abgrenzung zu anderen, verwandten Forschungsgebieten einzugehen sein. Ein Überblick über die Geschichte und den gesellschaftspolitischen Hintergrund dieses sich rasch entwickelnden und vielgestaltigen Faches beschließt diese Einleitung.

1.1. Themen der Wissenschaftsforschung

> Es geht nicht darum, Wissenschaft und Nicht-Wissenschaft sauber voneinander zu trennen. Es geht darum, die Aufklärung über Wissenschaft zum Bestandteil des Wissenserwerbs zu machen.
>
> *Wolf Lepenies*

Vor rund zehn Jahren behauptete Derek de Solla Price, einer der bekanntesten amerikanischen Wissenschaftshistoriker und Wissenschaftsforscher, daß die Wissenschaft möglicherweise die wichtigste soziale Institution moderner Gesellschaften sei:

Sie hat das Leben und das Schicksal von mehr Menschen auf der ganzen Welt verändert als irgendein politisches oder religiöses Ereignis, und sie bedingt die ökonomische und militärische Stärke der Staaten und ist für den Lebensstandard ihrer Einwohner verantwortlich. (zitiert nach Zuckerman 1988: 511)

Diese starke Behauptung ist selbstverständlich anfechtbar – unbestritten bleibt aber die Tatsache, daß Wissenschaft (und Technologie) einflußreiche Teilbereiche moderner Gesellschaften sind, daß sie bedeutende gesellschaftliche Auswirkungen haben und daß auch die sogenannte Grundlagen-Wissenschaft nicht in einem sozialen Vakuum, sondern von sich in einem spezifischen gesellschaftlichen, politischen, ökonomischen Kontext befindenden ForscherInnen betrieben wird.

Die moderne Wissenschaft, die im 17. Jahrhundert institutionalisiert wurde, durchdringt in ihren Auswirkungen nahezu jeden Aspekt unseres modernen Lebens. Der hohe Stellenwert von Wissenschaft manifestiert sich nicht nur in unserem eigenen alltäglichen Umgang mit Wissen, wenn wir z.B. Sicherheit und Entscheidungshilfe durch Expertenwissen suchen. Sie zeigt sich auch angesichts der hohen Investitionen, die von Industrienationen – und in Teilbereichen selbst von sogenannten Entwicklungsländern – für Wissenschaft und Technologie aufgebracht werden. Moderne Gesellschaften unterstützen zwar Wissenschaft mit erheblichen Summen, fordern aber immer deutlicher Rechtfertigung für diese Investitionen und formulieren auch Erwartungen und Anforderungen an Wissenschaft. Damit verliert sie zunehmend ihre geschützte Sonderstellung.

Die Frage nach der gesellschaftlichen Funktion der Wissenschaft ist nicht erst heute in das Blickfeld der Öffentlichkeit gerückt, sondern wurde bereits vor mehr als fünfzig Jahren vom englischen Kristallographen und Wissenschaftshistoriker John Desmond Bernal gestellt. Diese von ihm vorgebrachten Überlegungen haben durchaus heute noch Geltung:

Worin besteht die Funktion der Wissenschaft in der Gesellschaft? Vor hundert, ja noch vor fünfzig Jahren wäre diese Frage sogar dem Wissenschaftler selbst und erst recht dem Verwaltungsbeamten oder gar dem Durchschnittsbürger seltsam, wenn nicht sinnlos erschienen. Wenn der Wissenschaft überhaupt eine Funktion zugeschrieben wurde, worüber sich übrigens nur wenige Menschen Gedanken machten, so wurde sie im Bereich des Allgemeinwohls gesehen. Die Wissenschaft war edelste Blüte menschlichen Geistes und meistversprechende Quelle materieller Wohltaten zugleich. (...) Es (...) konnte kein Zweifel daran bestehen, daß ihre Umsetzung in die Praxis die wichtigste Grundlage des Fortschritts war. Inzwischen hat sich das Bild gewandelt. Die Wirren unserer Zeit scheinen eine Folge eben dieses Fortschritts zu sein. Die neuen Produktionsmethoden, welche die Naturwissenschaft hervorgebracht hat, führen zu Arbeitslosigkeit und Überangebot, ohne daß sie dazu eingesetzt werden, Armut und Elend (...) zu überwinden. Gleichzeitig haben die Waffen, die uns die praktische Anwendung der Naturwissenschaft geliefert hat, den Krieg zu einer unmittelbaren und schrecklichen Gefahr gemacht und die Sicherheit des Individuums, eine der wesentlichen Errungenschaften der Zivilisation, fast völlig aufgehoben. Natürlich kann man diese Übel und Mißstände nicht ausschließlich der Wissenschaft zur Last legen: Es kann aber nicht geleugnet werden, daß sie nicht vorhanden wären, zumindest nicht in ihrer gegenwärtigen Form, wenn es keine Wissenschaft gäbe, und aus eben diesem Grund wurde und wird der Wert der Wissenschaft für die Zivilisation angezweifelt. Solange die Ergebnisse eitel Segen zu sein schienen, wurde die gesellschaftliche Funktion der Wissenschaft als so selbstverständlich angesehen, daß man es nicht für notwendig hielt, sie zu überdenken. Jetzt, da die Wissenschaft nicht nur konstruktiv, sondern auch destruktiv wirkt, muß man sich Gedanken über ihre gesellschaftliche Funktion machen, um so mehr, als sogar ihre Daseinsberechtigung angezweifelt wird. Manche Wissenschaftler (...) mögen zwar meinen, diese Fragestellung sei falsch und nur der Mißbrauch der Wissenschaft habe die Welt in ihre gegenwärtige Lage gebracht; doch kann diese Art der Rechtfertigung nicht länger als ohne weiteres einleuchtend gesehen werden. Die Wissenschaft muß sich einer Untersuchung stellen, ehe sie diese Anschuldigungen von sich abschütteln kann. (Bernal [1939] 1986: 25)

Seit Bernal zur kritischen (Selbst-)Analyse der Wissenschaft aufforderte, sind Jahrzehnte vergangen, in denen es zu tiefgreifenden Veränderungen sowohl in der Organisation von Wissenschaft wie auch in ihrer Planung und Anwendung gekommen ist, und viele der damals angeschnittenen Probleme stellen sich heute mit noch weitaus größerem Nachdruck.

Wissenschaft und der damit fast untrennbar verbundene Bereich der Technik scheinen sich in unserer Zeit im öffentlichen Bewußtsein mehr denn je in einer Krise zu befinden. Dabei hat diese Legitimationskrise erst in zweiter Linie ihre Ursache darin, daß das Vertrauen in die wissenschaftlich-technische Problemlösungsfähigkeit schwindet. Schwerwiegender ist das wachsende Bewußtsein, daß Wissenschaft und Technik selbst jene Probleme produziert haben, zu deren Lösung sie jetzt wieder beitragen sollen. Neben dieser zunehmend kritischen Perzeption von Wissenschaft und Technik in der Öffentlichkeit kämpft die zeitgenössische Wissenschaft aber auch mit einer Vielzahl anderer Probleme und Veränderungen: Diese betreffen unter anderem die weiterhin steigende Anzahl von ForscherInnen, die zu einer Aufteilung vorhandener Forschungsterrains und der begrenzten Ressourcen gezwungen sind, oder die steigenden Kosten durch fortschreitende Technologisierung der Forschung bei gleichzeitig stagnierender Finanzierung aus öffentlicher Hand. Der zunehmenden Differenzierung der Kontexte, in denen wissenschaftliches Wissen produziert wird, stehen immer komplexere und von einem wachsenden Grad an Internationalisierung geprägte Forschungsförderungsmechanismen und veränderte Erwartungshaltungen, denen sich die Wissenschaft von seiten der Öffentlichkeit ausgesetzt sieht, gegenüber.

Angesichts der Bedeutung, die Wissenschaft und Technik in unserer Gesellschaft eingenommen haben, scheint eine neue Wissenschaftsmentalität – ein Wille und die Fähigkeit zu einer kritischen Reflexion – gefragter denn je. Aber kann sie überhaupt etabliert werden? Und wenn ja, wie? Eine besondere Aufgabe scheint in diesem Prozeß der Reorientierung wissenschaftlicher Theorie und Praxis jenen Fächern zuzukommen, die sich Wissenschaft und Technik zu ihrem Untersuchungsgegenstand gemacht haben. Neben der noch relativ jungen Wissenschaftsforschung gibt es eine Reihe von weiteren Disziplinen, die sich mit Wissenschaft als Untersuchungsobjekt befassen. Als die wichtigsten sind hier die *Wissenschaftsgeschichte*, die *Wissenschaftstheorie* bzw. *Wissenschaftsphilosophie* und die *Wissenschaftssoziologie* zu nennen. Auch wenn es dabei unterschiedliche Zugänge und Fragestellungen gibt, so ist eine eindeutige Grenzziehung nur schwer möglich: zum einen, weil diese Forschungsgebiete in verschiedenen Ländern eine unterschiedliche Geschichte durchlaufen haben, zum anderen, weil die Entwicklung insgesamt auf eine Verwischung solcher Grenzziehungen abzielt.

Worin bestehen die zentralen Themen- und Aufgabenbereiche der Wissenschaftsforschung, und was unterscheidet sie von den drei oben genannten Fächern? Auch wenn sich der politische Kontext, aus dem Wissenschaftsforschung heraus entstand, deutlich verändert hat, so kann man dennoch eine Grundidee identifizieren, die über die Jahre hinweg dominiert und nichts von ihrer Bedeutung verloren hat: Im Zentrum des Interesses der Wissenschaftsforschung stehen eine Vielzahl verschiedener sozialer Phänomene im Zusammenhang mit Wissenschaft und deren Einbettung in die Gesellschaft, die – über die traditionellen Untersuchungen der Wissenschaftstheorie und der Wissenschaftsgeschichte hinausgehend – Gegenstand systematischer wissenschaftlicher Analyse wird. Charakteristisch für die Wissenschaftsforschung ist ihr interdisziplinärer Zugang. Es handelt sich dabei aber nicht um eine bewußt angestrebte Auflösung disziplinärer Grenzen, sondern um eine unumgehbare Notwendigkeit, die Forschung über die komplexen Wechselbeziehungen auf eine breite, sozialwissenschaftlich fundierte Basis zu stellen.

Das Interesse der *Wissenschaftstheorie* galt lange Zeit der logischen und erkenntnistheoretischen Begründung des wissenschaftlichen Wissens, seiner Struktur, den kognitiven Inhalten einzelner Wissenschaften und ihrer weltanschaulichen Bedeutung sowie der Methodologie der Forschung und der Rekonstruktion wissenschaftlicher Theorien. Sie hat allerdings in den letzten Jahren begonnen, die historische Komponente in ihre Überlegungen stärker mit einzubeziehen. Die *Praktiken*, die das Wissen erst erzeugen, ihre sozialen Bedingungen, Gesetzmäßigkeiten, die sozialen Formen, in denen sie sich vollziehen, Möglichkeiten und Richtungen ihres Verlaufs bleiben jedoch im wesentlichen außerhalb des Blickfelds.

Diesem letzten Bereich von Fragen wendet sich die *Wissenschaftssoziologie* zu, die sich dabei vor allem mit der sozialen Organisation von Wissenschaft und in jüngerer Zeit auch mit der sozialen Konstruktion von wissenschaftlichem Wissen beschäftigt. Auch die Wissenschaftssoziologie erlebte eine Annäherung an eine überwiegend historisch ausgerichtete Betrachtungsweise.

Die traditionelle *Wissenschaftsgeschichte*, die die Beschreibung des Ablaufs der historischen Entwicklung der verschiedenen Wissenschaften – durch die Darstellung einzelner außergewöhnlicher Forscherpersönlichkeiten, aber auch im allgemeinen Strukturzusammenhang – zum Ziel hat, öffnete sich umgekehrt soziologischen und kulturwissenschaftlichen Perspektiven. So hat sich eine sozialhistorisch orientierte Wissenschaftsgeschichte, die die soziokulturellen, ökonomischen und politischen Kontexte von Wissenschaft mitbetrachtet, in letzter Zeit vor allem im anglo-amerikanischen Sprachraum durchgesetzt.

Will man die Wissenschaftsforschung von diesen drei Disziplinen und insbesondere von der *Wissenschaftssoziologie* unterscheiden, so fällt der breitere, interdisziplinäre Zugang auf, in dem eine Vielfalt ökonomischer, soziologischer, linguistischer, politischer, historischer Perspektiven bei Untersuchungen von Wissenschaft angewendet werden. Neben ihrer methodischen Vielfalt hat sich die Wissenschaftsforschung im Gegensatz zu den anderen drei disziplinären Zugängen immer auch bemüht, »praktisch« zu werden. Es ist ihr ein wesentliches Anliegen, Wissen bereitzustellen, das zu einem besseren Verständnis von Wissenschaft in der Öffentlichkeit beiträgt, wissenschaftspolitische Entscheidungsprozesse anleitet oder zur *Selbstreflexion* einzelner Fachgebiete animiert. Es ist aber auch darauf hinzuweisen, daß die Wissenschaftsforschung keinen klar abgrenzbaren Gegenstandsbereich umfaßt. Die Entstehung und auch die »Praxis« einer solchen systematischen Analyse der Wissenschaft hängt nicht zuletzt von der Brisanz und Alltagsaktualität bestimmter Probleme ab, wie dies auch für andere Bereiche der Gesellschaftswissenschaften kennzeichnend ist.

Stark vereinfachend könnte man drei hauptsächliche Untersuchungsbereiche der Wissenschaftsforschung ausmachen, deren Grenzen unscharf sind. Als ein erster wichtiger Forschungsbereich sind die bereits angesprochenen *Wechselwirkungen von Wissenschaft, Technologie und Gesellschaft* zu nennen: Unter dieser allgemeinen Perspektive wird unter anderem nach den Veränderungen unseres täglichen Lebens durch Wissenschaft und Technologie gefragt, nach Vermittlung und Umgang mit wissenschaftlichen Erkenntnissen, nach den Zusammenhängen zwischen den wissenschaftlichen Leistungen eines Landes und seiner ökonomischen Struktur und Stärke wie auch nach den Wechselbeziehungen zwischen Wissenschaft und Politik. Insbesondere dieser letzte Bereich hat zum frühen Erfolg der Wissenschaftsforschung beigetragen.

Eine zweite wichtige Ebene beschäftigt sich mit den *gesellschaftlichen und kulturellen Bedingtheiten* und den *Spezifika wissenschaftlicher Forschung*. In diesen Bereich fallen Untersuchungen über die Organisationsformen von Wissenschaft, die internen Normen des wissenschaftlichen Systems, aber auch viele teils wissenschaftshistorische Untersuchungen, die nach den kulturellen und religiösen Ursprüngen neuzeitlicher Wissenschaft fragen.

Ein dritter wichtiger Forschungsbereich schließlich, dem vor allem in den letzten Jahren verstärkte Aufmerksamkeit geschenkt wurde, beschäftigt sich im Detail mit der *sozialen Konstruktion wissenschaftlicher Erkenntnisse*: Mit Hilfe von mikrosoziologischen Handlungsanalysen an den Orten der Wissensproduktion, d.h. in den Labors, wird versucht, den sozialkonstruierten Charakter von wissenschaftlichem Wissen näher zu untersuchen. Eine Grundfrage ist dabei, wie innerhalb und außerhalb von Labors wissenschaftliche »Tatsachen« erzeugt werden und welche Rolle dabei den Interaktionen zwischen WissenschaftlerInnen sowie ihrer Einbindung in einen größeren gesellschaftlichen Kontext zukommt. Hinzuzufügen ist zu dieser Übersicht nur, daß diese drei skizzierten Bereiche in der wissenschaftlichen »Realität« untrennbar verbunden sind und auch entsprechend integrativ erforscht werden müssen.

War in den achtziger Jahren mit den Mikro-Studien über die soziale Erkenntnisfabrikation ein wichtiger inhaltlicher und methodischer Schwerpunkt gesetzt, so scheinen in den kommenden Jahren verstärkt wieder »makrosoziologische« bzw. forschungsökonomische und in der Technikforschung beheimatete Themen in den Vordergrund zu rücken: Analysen über die Zusammenhänge von Wissenschaft, Technologie und Wirtschaft und deren Auswirkungen auf die Wissensproduktion betreffen einen Fragenkomplex, der eine wichtige zukünftige Forschungsaufgabe der Wissenschaftsforschung sein wird. Wieder aufgelebt ist auch die Befassung mit der Beziehung von Wissenschaft und Öffentlichkeit. Hierbei wird nicht nur die öffentliche Wahrnehmung von Wissenschaft und der Umgang der Bevölkerung mit wissenschaftlichem Wissen hinterfragt, sondern zunehmend auch die epistemologischen Konsequenzen dieser veränderten Beziehung.

Eine weitere wichtige Entwicklung stellt die beginnende Ausweitung der Wissenschaftsforschung, die sich zunächst ausschließlich mit den Naturwissenschaften beschäftigte, auf die Sozial- und Geisteswissenschaften dar. Dadurch werden sowohl die Unterschiede zwischen den zwei (drei) wissenschaftlichen Kulturen be-

wußt thematisiert wie auch die Gemeinsamkeiten in der Wissensproduktion und deren gesellschaftliche und organisatorische Voraussetzungen analysiert.

1.2. Eine kurze Geschichte der Wissenschaftsforschung

> Wissenschafts- und Technikforschung füllen eine
> enorme Leere, eine Leere, geschaffen von einer
> Gesellschaft, die sich vor langer Zeit verpflichtet
> hatte, richtungsweisend zu sein für wissenschaftli-
> chen und technischen Fortschritt, aber nie in der
> Entwicklung einer kritischen Selbstreflexion, die
> ein solcher Wandel zu erfordern scheint.
>
> *Langdon Winner*

Das Nachdenken über Möglichkeiten und Grenzen (wissenschaftlicher) Erkenntnis ist annähernd so alt wie die Philosophie bzw. die
Wissenschaft selbst. Eine im weitesten Sinne sozialwissenschaftliche
Reflexion über Wissenschaft gibt es aber erst mit der fortschreitenden Vergesellschaftung von Wissenschaft und Technik und ihrer
wachsenden Bedeutung für die gesellschaftlichen Produktionszu-
sammenhänge. Seit dem 19. Jahrhundert wuchs auch das Interesse an
der Erforschung eben dieses Prozesses – teils unter theoretischen
Fragestellungen, teils mit dem praktischen Ziel, ihn beherrschbar
und steuerbar zu machen.

So finden sich etwa in den Werken Saint-Simons eher unsystema-
tische Bemerkungen über die Verbindung der modernen Wissenschaft und der Gesellschaft, in welchen eine Forschungsorganisation
gefordert wird, die die Unabhängigkeit der Wissenschaftler vom
Staat und den besitzenden Klassen garantiert. An anderer Stelle ist in
überraschender Aktualität auch davon die Rede, daß die Wissenschaft der Leitung der industriellen Klasse unterstellt werden sollte:
letztere würde für die Existenz der Wissenschaftler sorgen, und umgekehrt könnte die Wissenschaft damit besser den Bedürfnissen der
Unternehmer dienen.

Saint-Simons widersprüchliche Überlegungen zur rationalen Wissenschaftsorganisation finden sich in der Folge bei Karl Marx und

Friedrich Engels aufgenommen und theoretisch weiterentwickelt. Im *historischen Materialismus* folgt die Entwicklung der Wissenschaft ebenfalls jener der menschlichen Produktionsverhältnisse. Wie die kapitalistische Produktionssphäre sei jedoch auch die Wissenschaft, die von jener in den Dienst genommen wird, nicht auf die menschlichen Bedürfnisse abgestellt.

Eines der Leitthemen der Marxschen Theorie, die Beziehung von materieller Basis und dem jeweiligen geistigen Überbau, findet sich in der Gesellschaftstheorie Max Webers wieder. Dieser war jedoch genausowenig wie Marx Wissenschaftssoziologe oder Wissenschaftsforscher; beide waren aber an der wissenschaftssoziologisch bedeutsamen Frage interessiert, inwieweit sich soziale Strukturen und Ideen, Werte und Glaubenshaltungen (und somit indirekt auch Wissenschaft) wechselseitig bedingen. Weber hat diese Fragestellung beispielhaft in seiner Religionssoziologie (»Die protestantische Ethik und der Geist des Kapitalismus« [1905]) abgehandelt, die auch die frühe Wissenschaftssoziologie beeinflußte.

Im Deutschland der zwanziger Jahre knüpften dann Max Scheler und Karl Mannheim mit ihrer Wissenssoziologie an die Frage nach dem Zusammenhang von Sein und Bewußtsein an und radikalisierten die These von der Seinsbestimmtheit des Wissens. Wie zuvor bei Marx und Weber standen auch in der Wissenssoziologie nicht die Wissenschaften selbst im Mittelpunkt des Interesses, sondern Formen des Wissens, insbesondere Ideologien und andere politische Wissensbestände (vgl. Kap. 5.).

Während man sich in Deutschland theoretisch mit allgemeinen Fragen des Wissens auseinandersetzte, begann in den USA etwa zur selben Zeit Alfred J. Lotka erstmals mit statistischen Untersuchungen zur Produktivität von WissenschaftlerInnen, die heute als Pionierarbeiten der *Szientometrie* gelten. Auch in der ehemaligen UdSSR beschäftigten sich in den zwanziger und dreißiger Jahren einige WissenschaftlerInnen mit der Ausarbeitung neuer methodischer Zugänge in der Geschichte der Naturwissenschaften. 1931 hielt Boris M. Hessen im Londoner *Science Museum* ein umstrittenes Referat über die sozialen und ökonomischen Wurzeln von Newtons »Principia«, das insbesondere auf die Arbeiten der englischen

Wissenschaftshistoriker (Bernal, Needham u.a.) nachhaltigen Einfluß ausübte. Entgegen traditionellen Erklärungen, die wissenschaftliche Leistungen zu außergewöhnlichen Einzelleistungen des erkennenden Subjekts hochstilisierten und als Ausdruck absoluten und reinen Denkens darstellten, versuchte Hessen an Hand von Newtons »Principia«, wissenschaftliche Erkenntnis in ihrer gesellschaftlichen und ökonomischen Bedingtheit vor Augen zu führen. Er wies darauf hin, daß durch die Gesamtheit der spezialisierten technisch-wissenschaftlichen Entwicklungen im England des 17. Jahrhunderts ein Bedarf an einer umfassenden Theorie gegeben war, die Newton schließlich beisteuerte.

War Hessens Aufmerksamkeit ganz auf die materiellen Bedingungen von Wissenschaft gerichtet, so erforderte die systematische Erforschung von Wissenschaft als ein System von Erkenntnissen *und* als gesellschaftliches Tätigkeitsfeld zur Erzeugung, Verbreitung, aber auch Anwendung von Wissen einen sehr viel breiteren methodologischen Rahmen. Ein solcher Vorschlag für ein umfassendes Forschungsprogramm einer neu zu gründenden »Wissenschaftswissenschaft« (»*Science of Science*«) wurde erstmals 1936 von den polnischen WissenschaftlerInnen Marja Ossowska und Stanislaw Ossowski vorgelegt. In ihrem Versuch einer Grundlegung dieser neuen Disziplin unterschieden die beiden fünf getrennte Problemgruppen dieses Forschungsbereiches: die *Philosophie* der Wissenschaft, die sich mit methodologischen Problemen, der Abgrenzung von Wissenschaft u.ä. befassen sollte, die *Psychologie* der Wissenschaft für Analysen von Forschertypen, Forschungstätigkeiten etc., die Wissenschafts*soziologie*, die die Beziehungen zwischen Wissenschaft und der Wirtschafts- und Gesellschaftsstruktur u.ä. analysieren sollte, einen Fachbereich für organisatorische Probleme, zu welchen Ossowska und Ossowski Fragen der Wissenschafts*politik* rechneten, sowie schließlich noch die Wissenschafts*geschichte*.

Dieser pragmatische Ansatz, von traditionellen Einzelwissenschaften her die Wissenschaft zu untersuchen, war dabei bezeichnend für ein Forschungsgebiet, das erst an seinem Beginn stand: Gegenstand und Methoden dieser neuen »Science of Science« waren noch nicht ausreichend abgegrenzt, und die Beantwortung von

Forschungsfragen schien nur über den Zugang von verschiedenen Einzeldisziplinen realisierbar. Vorschläge für eine Integration und Verknüpfung dieser nach verschiedenen Fragestellungen und Methoden gewonnenen Erkenntnisse blieben in diesem programmatischen Entwurf noch ausgespart. Unklar war auch, wo die leitenden theoretischen und methodischen Gesichtspunkte der Forschung zu setzen seien.

Neben diesem ersten detaillierten Begründungsversuch einer »Wissenschaftswissenschaft« war es die von John Desmond Bernal 1939 verfaßte Studie »*The Social Function of Science*«, die einen wichtigen Beitrag zur Etablierung dieses neuen Forschungsgebietes geleistet hat. In der auch heute noch lesenswerten Studie machte der Wissenschaftshistoriker nicht nur konkrete Vorschläge zur historischen, statistischen und soziologischen Analyse der Organisationsstrukturen und der Entwicklung von Wissenschaft, sondern löste sie in ausführlichen Analysen auch ein. Was bislang noch unvermittelt gegenüberstand, ist bei Bernal in einen übergeordneten theoretischen Gesamtzusammenhang eingebettet: Wissenschaft wird als soziales System betrachtet, das ein integrierter Teil des gesamtgesellschaftlichen Reproduktionsprozesses ist und sich in enger Wechselwirkung zu den materiellen Bedürfnissen der Gesellschaft entwickelt. Wissenschaft hat also eine soziale Funktion. Da Bernal aber das Fehlen eines gesellschaftlichen und politischen Bewußtseins innerhalb der Wissenschaft und eine Indifferenz gegenüber »mißbräuchlichen« Verwendungen ihrer Erkenntnisse diagnostiziert, sieht er in einer rationalen Steuerung von Wissenschaft zum Nutzen aller den einzigen Ausweg aus einer fatalen Entwicklung.

Bernals Buch und insbesondere sein Konzept der Wissenschaftsplanung lösten heftige Gegenreaktionen aus: Sein Ansatz wurde als »totalitär« bezeichnet und seine Ideen zur Wissenschaftssteuerung wurden als Versuche verurteilt, »die Freiheit der Wissenschaft« zu zerstören. Seine schärfsten Kritiker, wie Karl Popper und Michael Polanyi, gründeten 1941 als Reaktion auf seine Thesen eine *Society for the Freedom of Science*. Angesichts der verbrecherischen Indienstnahme von Wissenschaft durch den Nationalsozialismus und des Exodus von WissenschaftlerInnen aus jenem Deutschland, in dem bis dahin die Institutionalisierung der akademischen Freiheit ihre größten Erfolge gefeiert hatte, schien eine liberale, autonome Wissenschaftsorganisation die einzig anstrebbare Form. Ein richtiggehendes Manifest dieser Position – durchaus auch mit Blick auf die Situation in Nazi-Deutschland – schrieb der US-amerikanische Soziologe Robert K. Merton, der als eigentlicher Begründer der Wissenschaftssoziologie gilt. In seinem 1942 verfaßten Aufsatz »*Science and Technology in a Democratic Order*« wird ebenfalls die freie Kooperation von unabhängigen WissenschaftlerInnen gefordert, analog dem Modell der liberalen Marktwirtschaft: Verantwortung der WissenschaftlerInnen beschränkt sich auf die jeweilige konkrete Arbeit, während ein möglichst demokratisch-liberales Gesellschafts- und Wirtschaftssystem für die Verwendung der Ergebnisse zuständig ist (vgl. Kap. 3.1.).

Die unmittelbare Nachkriegszeit war eine wesentliche Phase sowohl für die Organisation von Wissenschaft als auch für die beginnende Wissenschaftssoziologie. In diesen Jahren zeigte sich sehr klar das Spannungsverhältnis zwischen einer sich selbst verantwortlichen, wissenschaftsinternen Gesetzmäßigkeiten gehorchenden Forschung und einer Forschung, die zunehmend politischen und wirtschaftlichen Einflüssen ausgesetzt war. Elemente traditioneller Forschungsorganisation koexistierten und standen in Konflikt mit neu zu schaffenden Strukturen, mit politisch und gesellschaftlich hervorgerufenen Veränderungen am Disziplinengefüge, mit einer Technologisierung und Industrialisierung der Forschung. Die Euphorie der fünfziger und noch der frühen sechziger Jahre, die sich insbesondere in den USA angesichts der Erfolge der Wissenschaft und Technik eingestellt hatte, wich – wohl auch angesichts der im Vietnamkrieg gemachten Erfahrungen – zunehmend der Ernüchterung. Immer deutlicher begann sich eine eklatante Diskrepanz zwischen den Möglichkeiten von Wissenschaft und ihrer politischen und ökonomischen Verwendung abzuzeichnen: Wissenschaftliches Wissen wurde – und wird auch heute noch – unter anderem zur Entwicklung von immer zerstörerischeren Waffensystemen verwendet oder für kostspielige Raumfahrtprogramme, die ohne nachvollziehbaren Nutzen für die breite Bevölkerung blieben.

Wissenschaft wurde aber auch in Hinblick auf ihre Selbstdefinition als unpolitischer und außergesellschaftlicher Bereich und auf ihre immer enger werdende Verknüpfung mit dem politischen und wirtschaftlichen System in Frage gestellt. Diese veränderte Rolle von Wissenschaft in der Gesellschaft brachte auch eine Verstärkung wissenschaftspolitischer Aktivitäten mit sich, wodurch auch größeres Interesse an den Erkenntnissen über Wissenschaft aufkam.

Pardoxerweise befand sich aber die Wissenschaftssoziologie in der unmittelbaren Nachkriegszeit in einer relativen Latenzphase, die sich vielleicht auch dadurch erklären läßt, daß ihre zentrale Fragestellung – jene nach den Beziehungen zwischen Wissenschaft und Gesellschaft – als »marxistische« Problemstellung angesehen wurde und dadurch lange diskriminiert war. Die meisten der bereits erwähnten Arbeiten, die in den dreißiger Jahren entstanden, hatten Wissenschaftler als Autoren, die sich als Marxisten verstanden oder zumindest die Analyse des Standortes der Wissenschaft als soziale Aktivität problematisierten. Diese Assoziation wirkte in den Jahren des »Kalten Krieges« und während der McCarthy-Ära in den USA einigermaßen tabuisierend.

Nennenswerte empirische und systematische Forschungsanstrengungen und die universitäre Institutionalisierung einer »Transdisziplin« Wissenschaftsforschung setzten zwanzig Jahre später ein, und zwar zunächst in den angelsächsischen Ländern, während diese Entwicklung in (West-)Deutschland, Österreich und der Schweiz erst in den siebziger und achtziger Jahren im Zuge des Ausbaus der Universitäten und der Sozialwissenschaften langsam nachvollzogen wurde. An der Universität Bielefeld wurde erstmals im deutschsprachigen Raum der interdisziplinäre Bereich Wissenschaftsforschung verankert, etwa zur selben Zeit entstand in Starnberg das Max-Planck-Institut zur Erforschung der Lebensbedingungen der wissenschaftlich-technischen Welt. In den USA hingegen bildeten sich erste informelle Strukturen im Bereich der »*sociology of science*« bereits in den späten fünfziger Jahren heraus. Neben dieser allmählichen Etablierung an den Universitäten sowie in größeren Forschungsprogrammen kam es zur Gründung einschlägiger Fachgesellschaften: die Sektion *Wissenschaftsforschung* der Deutschen Gesellschaft für Soziologie wurde 1974 gegründet, die internationale *Society for Social Studies of Science* 1975 und die *European Association for the Study of Science and Technology*, die Europäische Vereinigung für Wissenschafts- und Technikforschung, 1976. Außerdem wurde eine inzwischen ansehnliche Anzahl an – überwiegend englischsprachigen – Fachzeitschriften gegründet.

Wirft man einen Blick auf die aktuelle Situation der Wissenschaftsforschung, so läßt sich zusammenfassend eine beachtenswerte institutionelle Etablierung des Faches festhalten – was nicht zuletzt dadurch bedingt ist, daß Wissenschaft als ein legitimer Untersuchungsgegenstand sozialwissenschaftlicher Forschung anerkannt ist, der in seiner gesellschaftlichen Bedeutung und Brisanz stets noch zuzunehmen scheint. Weltweit gibt es rund 200 Einrichtungen, an welchen Wissenschafts- und Technologieforschung betrieben wird, beziehungsweise *Science and Technology Studies (STS)*, wie die gebräuchlichere englische Fachbezeichnung lautet.

Verwendete und weiterführende Literatur

Einführungen in die Wissenschaftsforschung, die einen ersten Überblick über das Fach geben, sind bis heute eher Mangelware. Abhilfe hat zum Teil das von Jasanoff et al. (1994) herausgegebene Handbuch geschaffen. Frühere Überblicksbände sind die beiden von Weingart herausgegebenen Bücher zur Wissenschaftssoziologie (1973) und (1974), Spiegel-Rösing und Price (Hg.) (1977), sowie das Buch von Spiegel-Rösing (1973). Etwas jünger ist der Sonderband von Bonsz und Hartmann (Hg.) (1985). Eine allgemeine Einführung bietet Ziman (1985) und zuletzt Webster (1991), der auf aktuelle Entwicklungen eingeht. Eine neuere Sammlung von Aufsätzen findet sich in Nowotny und Taschwer (Hg.) (1995).

Zur Literatur *über* die Wissenschaftsforschung: Aus den siebziger Jahren gibt es zwei deutschsprachige Aufsätze, die den damaligen

Entwicklungsstand des Faches reflektieren: WEINGART (1972) und STEHR (1975). BEN-DAVID ([1978] 1991) skizziert die unterschiedlichen Entwicklungen in den USA und Großbritannien in den siebziger Jahren. Schon wieder zehn Jahre alt sind die Beiträge in BURRICHTER (Hg.) (1985) zu diesem Thema – sie beziehen sich allerdings auf die deutsche Diskussion. JASANOFF (Hg.) (1992) bietet einen zwar nicht repräsentativen, aber anregenden Überblick über den aktuellen Stand der Wissenschaftsforschung und ihre zukünftigen Aufgaben und Ziele. Auf die deutschsprachige Wissenschaftsforschung und vor allem -geschichte geht TRISCHLER (1988) in seinem Überblicksaufsatz ein. Den aktuellsten internationalen Überblick gibt EDGE (1994).

Die »klassischen« Pionierarbeiten der Wissenschaftsforschung wurden ja bereits im Text angeführt – zu ihnen zählen unter anderem die Studie von HESSEN ([1931] 1974), der programmatische Text von OSSOWSKA und OSSOWSKI (1936), die immer noch lesenswerte Monographie von BERNAL ([1939] 1986) und die Arbeiten von MERTON ([1938] 1970) bzw. (1985). In Mertons Tradition stehen die Monographien von BARBER (1962) und STORER (1966). Weitere Standardwerke der Wissenschaftsforschung aus den sechziger und siebziger Jahren sind die Bücher von PRICE ([1963] 1974) und BEN-DAVID (1971).

Kapitel 2

Geschichte und Ausdifferenzierung des Sozialsystems der Wissenschaften

Die Geschichte der Wissenschaften kann – wie dies für alle historischen Darstellungen der Fall ist – auf sehr verschiedene Weisen und aus unterschiedlichen Blickwinkeln geschrieben werden. So gibt es Wissenschaftsgeschichten, die die Entwicklung der wissenschaftlichen Erkenntnisse in das Zentrum ihrer Analysen rücken, andere stellen eher auf die sozialen und institutionellen Bedingungen und Organisationsformen sowie deren Veränderungen ab. Wieder andere fokussieren auf die je nach historischer Epoche unterschiedlichen wechselseitigen Einflüsse von Wissenschaft auf Gesellschaft.

Ebenso verschieden sind auch die Zeitpunkte, an welchen die Ursprünge und wichtigsten Transformationsphasen des heutigen, ausdifferenzierten Wissenschaftssystems verortet werden. So geht etwa Bernal in seiner großangelegten Sozialgeschichte der Wissenschaften aus dem Jahr 1954 zu den »wissenschaftlichen« und »technischen« Entwicklungen der Urzeit der Menschheitsgeschichte zurück. WissenschaftshistorikerInnen sind nach wie vor damit beschäftigt, die erstaunlich hohen wissenschaftlichen Leistungen der Mesopotamier, des alten Griechenlands oder der arabischen Hochkultur – etwa im Bereich der Mathematik – zu untersuchen. Die eigentliche Geburt der neuzeitlichen Wissenschaften, darüber sind sich die meisten der AutorInnen einig, fand im 17. Jahrhundert in Europa statt.

Dieser kursorische Überblick stellt insbesondere auf die Entwicklung der *sozialen Ausbildungs- und Organisationsformen* von Wissenschaft während der letzten drei Jahrhunderte ab. Stark vereinfachend könnte man diese Entwicklung der Organisationsstrukturen von Wissenschaft in drei Abschnitte unterteilen: in eine *amateurhaft-handwerkliche*, eine *akademische* und eine *industrialisierte* Phase. In der *Amateur/Handwerker-Phase* (etwa zwischen 1600 und 1800) fand Wissenschaft weitgehend außerhalb der Universitäten statt, und auch für die Verwaltung und die Industrie, die damals erst im Entstehen begriffen waren, hatten die »Wissenschaftler« dieser Zeit eher geringe Bedeutung. Diese Amateur- oder »Künstler«-Wissenschaftler wurden entweder von reichen Gönnern unterstützt oder waren selbst beruflich und finanziell unabhängige Personen, die nicht in erster Linie Wissenschaftler waren. Die *akademische Phase* der Wissenschaft kann vom Beginn des 19. Jahrhunderts bis zum Zweiten Weltkrieg angesetzt werden. Sie war zum einen durch die *Institutionalisierung* geregelter Ausbildungen für angehende Wissenschaftler an Universitäten bzw. der Transformation der Universitäten in Forschungs- und Lehrstätten geprägt. Damit wurde auch die Trennung in Grundlagen- und angewandte Forschung vollzogen, und letztere wurde in industrielle Forschungslabors ausgelagert. Gleichzeitig kam es zur Spezialisierung des wachsenden Wissensbestandes und zur Einrichtung und Differenzierung von wissenschaftlichen Disziplinen an den Universitäten. Der *Beruf des Professors* bildete sich heraus, und wissenschaftliche Karrieren fanden zunehmend auf akademischem Boden statt.

In der zweiten Hälfte des 20. Jahrhunderts kam es schließlich zu einer weiteren einschneidenden Veränderung in der Organisationsstruktur der Wissenschaft, die man als *Industrialisierung* bezeichnen könnte. Damit wird angedeutet, daß die Universitäten vor allem seit dem Zweiten Weltkrieg immer mehr ihre Arbeitsweise der Industrieforschung angleichen bzw. verstärkt mit der Industrie und dem Staat kooperieren. Dieser Prozeß der »Industrialisierung« von Wissenschaft war und ist auch durch die stetige Verteuerung und Vergrößerung von Forschung bedingt. An die Stelle der Universitäten ist bei den sogenannten *Big-Science*-Projekten – wie etwa der Teilchenphysik, des *Human Genome Projects* und insbesondere auch bei militärischer Großforschung – vor allem der Staat selbst getreten, der WissenschaftlerInnen anstellt und finanziert. In vielen anderen, vor allem angewandten Wissenschaftsbereichen ist die Industrie bestimmend geworden: Wissenschaftliche und technologische Forschung werden immer bedeutendere Faktoren für die wirtschaftliche Konkurrenzfähigkeit. Große Firmen haben ihre eigenen Laboratorien, in denen mit hohem finanziellen Aufwand nach technisch und kommerziell verwertbarem Wissen und dessen Umsetzung in Produkte geforscht wird.

Im ersten Abschnitt gilt unsere Aufmerksamkeit den gesellschaftlichen und politischen Entstehungsbedingungen der modernen Wissenschaften und deren Institutionalisierung in den ersten Akademien. Außerdem wird rekonstruiert, wie sich diese neue wissenschaftliche Forschungspraxis tatsächlich vollzog. Danach wenden wir uns der weiteren Geschichte der wissenschaftlichen und technischen Ausbildungs- und Forschungsinstitutionen zu. Dabei wird die organisatorische Innovation des deutschen Universitätsmodells in seiner Verbindung von Lehre und Forschung vorgestellt, mit dem eine akademische Professionalisierung der Wissenschaft stattfand. Der augenfälligsten Strukturveränderung des Sozialsystems Wissenschaft im 20. Jahrhundert ist der dritte Abschnitt gewidmet: seinem exponentiellen Wachstum. An Hand ausgewählter Daten sollen dieser Prozeß und einige seiner wissenschaftspolitischen Implikationen diskutiert werden. Dieser Wandel von *Little Science* zu *Big Science* ist nicht nur im Hinblick auf das Gesamtsystem Wissenschaft zu sehen, sondern bedeutet auch eine Veränderung der Forschungsorganisation und der Dimension einzelner Experimente. Wurde Wissenschaft lange Zeit in relativ kleinem Rahmen betrieben, haben heute bestimmte Großforschungsunternehmungen riesige finanzielle und personelle Dimensionen angenommen.

2.1. Die sozialen Ursprünge neuzeitlicher Wissenschaft

> Es lief auf eine wissenschaftliche Revolution hin-
> aus, in der das gesamte Gebäude intellektueller
> Annahmen (...) niedergerissen und ein radikal
> neues System an seiner Stelle errichtet wurde.
>
> *John Desmond Bernal*

Der institutionelle Entstehungsprozeß der modernen Naturwissenschaften in Europa war wie alle wichtigen gesellschaftlichen Entwicklungen ein langfristiger und ungeplanter Prozeß. Seine Ursprünge lassen sich bis ins 13. Jahrhundert zurückdatieren, als sich die
Philosophie zunehmend von der Theologie zu emanzipieren begann.
Gegen Ende des Mittelalters war die Entwicklung von Städten, Handel und Industrie zunehmend unvereinbar mit den feudalen Strukturen geworden: Technische Innovationen, verbessertes Transport-
wesen und die damit verbundene Ausweitung potentieller Märkte,
die nun hauptsächlich im städtischen Bereich lagen, führten zu einer
dominanteren Stellung des Bürgertums und zur Etablierung einer
Wirtschaftsform, die auf Geld als Zahlungsmittel beruhte.

Doch erst in der europäischen *Renaissance* kam es allmählich zur
Herausbildung von Denkformen und Einstellungsmustern, aber auch
von künstlerisch-handwerklichen Praktiken und sozialen Strukturen,
die der neuzeitlichen Wissenschaft zugrunde liegen. Sie brachte eine
gewisse soziale *Entdifferenzierung* mit sich, die die Kompetenzen
und den Status bisher getrennter Schichten von Intellektuellen allmählich miteinander verschmelzen ließ: Die zunftfreien Künstler,
Ärzte und Ingenieure einerseits sowie die Humanisten und die traditionellen Gelehrten andererseits näherten sich im beginnenden Früh-
kapitalismus allmählich in ihrer gesellschaftlichen Stellung an. Bis
weit hinein ins 16. Jahrhundert hatte es eine strenge Trennung gegeben zwischen der intellektuellen methodischen Ausbildung, die den
höheren Schichten – also den Universitätsgelehrten und den Humanisten – vorbehalten war, und dem Experimentieren, das den mehr
oder weniger gebildeten »Handwerkern« überlassen wurde. Diese
sozial abgesicherte Differenz manifestierte sich im übrigen auch
darin, daß die angesehenen Gelehrten, die die revolutionären Ent-

wicklungen in der damaligen Technik in aller Regel ignorierten, lateinische Texte verfaßten, während die sogenannten Handarbeiter, also die Navigatoren, Techniker, Geometer u.a. – wenn überhaupt – in ihren Landessprachen schrieben.

Gegen Ende des 16. Jahrhunderts kam es zu einer Annäherung dieser beiden Schichten: die soziale Barriere zwischen »Kopfarbeitern« und »Handarbeitern« wurde durchlässiger, und die soziale Geringschätzung der letzteren nahm ab. Ihre experimentellen Methoden wurden schließlich auch von einigen akademisch ausgebildeten Gelehrten übernommen, wodurch die beiden bis dahin getrennten Bestandteile der Wissenschaft – Theorie und Experiment – zu einem methodischen Komplex vereint wurden. Zu erwähnen wäre hier William Gilbert, Arzt am Hofe der Königin Elisabeth, der als humanistisch gebildeter Gelehrter das erste gedruckte Buch *De Magnete* (1600) schrieb, das vollständig auf Laborexperimenten und seinen eigenen Beobachtungen basierte. Noch bekannter ist natürlich Galileo Galilei, in dessen Werk *Discorsi* (1634) sich die getrennte Entwicklung und die nun stattfindende Synthese von theoretischen Überlegungen und experimenteller Praxis besonders klar zeigte: die mathematischen Abhandlungen sind noch in Latein geschrieben, die experimentell-beschreibenden Teile hingegen in Italienisch.

Mit dieser neuen Form von Wissenschaft, in der sich Theorie und Experiment aufeinander zu beziehen begannen, war allerdings noch nicht die eigentliche Institutionalisierung der modernen Naturwissenschaften vollzogen. Das blieb dem 17. Jahrhundert vorbehalten, als es zu einer grundlegend neuen Haltung gegenüber wissenschaftlichem Wissen kam: die Autoritäten des Altertums sollten durch die (neue) Autorität der Natur ersetzt und Wissenschaft sollte herausgelöst aus dem göttlichen Kosmos gesehen werden. Beherrschung der Welt und die Nutzung der wissenschaftlichen Erkenntnisse waren das Ziel.

An diesem Wendepunkt zwischen mittelalterlicher und moderner Wissenschaft kommt dem englischen Gelehrten Francis Bacon eine besondere Bedeutung zu. Bacon wendete sich vehement gegen die Humanisten (also die Kopfarbeiter) und deren Abhängigkeit von diversen noblen Gönnern. Während es das Berufsziel der Humanisten war, individuellen Ruhm zu erlangen, forderte Bacon, daß eine neue Wissenschaft objektive Ideale anzustreben habe, nämlich die Beherrschung der Natur und Fortschritte des Wissens. Diese Ziele wiederum konnten seiner Meinung nach am besten durch eine neue Arbeitsweise und Arbeitsmethode, nämlich systematische Sammlung von Materialien und großzügig angelegte Experimente, erreicht werden. Über eine große Menge empirischer Evidenz sollte dann auf Ergebnisse geschlossen werden. So empfahl Bacon eine Arbeitsteilung unter den Wissenschaftlern, langfristige Projekte, die über ein Menschenleben hinausgehen, und die öffentliche Finanzierung von Forschung.

Seine diesbezüglichen Vorstellungen sind u.a. in der Schrift »Nova Atlantis« (*Neuatlantis*, 1620) dargelegt, in der er einen utopischen Idealstaat beschreibt, der ausschließlich von Wissenschaftlern und durch wissenschaftliches Wissen beherrscht wird. Darin sah er den Vorteil, daß Wissenschaftler nicht mehr von feudalen Brotgebern abhängig wären. Am einflußreichsten für die moderne Wissenschaft war freilich Bacons Vorstellung, daß Wissenschaftler zusammenarbeiten müssen, um den Fortschritt der Gesellschaft zu gewährleisten. Diese Ideen waren es auch, die bei der ersten institutionellen Etablierung einer wissenschaftlichen Gesellschaft – der Gründung der *Royal Society* 1662 in London – eine wesentliche Rolle spielten.

In Frankreich setzte sich etwa zur selben Zeit der Philosoph René Descartes mit dem mittelalterlichen Universitätssystem auseinander. Sein Ziel war es, ein neues *System der Welt* mit Hilfe der Wissenschaft zu entwerfen. Von besonderer Bedeutung war dabei der Versuch, durch die Unterteilung des Universums in eine physikalische und moralische Sphäre endlich die vollständige Befreiung der Wissenschaft von der Religion zu erwirken. Während Descartes ursprünglich als Einzelgänger dachte und agierte, gelangte er zu weitgehend ähnlichen Schlüssen wie Bacon, nämlich daß eine Umsetzung seiner Vorstellungen der Kooperation von vielen Wissenschaftlern bedürfte.

Mit der Gründung der *Royal Society* wurden diese Ideen von der Zusammenarbeit der Wissenschaftler erstmals erfolgreich umgesetzt.

Die Etablierung dieser bis heute bestehenden wissenschaftlichen Vereinigung gilt auch als die erste Institutionalisierung von moderner Wissenschaft. Zwar waren die ersten wissenschaftlichen Akademien bereits Jahre zuvor in Italien gegründet worden – die *Accademia de Lincei* in Rom (1600-1630) bzw. die *Accademia del Cimento* in Florenz (1651-1667) – sie blieben für die weitere institutionelle Absicherung von Wissenschaft allerdings ohne größere Bedeutung.

Ebenso wie die Royal Society ging auch die 1666 in Paris gegründete *Académie des Sciences* aus ursprünglich informellen Treffen von wissenschaftlich interessierten Privatpersonen hervor. Die Finanzierung – so beschloß man im zentralistisch regierten Frankreich – würde durch den Staat gewährleistet. Amateurwissenschaftler trafen sich, diskutierten, führten einander Experimente vor und traten in Schriftwechsel mit Kollegen in anderen Ländern. Damit war die erste Form der regelmäßigen schriftlichen Kommunikation geschaffen, eine Vorstufe zu den später institutionalisierten Publikationsorganen. Im Unterschied zur Akademie in Florenz, die die Gründung eines Souveräns (der Brüder Medici) war, kam die Royal Society durch den »privaten« Zusammenschluß von Amateuren und Gelehrten – freilich unter Billigung des Königs – zustande. Die Finanzierung wurde durch die »Fellows« (Mitglieder) sichergestellt, wobei das Ziel dieser Institution auf die gesellschaftliche Anerkennung von Wissenschaft ausgerichtet war. Die Charta der Royal Society von 1662 enthielt eine Reihe von Privilegien und sicherte der jungen Wissenschaft königliches Wohlwollen und Patronanz. Dafür war allerdings ein Preis zu bezahlen, der die Naturwissenschaften bis weit hinein in unser Jahrhundert begleitete: eine Distanzierung von Gesellschaft, Religion und Politik. In den Worten der damaligen Zeit: »... not Meddling with Divinity, Metaphysics, Moralls, Politicks...«.

Das bisher Gesagte zusammenfassend läßt sich festhalten, daß es ab der Mitte des 17. Jahrhunderts in Europa zur ersten Institutionalisierung moderner Wissenschaft kommt: zum einen in dem Sinne, daß Wissenschaft sich von Religion und Politik weitgehend unabhängig machte; zum anderen aber auch dadurch, daß die Methoden naturwissenschaftlicher Forschung und insbesondere das Experiment als solches gewissermaßen »erfunden« wurden. Hauptverantwortlich dafür war jene kleine Gruppe von »gentlemanly scholars«, die im England des 17. Jahrhunderts die *Royal Society* schufen. Ihre Forschungspraktiken und ihre sozialen Umgangsweisen, ja ihre Lebensformen, wurden teilweise zum konstituierenden Bestandteil dessen, was noch heute mit moderner Naturwissenschaft assoziiert wird. Neben dem Siegeszug der Mathematik und der fortschreitenden Formalisierung und Meßbarkeit war es insbesondere das Forschungsexperiment und seine Einbettung in einen sozialen Beglaubigungsmechanismus, wodurch nunmehr »wahres« Wissen hergestellt und verbindlich auf seinen Wahrheitsgehalt beurteilt werden konnte. So könnte man richtiggehend von einer »Erfindung der Wahrheit« oder zumindest von sozialen Prozessen zur Wahrheitsfindung sprechen.

Wo und wie wurde nun diese neue Art der Forschungspraxis bzw. die Erzeugung wissenschaftlicher Tatsachen praktiziert? Wie bereits angedeutet, bestand eine wesentliche Neuerung des experimentellen Programms der modernen Naturwissenschaften darin, daß die Orte der Wissenserzeugung zugänglich sein sollten, damit eine gewisse Transparenz in der wissenschaftlichen Praxis gewährleistet ist. Dieser Ort der eigentlichen Wissensproduktion war allerdings in aller Regel die Privatresidenz eines Gentleman-Wissenschaftlers. Dort fungierten bestimmte Räumlichkeiten als »Labor« – Wohnraum und wissenschaftlicher Arbeitsraum waren also nicht getrennt. Nach den experimentellen Versuchen im halb-privaten Wohnsitz der jeweiligen Gentleman-Wissenschaftler, die dort auch Besucher empfingen, kam es zu Demonstrationen dieser Experimente bei den wöchentlichen Treffen der Royal Society, wo sie diskutiert und »beglaubigt« wurden. Die Besonderheit dieser Experimentiervorführungen, die eine offizielle Bezeugung der neuen Experimente und ihrer Ergebnisse gewährleisten sollte, lag darin, daß sie »öffentlich« waren.

Tatsächlich waren die formalen Bedingungen des Zutritts zu den »Experimentiershows« der Royal Society sehr genau und informell geregelt. Das Beisein bei Experimenten war nur den Mitgliedern und Gentlemen mit Empfehlungsschreiben gestattet. Zugelassen waren aber auch jene Personen, die aufgrund von privaten Beziehungen für würdig erachtet wurden, an diesen Treffen teilzunehmen. Diese dort anwesenden Personen wurden – auch wenn sie nicht einschlägige Experten waren – im Rahmen der Royal Society als glaubwürdige »Zeugen« betrachtet, deren Anwesenheit Öffentlichkeit repräsentierte. Sie allein waren es, die wissenschaftliche Ansprüche überprüfen und deren Richtigkeit beglaubigen konnten.

Wie aber wurde legitimiert, daß ausschließlich Gentleman-Wissenschaftler an diesen Verhandlungen teilnehmen konnten? Der wichtigste Grund war wohl, daß die Herkunft aus einer gemeinsamen sozialen Schicht die nötige Ebenbürtigkeit der Diskussionsteilnehmer zu gewährleisten schien. Die Vorbehalte gegenüber anderen Gruppen waren groß: Kaufleute, so wurde beispielsweise geargwöhnt, würden versuchen, aus den Experimenten Profit zu schlagen, und könnten sich deshalb nicht unvoreingenommen äußern. Und unfreie Menschen – wozu damals Kaufleute und Handwerker ebenso wie Frauen, Bauern oder andere unterprivilegierte Gesellschaftsgruppen zählten – hätten keine ausreichende Kontrolle über ihre Handlungen und Meinungen. Ja selbst den Technikern, die bei den Experimenten mitwirkten, wurde diese Fähigkeit abgesprochen, da sie in ökonomischer Abhängigkeit von ihren Arbeitgebern standen.

Der Grund für ihren Ausschluß war die Befürchtung, daß durch ihre Partizipation Ungleichheiten entstehen und die Basis des freien, kollektiven Urteils in Frage gestellt werden könnten. In einer Gemeinschaft von Gleichen hingegen konnte und mußte jeder dem Urteil des anderen Glauben schenken. Die Rollenerwartungen und die daraus erwachsenden Pflichten waren dabei in den stark personalisierten Beziehungen, die durch regelmäßige Treffen ermöglicht wurden, begründet. Diese Angesicht-zu-Angesicht-Beziehungen waren die Basis für die Wissensproduktion in diesem Experimentier-Arrangement. Aus den Zeugnissen von ausländischen Beobachtern (vor allem aus Frankreich und Italien) weiß man, daß diese wissenschaftlichen Verhandlungen durch besondere zivile Umgangsformen und die Gleichwertigkeit der Teilnehmer charakterisiert waren. Die Meinungen der teilnehmenden Gentlemen zählten gleich viel – nur der Präsident und der *Speaker* hatten eine übergeordnete Position.

Die Demonstration von experimentell erzeugten Phänomenen in einem öffentlichen Raum vor einer relevanten Öffentlichkeit, bestehend aus Gentlemen als Zeugen, war ein entscheidender Schritt hin zur institutionalisierten Erzeugung von »wahrem Wissen«. Was die Akzeptanz von neuen »Tatsachen« ausmachte, war das Wort des Gentleman, weiters die Konventionen, die den Zutritt zu seinem Haus festlegten, und die sozialen Beziehungen in diesem semi-öffentlichen Raum.

Die Entstehung neuzeitlicher Wissenschaften gegen Ende des 17. Jahrhunderts ging also einher mit der Anerkennung einer, von religiösen und politischen Rücksichten weitgehend »befreiten«, experimentellen Erforschung der Natur. Die von Bacon formulierte Grundüberzeugung, daß wissenschaftlich-technischer Fortschritt zugleich humaner Fortschritt sei, begann langsam Fuß zu fassen. Die Organisation der Forschung in den Akademien und wissenschaftlichen Gesellschaften war ein Teil des Arrangements mit den etablierten kulturellen Gewalten Englands im Zeitalter der Restauration und des *Ancien Régime* in Frankreich und wurde hingenommen, weil sie ihre gesellschaftliche Bedeutung behaupten konnte. Dies ist aber weder mit der Entstehung des Berufs Wissenschaftler, noch mit einer *allgemeinen* Anerkennung der Standards der modernen Wissenschaft gleichzusetzen. Die wissenschaftlichen Gesellschaften stellten, obwohl sie Ende des 17. Jahrhunderts vom Zerfall bedroht waren und erst im 18. Jahrhundert teilweise in völlig neuer Form wieder auflebten, dennoch *den* wesentlichen Schritt zur Institutionalisierung von neuzeitlicher Wissenschaft dar.

2.2. Akademische Wissenschaft als Beruf

> Wir brauchen in der Tat eine Bezeichnung, die für all jene gilt, die sich allgemein mit Wissenschaft beschäftigen. Ich neige dazu, sie Wissenschaftler zu nennen.
>
> *William Whewell (1840)*

Der Beginn des 19. Jahrhunderts war durch den Zerfall der universalwissenschaftlich ausgerichteten Akademien und wissenschaftlichen Gesellschaften, denen man z.T. ihr mangelndes Reaktionsvermögen auf gesellschaftliche Bedürfnisse vorwarf, sowie durch das gleichzeitige Aufkommen von disziplinär organisierten Institutionen gekennzeichnet. Mit den Akademien verschwand auch nach und nach der *Generalist*, der allgemeingebildete Amateur. An seine Stelle trat allmählich der *Spezialist*. Zugleich verlagerte sich auch das Zentrum der Forschung an die modernen Ausbildungsinstitutionen, die Forchung und Lehre in sich vereinten. Das Zeitalter der Akademien ging zu Ende, und die Epoche der modernen Universität und des spezialisierten Forschungsinstituts brach an. Diese Entwicklung vollzog sich zuerst in Deutschland, aber kurz darauf auch in England und Frankreich.

Eine entscheidende Phase der Sozialgeschichte der neuzeitlichen Wissenschaft war das frühe 19. Jahrhundert, als die universitäre Philosophie entstand und die Naturwissenschaften begannen, sich an den Universitäten zu etablieren. Diese einschneidende Veränderung, die als *Akademisierung* der Wissenschaft bezeichnet werden könnte, nahm in Deutschland ihren Ausgang und war das Ergebnis eines komplexen Prozesses mit vielen Ursachen. Die *Humboldtsche Universitätsreform*, die zuerst an der Universität Berlin 1810 umgesetzt wurde, spielte dabei eine zentrale Vorreiterrolle: Sie bewirkte eine Verlagerung von wissenschaftlicher Forschung an die Universitäten. Für die Wissenschaft bedeutete dies zum einen die dringend benötigte institutionelle Absicherung, zum anderen wurde damit eine Ausdifferenzierung zur angewandten Forschung vorgenommen. Die grundlegende Vorstellung war, daß Forschung von Angehörigen der Universität in deren Infrastruktur durchgeführt werden und die Lehre auf dieser Forschung aufbauen sollte.

Als das Herzstück dieser Reform ist wohl die Absicherung der *akademischen Freiheit* hervorzuheben. Dieser kam in Deutschland zudem eine besondere Bedeutung zu, da weder Redefreiheit noch soziale Gleichheit gesetzlich verankert waren. Um das zu gewährleisten, mußte einerseits eine Organisationsform geschaffen werden, der von seiten des Staates Freiheit zugebilligt wurde, ohne damit einen Präzedenzfall zu schaffen; andererseits mußte verhindert werden, daß die neue Universität zu bürokratische Formen annahm, da dies dem kreativen Forschen entgegengewirkt hätte.

Die Lösung für dieses Dilemma lag in der Schaffung von drei Grundvoraussetzungen: Zum ersten sollte der Forscher als Individuum eine zentrale Rolle spielen; zum zweiten sollten nur die Lehr- und Prüfungspflichten vertraglich festgelegt werden – die Forschung überließ man dem freien Entscheid des Wissenschaftlers. Zum dritten sollte Forschung nicht zu einer Karriere werden, sondern vielmehr als *Berufung* verstanden werden. Die wichtigsten Forscher waren die Professoren, die primär als Universitätslehrer tätig und keiner staatlichen Autorität für die Ergebnisse ihrer wissenschaftlichen Arbeit verantwortlich waren. Ihre Bezahlung erhielten sie für definierte Routinearbeit im Lehrbereich – die Forschung wurde dabei nicht berücksichtigt. Dadurch waren einerseits Relevanzkriterien aus dem Bereich der Wissensproduktion hinausgedrängt worden, und andererseits hatte sich an den Universitäten die Dualität von Wissensproduktion und Lehre etabliert.

Durch das Fehlen einer reichen Mittelklasse und starker liberaler Parteien war vor allem in Deutschland das Problem der Freiheit der Wissenschaft vor politischen Eingriffen besonders virulent. Die einzige Lösung, die nicht ungeteilte Zustimmung fand, schien ein Bündnis mit dem Staat. Als Ausgleich für die garantierte Forschungsfreiheit wurden dem Staat die finanzielle Aufsicht über die Universitäten, die Durchführung der Prüfungen für die berufliche Qualifikation und die Besetzung von Lehrstühlen überlassen. Letzteres wurde allerdings in der Realität von den Universitäten selbst durchgeführt. Die Qualität der Professoren begann eine große Rolle zu spielen, was zur *Habilitation* als Einstellungsvoraussetzung führte. Als Gegengewicht zu den »allmächtigen« Professoren wurde die sogenannte *Privatdozentur* geschaffen. Mit diesem Titel war es möglich, an Universitäten zu lehren – wenn auch unentgeltlich. Dadurch konnte die an den Universitäten herrschende Front des »wissenschaftlichen Adels« allerdings nicht wirklich durchbrochen werden: jeder Professor hatte in seinem Feld absolute Autorität über die Privatdozenten und Anwärter auf diesen Titel. Diese starren Hierarchien ließen kaum eine Wettbewerbssituation entstehen.

Mit der steten Expansion des Wissenschaftssystems wuchs auch der Wettbewerb der Universitäten untereinander, womit neue Frei-

räume für die Wissenschaftler geschaffen wurden. Es waren nicht
die Universitäten, welche die einzelnen Disziplinen weiterentwik-
kelten, sondern vielmehr Einzelpersonen oder kleine Gruppen. Wettbewerb zwischen den Universitäten und eine verstärkte Mobilität
führten schließlich zur Schaffung effektiverer Kommunikationsnetze
und damit auch zu einer aktualisierten öffentlichen Meinung, die
wiederum die Universitäten dazu zwang, ihre hohen Standards aufrechtzuerhalten. Im Grunde waren es diese informellen Ebenen und
nicht die Kooperation mit dem Staat, welche der Wissenschaft den
nötigen Freiraum schufen und kreatives Arbeiten ermöglichten.

Forschen konnte jetzt auch »gelernt« werden, und wissenschaftliches Arbeiten wurde zunehmend zum Beruf. Diese Karrierestruktur
der deutschen akademischen Wissenschaft diente als der Prototyp für
viele andere nationale Organisationsformen von Wissenschaft. Die
Bewertung von Leistungen unterlag einer gewissen Kontrolle, es gab
Zulassungskriterien, und junge Wissenschaftler konnten herangebil-
det werden – und das alles im Rahmen *einer* Institution. Einzigartig
an diesem Beruf war jedoch, daß es keine Außenwelt gab, die als
Referenzrahmen herangezogen werden konnte, um systeminterne
Handlungsabläufe zu bestimmen und zu bewerten.

Durch das stetige Anwachsen des Wissenschaftssystems entwik-
kelte sich auch außerhalb der Universitäten ein Markt für ausgebil-
dete Wissenschaftler. Dadurch wurde es wichtig, daß die Lehrer
auch gute Forscher waren, eine Entwicklung, die die deutschen Labors zu Zentren machte, an denen sich die weltweite Wissenschaftlergemeinschaft bestimmter Fachgebiete orientierte. Institutionelle
Ausdifferenzierungen und die Auslagerung der Forschungsaktivitäten aus den Universitäten waren die Folgen der steigenden industriellen Bedürfnisse und des Konnexes zwischen Staat und Forschung (z.B. Impfstoffe, die chemische Revolution in der Landwirtschaft etc.). In der zweiten Hälfte des 19. Jahrhunderts entstanden
zahlreiche industrielle und staatliche Forschungslabors und erlaubten
Deutschland bis zur Jahrhundertwende, seine Position als führende
Wissenschaftsnation zu halten.

Spätestens seit diesem Zeitpunkt wurden die Vereinigten Staaten
zu einer ernsthaften Konkurrenz, und im 20. Jahrhundert die unange-

fochtene Supermacht auch in der Wissenschaft. Der Siegeszug der US-amerikanischen Forschung war allerdings mit der Entwicklung in Deutschland verbunden, denn das Wissenschafts- und Universitätssystem der USA kann in bestimmter Hinsicht als Weiterentwicklung der im 19. Jahrhundert erfolgreichen deutschen Wissenschaftsorganisation verstanden werden. Tatsächlich hatte man in den USA im 19. Jahrhundert mit großer Bewunderung auf die Erfolge der deutschen Wissenschaft geblickt. Allerdings war diese mit ihren hierarchischen Strukturen mit dem amerikanischen Demokratieverständnis nur begrenzt verträglich. Die Innovationen des amerikanischen Universitätsmodells beruhten vor allem auf der Einführung des egalitäreren *Department*-Systems, das an die Stelle der hierarchischen deutschen Ordinarieninstitute trat. Durch die Anstellung mehrerer Professoren gleichen Ranges in einem Department war ein wesentlich größerer Grad an Flexibilität gegeben, der vor allem das Entstehen kleinerer Einheiten ermöglichte, die sich auf Teilaspekte eines Gebietes spezialisierten. Eine zweite wichtige universitäre Neuerung des amerikanischen Universitätssystems war die *Unterteilung* der wissenschaftlichen Ausbildung. Während man in Deutschland eine einzige lange Ausbildung bis zum Hochschulabschluß vorsah, unterteilten die Amerikaner das Studium in drei Abschnitte: *undergraduate, graduate* und *postgraduate*. Das hatte den Vorteil, daß die Studenten, die nicht in der Wissenschaft bleiben wollten, bereits nach einer relativ kurzen Studiendauer zu einem Abschluß gelangen konnten, während diejenigen, die eine wissenschaftliche Karriere anstrebten, gezielt gefördert wurden.

2.3. Das Wachstum der Wissenschaft

> ...wie immer man auch »Wissenschaftler« definiert, wir können sagen, daß 80 – 90% aller Wissenschaftler, die je gelebt haben, heute leben.
>
> *Derek de Solla Price (1963)*

Waren zu Beginn des 20. Jahrhunderts die Ausbildungs- und Berufsstrukturen von heutiger Wissenschaft im wesentlichen etabliert, so ist dieses Jahrhundert dennoch verbunden mit dramatischen Veränderungen im Wissenschaftsbereich. Die wichtigste war zweifellos ihr beispielloses Wachstum. Mit dieser exponentiellen Vergrößerung sowohl des Wissenschaftssystems wie auch von einzelnen Forschungsprojekten hat sich aber auch die wissenschaftspolitische Debatte verändert: Skepsis und Einsparungswille sind der bedingungslosen Unterstützungsbereitschaft für Forschung und Entwicklung gewichen. Jüngstes Beispiel dafür war wohl der Beschluß des US-amerikanischen Kongresses, den Weiterbau des SSC, eines riesigen Teilchenbeschleunigers, nicht mehr zu finanzieren. Und während Vannevar Bush 1945 seinen Bericht über den Stand der US-amerikanischen Forschung mit »*Science, the Endless Frontier*« betitelte, gab Leon Lederman, der Präsident der Amerikanischen Gesellschaft zur Förderung der Wissenschaft, seinem Jahresbericht von 1991 die Überschrift »*Science: The End of the Frontiers*«. Lederman brachte damit als einer der ersten das Ende des Traums vom unbegrenzten Wachstum der Wissenschaft zu Protokoll.

Was aber steckte hinter diesem Traum vom Wachstum? Wie sieht dieses Wachstum der Wissenschaft tatsächlich aus? Und wie läßt es sich beschreiben? Jener Teilbereich der Wissenschaftsforschung, der sich mit solchen und anderen Fragen beschäftigt, nennt sich *Szientometrie*, ein Forschungszweig, der statistische, soziologische und wissenschaftshistorische Methoden kombiniert, um wissenschaftliche Entwicklungsprozesse zu quantifizieren und damit zu beschreiben. Einer der Protagonisten dieses Forschungsansatzes war Derek de Solla Price, der sich in seinen Publikationen mit der »Vermessung« dieses Wachstums anhand verschiedenster Indikatoren beschäftigte – von der Anzahl der WissenschaftlerInnen, der wissenschaftlichen Zeitschriften, der Erkenntnisse selbst bis hin zum Umfang der für wissenschaftliche und technische Forschung aufgewendeten Mittel.

Werfen wir mit Price aber zunächst einen Blick auf die »Population« der Wissenschaft: Im Jahr 1896, also vor rund hundert Jahren, gab es auf der ganzen Welt nicht mehr als 50.000 WissenschaftlerInnen, von denen sich kaum 20.000 der Forschung widmeten. Zu Beginn der sechziger Jahre waren es schon rund eine Million, die Wissenschaft im weiteren Sinne des Wortes betrieben. Zwischen 1976 und 1986 stieg die Zahl der reinen ForscherInnen von einer Million auf über zwei Millionen an. Und heute sind es mehr als drei Millionen, von denen rund ein Drittel in den USA arbeitet. In den Worten von Derek de Solla Price: die heute lebende Generation umfaßt etwa 80% aller WissenschaftlerInnen, die bislang auf dieser Erde gelebt haben. Statistisch betrachtet bedeuten diese Zahlen, daß die Population der WissenschaftlerInnen *exponentiell* gestiegen ist, und das wiederum heißt nichts anderes, als daß eine Verdoppelung in gleichmäßigen zeitlichen Abständen stattgefunden hat. Nach Derek de Solla Price beträgt dieses Intervall rund dreizehn Jahre – eine in der Tat außergewöhnliche Wachstumsrate im Vergleich zur langsamen Entwicklung der Bevölkerung zumindest in der nördlichen Hemisphäre.

Dieses exponentielle Wachstum gilt aber auch für alle anderen meßbaren Größen von Wissenschaft, also auch für die Zeitschriften bzw. Publikationen seit der Mitte des 17. Jahrhunderts. Im Jahr 1665 erschien das erste wissenschaftliche »Fachjournal«, die »Philosophical Transactions of the Royal Society of London«. Bei einem Überblick über die weitere Entwicklung des Zeitschriftenwesens zeigt sich,

> daß sich die ungeheure Zunahme der wissenschaftlichen Zeitschriften von einer einzigen auf rund 100.000 mit einer Regelmäßigkeit vollzogen hat, wie sie in sozialen und biologischen Statistiken nur selten zu beobachten ist. Seit 1750, als es auf der Welt etwa zehn wissenschaftliche Zeitschriften gab, hat sich die Zahl der Publikationen offensichtlich mit großer Exaktheit alle 50 Jahre verzehnfacht. (Price [1961] 1975: 96 – Übersetzung nach Kreibich 1986: 27)

Ähnlich wie bei den WissenschaftlerInnen liegt auch die Verdoppelung der Anzahl der Fachzeitschriften in den verschiedenen Disziplinen bei rund 15 Jahren. Dasselbe gilt mit entsprechenden Abänderungen natürlich auch für die Anzahl der Publikationen insgesamt: Deren jährlicher Ausstoß liegt heute bei über sieben Millionen, was wiederum bedeutet, daß täglich knapp 20.000 Veröffentlichungen anfallen. Und von den Publikationen ist es nicht weit zur Anzahl der wissenschaftlichen und technischen Erkenntnisse bzw. Informationen, von der man annimmt, daß 90% davon im 20. Jahrhundert produziert wurden – zwei Drittel davon nach dem Zweiten Weltkrieg.

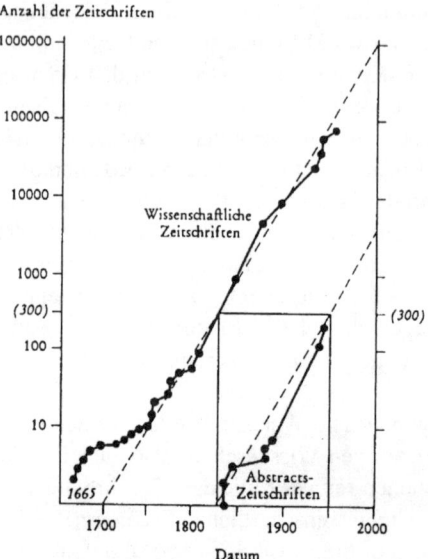

Abb. 1: Wachstum der wissenschaftlichen Zeitschriften
(zitiert nach Price [1963] 1974: 20)

Die Entwicklungslogik dieses Wachstumsprozesses wirft die Frage auf, ob bestimmte Grenzen des Wachstums nicht schon längst erreicht sind und welche möglichen Konsequenzen sich daraus ergeben. Alleine der Kostenfaktor von Forschung und Entwicklung scheint eine weitere exponentielle Zunahme von wissenschaftlichen Aktivitäten unmöglich zu machen. Sehen wir uns die Gesamtausgaben für Forschung und Entwicklung in den USA an, so bemerken wir einen rapiden Anstieg im zweiten Drittel dieses Jahrhunderts: 1929 betrug der Anteil dieser Ausgaben am Bruttosozialprodukt 0,2%, 1941 waren es noch 0,7%; zwischen 1946 und 1956 stieg der Anteil von rund einem auf knapp zwei Prozentpunkte, ehe er 1964 die Dreiprozentmarke erreichte. Im Vergleich dazu weist der Bericht des Deutschen Bundesministeriums für Bildung, Wissenschaft, Forschung und Technologie für 1993 aus, daß sich zwischen 1962 und 1992 die Ausgaben für Forschung und Entwicklung in der Bundesrepublik verzwanzigfacht haben – gleichzeitig ist ihr Anteil am Bruttosozialprodukt von 1,3 auf 2,6 Prozentpunkte angewachsen.

Doch nochmals zurück zu den USA: Nach den Berechnungen von Derek de Solla Price betrug der Verdoppelungszeitraum der Aufwendungen für Wissenschaft zwischen 1950 und 1960 fünf Jahre – was bei einer Fortschreibung dieses Trends für das Jahr 1973 einen Anteil von 10 Prozentpunkten am Bruttosozialprodukt bedeutet hätte. Heute müßte gar das Doppelte von diesem für Ausgaben im Bereich von Forschung und Entwicklung aufgewendet werden. Stattdessen pendelten sich die jährlichen Ausgaben bei rund 3% ein. Trotz der Mehraufwendungen der letzten Jahre liegt die inflationsbereinigte Summe für das Jahr 1990 nur wenig höher als vor zwanzig Jahren – mit dem beträchtlichen Unterschied allerdings, daß sich in der Zwischenzeit die Zahl der ForscherInnen verdoppelt hat.

Die europäischen Länder konnten nach dem Zweiten Weltkrieg in Sachen Forschungsfinanzierung mit den USA nicht mehr mithalten. Diese investierten 1962 das Vierfache der gesamten europäischen Ausgaben in die Forschung. In den meisten europäischen Staaten haben sich diese Ausgaben dann bei rund 1,5% bis 2,5% eingependelt und scheinen damit eine Grenze erreicht zu haben. Dasselbe scheint auch für die USA zu gelten, wenn auch auf einem etwas höheren Niveau. Für die WissenschaftlerInnen besteht das Problem nun darin, daß sich ihre Anzahl weiter vergrößert – wenn auch langsamer als in den sechziger oder siebziger Jahren. Das führt konsequenterweise zu einer Verknappung der Finanzmittel, zumal ja auch die notwendigen Instrumentarien für wissenschaftliche Forschung kostenintensiver werden. Die Folge ist ein härterer Kampf zwischen den WissenschaftlerInnen um die knapper gewordenen Ressourcen bzw. eine Restrukturierung der Forschungsorganisation.

Wie andere exponentielle Wachstumsprozesse scheint also auch jener der Wissenschaft begrenzt. Price zufolge bedeutet dies, daß das Wachstum einen Höhepunkt erreicht, sich abschwächt und sich die Kurve zu einer Sättigungsgrenze neigt, die nicht mehr überschritten wird. Jene der Wissenschaft scheint in den vergangenen Jahren zumindest in den meisten entwickelten Staaten der Nordhalbkugel erreicht worden sein. Daneben können aber noch neue Wachstumsphänome auftreten, die allerdings in einer »Nische« Platz finden müssen.

2.4. »Big Science« – Großforschung im 20. Jahrhundert

> Als die Größenordnung zunahm, häufig auf Kosten der individuellen Autonomie, protestierten einige (Forscher), einige flüchteten vor dem, was sie als »Fabrik«arbeitsstil betrachteten, während sich andere bemühten, Wege des Arbeitens zu finden (...), die massive Teamarbeit vermieden.
>
> *Peter Galison*

Neben dem Wachstum der Wissenschaft liegt ihre zweite einschneidende Veränderung im 20. Jahrhundert in der Organisation und der Praxis naturwissenschaftlicher Forschung. Das von Derek de Solla Price eingeführte Begriffspaar »*Little Science – Big Science*« markiert damit nicht nur einen Wandel von der unbedeutenden, kleinen Wissenschaft zu einer der dominierenden Institutionen modernisierter Gesellschaften, sondern beschreibt auch die ungeheure Vergrößerung der Forschungspraxis vom Labor der Anfangszeit zu Großforschungseinrichtungen, in denen hunderte von ForscherInnen tätig sind. Dieser Wandel hat gewissen Forschungszweigen eine noch nie dagewesene gesellschaftliche, politische und ökonomische Macht beschert, sie aber andererseits auch verwundbar gemacht: Ihre enormen Kosten scheinen an eine Finanzierungsgrenze gestoßen zu sein.

Es wäre jedoch unzureichend, diesen Übergang von *Little* zu *Big Science* bloß als eine Frage der Größendimension zu sehen, ohne dabei auf die inhaltlichen und strukturellen Veränderungen von wissenschaftlicher Forschung einzugehen. Tatsächlich haben sich mit dem Aufkommen von Großforschung einige grundlegende Parameter innerhalb der experimentellen Tätigkeit verändert. Dies betrifft vor allem die Organisation der Forschungsteams, aber auch der gesamten Großforschungsinstitutionen. Auf wissenschaftspolitischer Ebene ist Planung und finanzielles Engagement ausschließlich langfristig zu bewerkstelligen, und Personalressourcen sind für längere Zeitperioden an ein Forschungsthema gebunden. Darüber hinaus ist auch der wissenschaftliche Fortschritt immer enger an die technologische Entwicklung gekoppelt. Unter Berücksichtigung dieser Faktoren läßt sich dann der verstärkte Rechtfertigungsdruck für beide Seiten – Forscher wie Förderer – verstehen.

Historisch betrachtet nahmen diese riesigen Forschungsunternehmen ihren Ursprung in den zwanziger und dreißiger Jahren dieses Jahrhunderts in den Vereinigten Staaten, als sich verschiedene Universitäten wie Stanford oder Berkeley mit der Industrie zusammentaten, um die damaligen Probleme der Stromerzeugung und -verteilung in den USA gemeinsam zu lösen bzw. um die Erforschung von Mikro- und Radarwellen industriell nutzbar zu machen. Diese Kooperationen bedeuteten zwar einerseits massive finanzielle Unterstützung und damit ein Erschließen völlig neuer Möglichkeiten und Forschungsdimensionen, andererseits begaben sich WissenschaftlerInnen bei einigen dieser Projekte in eine starke Abhängigkeit von der Wirtschaft und vom Staat.

Einen Höhepunkt erreichte diese Entwicklung dann im Zweiten Weltkrieg. Ausgehend von der Vorstellung, daß mit ausreichenden finanziellen Mitteln und mit dem Zusammenbringen der besten verfügbaren WissenschaftlerInnen fast alle wissenschaftlichen Problemstellungen lösbar seien, wurden das *Radar Project* und das berühmtere *Manhattan State Project* ins Leben gerufen. Das Ziel dieser Forschungsprojekte wurde von politischer und militärischer Seite vorgegeben: im zweiten Fall war es bekanntlich der Bau der Atombombe. Hunderte Wissenschaftler und Techniker wurden dafür nach Los Alamos in die Wüste von New Mexico beordert, um dort unter den besten Rahmenbedingungen und völlig abgeschirmt von der Außenwelt die Entwicklung der Atombombe möglichst schnell voranzutreiben. Der Preis für diese idealen Forschungsbedingungen waren allerdings starke externe Zwänge: Aufgrund der eminenten militärischen Bedeutung dieser Forschungen waren die Wissenschaftler zur strengsten Geheimhaltung gezwungen und mußten sich der »nationalen Sicherheit« unterordnen.

Der Erfolg dieses neuen »Förderungskonzeptes« von Wissenschaft war ebenso beeindruckend wie schrecklich. Jedenfalls war mit dem Abwurf der Atombomben auf Hiroshima und Nagasaki eines nachdrücklich demonstriert worden: Wissenschaft war enger denn je mit politischer und militärischer Macht verbunden und rückte damit auch in den Brennpunkt gesellschaftlicher Interessen. Die Forscher, die an den wissenschaftlichen Projekten während des Zweiten Weltkriegs federführend beteiligt waren, wollten eine Rückkehr der Forschung an die Universitäten, aber mit der Unterstützung, die sie zu diesem Zeitpunkt hatten. Damit blieb die enge Verknüpfung von Militär, Forschung und Staat jetzt auch im universitären Bereich erhalten, die ja nicht nur finanzielle, sondern auch inhaltliche Konsequenzen hatte.

Man kann also davon ausgehen, daß im großen und ganzen Big Science eine US-amerikanische Erfindung ist. Nach Europa kam diese Organisationsform erst nach dem Zweiten Weltkrieg. Eine Vorreiterrolle spielte dabei Großbritannien, das auch einige Kriegserfahrung auf wissenschaftlichem Gebiet, etwa der Radarforschung, gesammelt hatte. Als das erste europäische wissenschaftliche Großprojekt gilt das Kernforschungszentrum CERN in Genf, welches 1954 nach mehrjährigen Verhandlungen von 12 Mitgliedsstaaten ins Leben gerufen wurde. Dabei ist darauf hinzuweisen, daß dieses wissenschaftliche Projekt auch eine zentrale Rolle für den politischen und kulturellen Wiederaufbau im zerrütteten Nachkriegseuropa spielte: Es war ein Prestigeprojekt, das dazu beitragen sollte, eine neue europäische Identität auf wissenschaftlichem Gebiet zu entwickeln und mit dem wissenschaftlichen Fortschritt in den Vereinigten Staaten Schritt zu halten.

Doch die Errichtung von Forschungslabors zum Bau und zur Nutzung großer Apparate ist nur eine Form der Big Science. Einen ganz anderen Typus stellt etwa das Human Genome Project dar, in dem es darum geht, das menschliche Genom zu kartieren und zu sequenzieren. Hierbei handelt es sich um ein dezentrales Projekt, das aus verschiedenen nationalen und internationalen Programmen aufgebaut und durch eine *Human Genome Organization* (HUGO) weltweit koordiniert wird. Um das gesteckte wissenschaftliche Ziel zu erreichen, mußte eine aufwendige politische Überzeugungsarbeit geleistet werden, enorme Summen wurden und werden investiert, und ein weites Netzwerk von ForscherInnen und Institutionen wurde aufgebaut. Die Vereinigten Staaten, die auf diesem Gebiet führend sind, haben für dieses Projekt bis zum Jahr 2005 ein jährliches Budget von 200 Millionen Dollar vorgesehen.

Was bedeutet diese tendenzielle Veränderung von *Little Science* zu *Big Science* nun konkret? Big Science, wie sie seit den dreißiger Jahren immer neue Forschungsbereiche zu umfassen begann, verdient in mehrfacher Hinsicht diesen Namen. Sie ist groß im Hinblick auf ihre *geographische* Ausdehnung: Ganze Städte (wie Los Alamos) oder sogar Regionen (wie das Silicon Valley) sind entweder durch Big Science erst entstanden oder stehen ganz in ihrem Zeichen. Allerdings treten hier auch große, geographisch dezentrale Netzwerke als eine mögliche Organisationsform auf. *Big Science* ist selbstverständlich auch hinsichtlich ihres *finanziellen* Aufwands groß – Kosten im Bereich von mehreren Milliarden DM sind die Regel. Vor allem bedingt durch die enormen Beträge ist diese neue Form der Großforschung auch in vielen Fällen durch *Multinationalität* charakterisiert: Ein einzelnes Land – dies trifft vor allem für Europa und seit kurzem auch auf die USA zu – kann und will diese hohen Kosten nicht alleine tragen, und so werden viele der wichtigsten Großforschungseinrichtungen von mehreren Nationen gemeinsam finanziert und auch von internationalen Forschungsgruppen genutzt.

Und schließlich wird Big Science ihrem Namen insofern gerecht, als die meisten Projekte eine große *zeitliche* und »*disziplinäre*« Ausdehnung aufweisen. Zum einen dauern Projekte etwa in der Teilchenphysik von der Planung des Teilchenbeschleunigers über den Bau des nötigen Detektors bis hin zu den abschließenden Forschungsergebnissen meist weit über ein Jahrzehnt; zum anderen verlangten die Konzeption und der Bau dieser verschiedenen hochkomplexen und hochtechnischen Großforschungsinstrumentarien multidisziplinäre Zusammenarbeit. Es ist aber nicht angebracht, sich

Kein

hier einen völlig arbeitsteiligen Prozeß vorzustellen, da diese Geräte »nach Maß« gebaut werden müssen und alle Beteiligten genauestens über den Einsatz bis hin zur Datengewinnung Bescheid wissen müssen. Es sind schließlich auch jene Maschinen, die den Rahmen der experimentellen Möglichkeiten festlegen. Die minutiöse Koordination der Einzelaktivitäten ist zum zentralen Faktor für den wissenschaftlichen Erfolg geworden.

Wissenschaftspolitisch bedeutet die Institutionalisierung dieser Organisationsform, daß eine kurz- und mittelfristige Planung in diesen Gebieten nicht mehr möglich ist. Der Bau von bzw. der Beitritt zu solchen Großforschungseinrichtungen bedeutet eine finanzielle Bindung auf Jahrzehnte, um die Sinnhaftigkeit der Investitionen zu gewährleisten. Man sollte hierbei nicht außer acht lassen, daß alleine die Erhaltung von Großforschungslabors wie des CERN jährlich ca. eine Milliarde DM verschlingt, die von den Mitgliedsstaaten getragen werden muß.

Aus der Sicht der WissenschaftlerInnen hat Big Science auch die Forschung und ihr Leben wesentlich verändert. Zusammenarbeit in großen Forschergruppen und neue arbeitsteilige und z.T. hierarchische Strukturen innerhalb dieser Teams charakterisieren heute die Arbeit an solchen riesigen Teilchenbeschleunigern – um beim Beispiel CERN zu bleiben. Um mehrere tausend ForscherInnen, die wiederum in Teams mit bis zu 500 WissenschaftlerInnen zusammengefaßt sind, effizient zu koordinieren und ein langfristiges wissenschaftliches Programm erstellen zu können, bedarf es einer gut funktionierenden Organisationsstruktur. Besonders den TeamleiterInnen wird hier einiges an Management- und Führungsqualitäten abverlangt. Das hat jedoch die Konsequenz, daß »wissenschaftlicher Erfolg« nicht mehr ausschließlich an wissenschaftliche Qualifikation gekoppelt ist, sondern zunehmend auch mit organisatorischen Fähigkeiten und strategischem Handlungsgeschick zu tun hat.

Während diese eben beschriebene Veränderung nur einige wenige ForscherInnen betrifft, sind alle Beteiligten vom Verlust an individueller Autonomie betroffen. Obwohl die Teilnahme an einem solchen Großexperiment hohes Prestige auch für die einzelnen bringt, muß der Forscher oder die Forscherin hauptsächlich als Teil der

Gruppe agieren, und seine Verantwortlichkeit bezieht sich meist auf einen kleinen Teil des Experiments. Das wissenschaftliche Ziel ist festgelegt, und der Einfluß des einzelnen auf den Weg, der gewählt wird, um dorthin zu kommen, ist relativ gering. Wollte man über den Eigenbereich hinaus auf das Gesamtexperiment Einfluß nehmen, so wären zunächst beachtliche Kommunikations- und Entscheidungsstrukturen zu überwinden. Es ist nahezu unmöglich geworden, den Beitrag des bzw. der einzelnen an einem Forschungsergebnis anhand der Publikationen zu rekonstruieren, was in einem Wissenschaftssystem, in dem die wissenschaftliche Reputation von ForscherInnen vor allem durch die Evaluation der Publikationen erfolgt, nicht unproblematisch ist. Weiters sind auch die zeitlichen Begrenzungen von Karriereschritten in Frage zu stellen, wenn man in einem Forschungsgebiet tätig ist, in dem Experimente im Zeitrahmen von zehn Jahren liegen.

Schließlich bleiben noch die Auswirkungen dieser Form der Forschungsorganisation auf den Erkenntnisprozeß und auf die Bedeutung des Fortschrittsbegriffes zu hinterfragen. In der Tat ist man mit dem Problem konfrontiert, daß es von sehr großen, komplexen und teuren Instrumenten meist nur eines oder zumindest ganz wenige Geräte weltweit gibt. Das hat zur Folge, daß die in einem Labor gefundenen Ergebnisse kaum einer systematischen kritischen Untersuchung in einem anderen Labor unterzogen werden können. Dies bedeutet zunächst, daß Experimente dieser Art praktisch nicht mehr wiederholbar sind und daß wissenschaftliche Erkenntnis mehr denn je ein *sozialer Aushandlungsprozeß* wird, der noch dazu lokal und vom Personenkreis her beschränkt ist. Selbst wenn wir davon ausgehen, daß die WissenschaftlerInnen ihre Ergebnisse einer sehr strikten Selbstkontrolle aussetzen, so bleibt dennoch das Problem der »Steuerung« des wissenschaftlichen Fortschritts. Ein offener Wettbewerb, der als Triebkraft der wissenschaftlichen Entwicklung beschrieben wird, kann kaum mehr stattfinden: Wettbewerb und damit auch Fortschritt sind in diesem Bereich vielmehr fast ausschließlich an den Bau von Großinstrumentarien gebunden. Wer kann überhaupt noch auf den Bau von bestimmten Maschinen Einfluß nehmen, und wer fällt die Entscheidungen in bezug auf die Experimente, die dann damit durchgeführt werden? All diese Entscheidungen werden auf sehr hoher politischer Ebene gefällt. Lobbying beginnt eine immer wichtigere Rolle zu spielen, und die Zahl derer, die an diesen Entscheidungsfindungen mitwirken können, ist stark eingeschränkt.

Big Science hat der Wissenschaft im 20. Jahrhundert einerseits zu einer unvorhersehbaren Stärke verholfen – insbesondere das militärische Potential von Staaten scheint unmittelbar von ihr abzuhängen –, andererseits hat sie der Wissenschaft eine bisher nie dagewesene Verwundbarkeit beschert. In Frage gestellt sieht sich die Wissenschaft durch das menschenvernichtende Potential mancher Resultate von Großforschung – wie beispielsweise der Atom- und Wasserstoffbombe, der Lenkwaffen, aber auch der Atomkraft insgesamt.

Großforschungsprojekte kamen in den letzten Jahren auch unter massiven ökonomischen Druck: Ein sinnfälliges Beispiel dieses parallel mit den steigenden Kosten wachsenden Rechtfertigungszwanges von Big-Science-Projekten bietet die bereits erwähnte Diskussion um den Bau des »Superconducting Super Colliders« in den USA – eines riesigen Teilchenbeschleunigers mit 84 Kilometern Umfang – dessen Bau nach langem Ringen und bereits getätigten Ausgaben in Milliardenhöhe eingestellt wurde. Dieses geplante neue Zentrum der Hochenergiephysik, mit dem die US-amerikanischen WissenschaftlerInnen ihre KonkurrentInnen vom europäischen Kernforschungszentrum (CERN) wieder von der Spitzenposition verdrängen wollten, schien vielen US-amerikanischen PolitikerInnen im Verhältnis zu den zu erwartenden Erkenntnissen zu teuer. Denn außer der möglichen Entdeckung bisher unbekannter, aber theoretisch vorhergesagter Elementarteilchen, Erkenntnissen über unsere kosmologische Vergangenheit und damit einer Vermehrung des wissenschaftlichen Renommees der USA und ihrer TeilchenphysikerInnen, erschien zumindest den Kongreßabgeordneten der wirtschaftliche Rückfluß zu gering.

Verwendete und weiterführende Literatur

Als Gesamtschau der historischen Veränderungen der Organisationsformen von Wissenschaft empfiehlt sich die bereits klassische Studie von BEN-DAVID (1971); einen nach wie vor lesenswerten Überblick bietet auch BERNAL ([1954] 1970) mit seiner vierbändigen *Sozialgeschichte der Wissenschaften*. Sehr unterschiedliche Aufsätze zu verschiedenen Spezialbereichen der Wissenschaftsgeschichte sind im Reader von OLBY et al. (Hg.) (1990) zusammengefaßt. ASIMOV (1989) ist als umfassendes Nachschlagewerk für die Chronologie wissenschaftlicher Entdeckungen brauchbar. Die Monographie von I.B. COHEN ([1985] 1994) entwirft eine umfassende Geschichte der neuzeitlichen Wissenschaften unter dem Gesichtspunkt von Revolutionen. Der Sammelband von SERRES (Hg.) ([1989] 1994) bietet anhand von rund zwanzig Schlüsselepisoden einen auch methodologisch sehr interessanten Überblick über die Entwicklung der Wissenschaft von Mesopotamien bis in das 20. Jahrhundert und ist zur Zeit das vielleicht beste wissenschaftshistoriographische Werk, das auf deutsch vorliegt.

Warum und wie die neuzeitliche Wissenschaft gerade im 17. Jahrhundert in Europa, genauer in England entstand, versuchen unter anderem folgende, zum Teil bereits »klassische« Arbeiten im Detail nachzuvollziehen: MERTON ([1938]) 1970) erklärt die wissenschaftliche Revolution der damaligen Zeit vor allem aus dem Geist des Protestantismus. ZILSEL ([1942] 1976), der auch in unserer Zusammenfassung zitiert wurde, betont die Synthese von Hand- und Kopfarbeit am Ende der Renaissance – ähnlich wie SOHN-RETHEL (1987). NEEDHAM (1979) gibt einen interessanten Vergleich mit der Wissenschaftsentwicklung in China. Lesenswert sind außerdem BÖHME, VAN DEN DAELE und KROHN (1977) zum Entstehen der experimentellen Philosophie. Bei unserer Rekonstruktion der »Erfindung« der modernen wissenschaftlichen Forschungspraxis stützten wir uns auf einige Arbeiten von Steven SHAPIN, insbesondere sein Buch über die Sozialgeschichte der Wahrheit (1994). Eher »internalistischen« Perspektiven verpflichtet sind die klassischen Studien von KOYRÉ ([1957] 1969) und DIJKSTERHUIS (1956) über die wissenschaftliche Revolution.

Für die weitere Entwicklung des universitären Ausbildungswesens unter international-komparatistischer Perspektive empfiehlt sich der von ROTHBLATT und WITTROCK (1993) herausgegebene Sammelband. Gute Überblicke über die Entwicklung des Universitätswesens in Europa von der Frühneuzeit an geben auch die Studie von STICH-WEH (1991) sowie Aufsätze aus seinem Sammelband (1994). Die Aufsatzsammlung von BEN-DAVID (1991) und seine bereits erwähnte Monographie (1971) beschäftigen sich unter anderem mit der historischen Verlagerung der jeweiligen Zentren der Wissenschaft und dem Wachstum der Wissenschaft und Technik. Das Buch von LENOIR (1992) bietet interessante Aufsätze zur Blütezeit der deutschen Wissenschaft Ende des 19. Jahrhunderts und zur Verbindung von Wissenschaft, Staat und Industrie.

Die klassischen szientometrischen Aufsätze von Derek de Solla PRICE sind zusammengefaßt in ([1963] 1974) bzw. PRICE (1961). Einen guten Eindruck über das Wachstum der Wissenschaft und ihre Entwicklung zur maßgeblichen Produktivkraft bietet auch KREIBICH (1986) in einer umfangreichen Studie. Für den Zusammenhang von Wissenschaft und Arbeitsverhältnissen siehe auch STEHR (1994).

Die Aufsätze von WEINBERG (1970) aus den sechziger Jahren beschäftigen sich vor allem mit wissenschaftspolitischen Fragen im Zusammenhang mit der Großforschung. Die aktuelle Situation der Großforschung im ausgehenden 20. Jahrhundert thematisieren verschiedene Beiträge in GALISON und HEVLY (Hg.) (1991); der Einleitungsaufsatz ist eine sehr lesenswerte Einführung. Einen guten Überblick über die Geschichte der Großforschung in Deutschland bietet RITTER (1992).

Kapitel 3

Die soziale Organisation von Forschung

Die sozialwissenschaftliche Beschäftigung mit der *Scientific Community* als der sozialen Grundeinheit des Wissenschaftssystems kann auf rund ein halbes Jahrhundert der Auseinandersetzungen und Diskussionen zurückblicken. Wissenschaft wird seither nicht mehr als eine von isolierten Individuen betriebene Tätigkeit betrachtet, sondern als durch und durch soziale Aktivität beschrieben, die in unterschiedlichen sozialen Einheiten unterschiedlicher Größe (Teams, Institutionen, nationalen und internationalen *Scientific Communities*) stattfindet. Zahlreiche Überlegungen und Studien wurden angestellt, die alle auf einen Punkt verweisen: Die Richtung, in die sich Wissenschaft entwickelt, und die Formen, die sie dabei annimmt, sind von den in diesen Wissenschaftlergemeinschaften stattfindenden sozialen Prozessen beeinflußt. Damit rückt das »soziale Leben« der WissenschaftlerInnen innerhalb der institutionellen Strukturen ins Zentrum der Analyse. Die Aufgabe der Wissenschaftsforschung ist es, die Zusammenhänge zwischen sozialen und intellektuellen Prozessen herzustellen, die Strukturiertheit des Zusammenlebens im Labor oder an der Universität zu erforschen und ein besseres Verständnis der informellen Mechanismen innerhalb der WissenschaftlerInnengemeinschaft zu erlangen. In welchen gegenseitigen Bezügen stehen Strukturen und Individuen? Welche Kommunikationsmuster, welche hierarchischen Strukturen und kooperativen bzw. kompetitiven Strategien gibt es? Was motiviert WissenschaftlerInnen, Geräte zu bauen, Papiere zu schreiben, Objekte zu konstruieren oder eine bestimmte Karriere zu machen? Was bewegt sie, von einem Untersuchungsfeld zum anderen zu wandern, sich von einem Labor zu einem anderen zu begeben, einen bestimmten Arbeitsprozeß zu wählen oder eine bestimmte Methode anzuwenden? Warum investieren sie überdurchschnittlich viel Zeit und Energie, um ihre inhaltlichen Ziele zu erreichen?

Bei der Beantwortung dieser Fragen ist vorweg zu betonen, daß soziale Phänomene in engem Zusammenhang mit inhaltlichen Charakteristika von Forschungsfeldern stehen. Soziale Mechanismen, die in den verschiedenen WissenschaftlerInnengemeinschaften zum Tragen kommen, sind eng und untrennbar mit den dort zu bewältigenden Forschungsfragen und den institutionellen Rahmenbedingungen verbunden. Die wissenschaftliche Ausbildung an Universitäten, die Forschung im Labor oder die Begutachtungsverfahren von Zeitschriften stellen keine sozial isolierten Phänomene dar, sondern sind das Ergebnis vielfältiger sozialer, zum Teil hochkomplexer Interaktionen innerhalb der Gemeinschaften von WissenschaftlerInnen. Allerdings haben verschiedene Ansätze der Wissenschaftsforschung die Akzente unterschiedlich gesetzt.

So wird etwa in Robert K. Mertons struktur-funktionaler Wissenschaftssoziologie, die wir im ersten Abschnitt vorstellen, Wissenschaft als soziales System charakterisiert, das durch einen spezifischen Ethos und spezifische Normen gekennzeichnet ist. Normen sind bei Merton die Erklärung für die sozialen Interaktionen in der Gemeinschaft der WissenschaftlerInnen.

In den folgenden drei Abschnitten werden einige Grundzüge solcher *Scientific Communities* diskutiert. Diese umfassen: Kommunikation in der Wissenschaft, die Existenz verschiedener Formen der Hierarchien und die damit verbundenen Konsequenzen sowie wissenschaftlichen Wettbewerb als dynamisierende Größe des Wissenschaftssystems. Generell ist das Bild, welches die Wissenschaftsforschung zeichnete, ein differenzierteres und vielschichtigeres geworden. Unterschiede innerhalb und zwischen Disziplinen und Forschungsfeldern spielen ebenso eine große Rolle wie das jeweilige nationalstaatliche Umfeld. Das Konkurrenzverhalten von WissenschaftlerInnen steht in einem eigentümlichen Balanceverhältnis zur Notwendigkeit der Kooperation und kann je nach Situation und Zeit von der Zusammenarbeit zur Rivalität umschlagen und umgekehrt. Allen diesen Aspekten liegt jedoch eine treibende Kraft zugrunde: die Suche nach wissenschaftlicher Anerkennung, die die kulturellen und sozialen Praktiken der WissenschaftlerInnen prägt.

3.1. Die *Scientific Community* und ihre Normen

> Mitglied einer disziplinären Gemeinschaft zu sein beinhaltet ein Identitätsgefühl, eine persönliche Verpflichtung zu einer Lebensart und die Übernahme eines kulturellen Rahmens, der einen guten Teil des Lebens bestimmt.
>
> *Tony Becher*

Die Betrachtung von Wissenschaft als soziales System, dessen grundlegende Untersuchungseinheit die *Scientific Community* ist, geht vor allem auf die Arbeiten von Robert K. Merton in den vierziger Jahren zurück. Bereits 1936 hatte er eine wissenschaftshistorische Pionierarbeit zum Thema Wissenschaft, Technik und Gesellschaft im England des 17. Jahrhunderts verfaßt, in der er dem Protestantismus eine wesentliche Rolle zuerkannte. Nicht zuletzt durch die Bedrohtheit der »freien Wissenschaft« durch den Totalitarismus wandte sich Merton dann den sozialen Strukturen der zeitgenössischen Wissenschaften zu. In seinem erstmals 1942 erschienenen Aufsatz »*Science and Technology in a Democratic Order*« schuf er die Grundlage für eine *struktur-funktionale Wissenschaftssoziologie* und damit für eine theoretische wie auch thematische Ausrichtung des Faches, die bis in die sechziger Jahre eine Monopolstellung in der sozialwissenschaftlichen Befassung mit Wissenschaft innehatte.

Der Wissenschaftssoziologie Mertons liegen zwei theoretische Prämissen zugrunde: Zum ersten geht er von der Annahme aus, daß menschliches Handeln in Kategorien *manifester* und *latenter Funktionen* zu erklären sei. Dort, wo die manifesten Funktionen des Handelns irrational erscheinen, läßt sich ihre soziologische »Rationalität« oft dadurch verstehen, daß ihre latenten Funktionen auf Bedürfnisse bestimmter sozialer Gruppen oder Institutionen zurückgehen. Hat beispielsweise das »Regenmachen« in einfachen Gesellschaften wohl kaum eine manifeste Funktion, so ist es insoweit latent funktional, als sich die Solidarität der Mitglieder der Gemeinschaft durch das Ritual vergrößert.

Ausgehend von diesen Vorannahmen sieht Merton das *funktionale* Ziel der Wissenschaften in einer Erweiterung des Bestandes an sicherem Wissen. Zur Erfüllung dieser Funktion entwickelt sich ein gemeinsamer Werte- und Normenkanon, den er das *Ethos* der Wissenschaft nennt und der für den organisatorischen Zusammenhalt der WissenschaftlerInnen sorgt:

Das Ethos der Wissenschaft ist jener affektiv getönte Komplex von Werten und Normen, der als für den Wissenschaftler bindend betrachtet wird. Die Normen haben die Gestalt von Vorschriften, Verboten und Grundsätzen, die bestimmen, was bevorzugt werden soll und was noch zulässig ist. Ihre Legitimität erwächst daraus, daß sie als Werte institutionalisiert sind. Diese durch Vorschriften und Beispiele vermittelten und durch Sanktionen bekräftigten Imperative werden vom einzelnen Wissenschaftler in unterschiedlichem Maß internalisiert und bilden auf diese Weise sein wissenschaftliches Gewissen (...). Das Ethos der Wissenschaft ist nicht kodifiziert, es läßt sich jedoch aus dem moralischen Konsensus der Wissenschaftler erschließen, wie er im täglichen Umgang, in den zahllosen Schriften über den Geist der Wissenschaft oder in der moralischen Empörung angesichts von Verstößen gegen dieses Ethos zum Ausdruck kommt. (Merton [1942] 1985: 88)

Wissenschaft ist für Merton also vornehmlich durch einen Komplex von sozialen Werten und Normen charakterisiert, der die WissenschaftlerInnen aneinander bindet. Er unterscheidet zwischen vier grundlegenden (ungeschriebenen) Normen des Sozialsystems Wissenschaft, deren erste der wissenschaftliche *Universalismus* ist. Universalismus bedeutet in diesem Zusammenhang, daß die sozialen »Eigenschaften« der WissenschaftlerInnen (also Geschlecht, Religion, Klassenzugehörigkeit, »Rasse«, Herkunftsland etc.) bei einer Beurteilung ihrer Erkenntnisse als völlig irrelevant zu gelten haben. Wissenschaftliche Leistungen sind nach unpersönlichen, »rein wissenschaftlichen« Kriterien zu beurteilen, die für alle in gleichem Maße gelten sollten.

Die Norm des *Kommun(al)ismus* steht sowohl deskriptiv als auch präskriptiv dafür, daß das wissenschaftliche Wissen als Ergebnis der Forschungsanstrengungen der *Scientific Community* allen Mitgliedern zugänglich zu machen ist. Die Geheimhaltung von neuen

Erkenntnissen ist demnach nicht erlaubt, und WissenschaftlerInnen erhalten erst dann eine Entdeckung als die »ihre« zugeschrieben, wenn sie sie (in schriftlicher Form) publizieren. Die dritte Norm – die *Uneigennützigkeit* – fordert, daß WissenschaftlerInnen nicht am persönlichen Fortkommen und der eigenen Karriere interessiert sein sollten, sondern an übergeordneten Zielen wie am Fortschritt der Wissenschaft.

Schließlich gibt es noch die Norm des *organisierten Skeptizismus*: Die Wissenschaft verfügt im Gegensatz zu anderen Wissenssystemen – wie etwa der Religion – über eingebaute Strukturen, die von sich aus eine Dogmatisierung der Wissensbestände verhindern und für eine faire Überprüfung wissenschaftlicher Ergebnisse Sorge tragen (durch die Wiederholung von Experimenten, *Peer-Review*-Verfahren oder Evaluationen). Wissenschaftliche Ergebnisse könnten erst dann Geltung beanspruchen, wenn sie von der *wissenschaftlichen Gemeinschaft* bestätigt wurden.

Dieses Normensystem wurde von Merton ebenso zeitlos konstitutiv für Wissenschaft gesehen wie die Kriterien, die sie begründen. Doch ist es einsichtig – und wurde auch von einigen seiner Kritiker aufgezeigt –, daß auch diese Normen Wandlungen unterworfen sind und in einer so absoluten Form wohl auch in den vierziger Jahren nicht erfüllt waren, sondern eher als eine Idealvorstellung zu interpretieren wären.

So bestehen statt dem (konstatierten und zugleich geforderten) *Universalismus* der Wissenschaften vielfach partikulare Interessen: Benachteiligte oder von der Wissenschaft »ausgesperrte« Gruppen fordern eine andere – *ihre eigene* – Wissenschaft ein, die sich explizit gegen den bisherigen Universalismus der Wissenschaften stellt. Neben diesen aktuellen Trends insbesondere in den USA konnte vor allem auch durch die Untersuchungen der jüngeren Wissenschaftsgeschichte und -forschung seit den siebziger Jahren nachgewiesen werden, daß handfeste persönliche, politische, nationalstaatlich geprägte, ja bisweilen ausgesprochen nationalistische Interessen bei der Entstehung verschiedener neuer Erkenntnisse eine Rolle gespielt haben.

Aus dem *Kommunalismus* ist insbesondere in den Bereichen der kommerzialisierbaren Forschung der Streit um Eigentums- und Patentrechte geworden: Wissenschaft wird mehr und mehr in einem »privatisierten« Rahmen betrieben, der die bereitwillige Veröffentlichung neuester Ergebnisse nicht immer als sinnvoll erscheinen läßt. Statt der *Uneigennützigkeit* – so sie je vorhanden war – herrscht heute in weiten Bereichen das Eigeninteresse vor: Ressourcenknappheit und Karriereschemata haben dazu geführt, daß es heute mehr denn je darum geht, persönliche Anerkennung zu erwerben, um dadurch an die nötigen Geldmittel heranzukommen, die wiederum die weitere Anerkennung fördern. Schließlich besitzt auch der *organisierte Skeptizismus* aufgrund mehrerer Veränderungen nur beschränkte Gültigkeit. Einerseits sind durch die immer größeren, komplexeren und teureren Forschungsinstrumentarien Überprüfungen von Experimenten schwieriger geworden – man denke etwa an die Teilchenbeschleuniger, von denen es einige wenige auf der ganzen Welt gibt. Die dort beschäftigten WissenschaftlerInnen haben aber nur die beschränkte Möglichkeit und teilweise auch gar nicht das Interesse, sich gegenseitig »organisiert zu überprüfen«, da sie alle Teil einer weltweiten *Scientific Community* sind, die ähnliche Interessen hat. Andererseits kommt es zu einer zunehmenden Beschleunigung in den Wissensproduktionsprozessen, was bei anwendungsnahen Forschungsgebieten dazu führt, daß das bestehende Zeitschriftenwesen mit seinem *Peer-Review*-Verfahren als zu langsam und unsicher empfunden wird. Letzteres deshalb, weil ForscherInnen mit ihren eigenen *Peers* auch im Wettstreit stehen und auf diesem Weg Zugang zu noch nicht veröffentlichten Informationen erhalten.

In Mertons Konzept ist wissenschaftliches Handeln als das Ergebnis dieser institutionalisierten Normen und Imperative zu sehen, welchen die Mitglieder der *Scientific Community* verbunden sind. Zusammengefaßt lassen sich Mertons Normen und ihre realistischeren Gegenthesen wohl folgendermaßen darstellen:

Universalismus

Wissenschaftliche Behauptungen werden unabhängig von individuellen oder sozialen Merkmalen (Rasse, Geschlecht, Religion, Nationalität) zur Kenntnis genommen und haben überall gleichermaßen zu gelten.

Kommun(al)ismus

WissenschaftlerInnen sind verpflichtet, ihre Arbeit anderen mitzuteilen und sie durch ihre Publikation zu einem Teil des allgemeinen Wissensbestandes zu machen.

Uneigennützigkeit

WissenschaftlerInnen sind am allgemeinen Fortschritt der Wissenschaft interessiert und nicht nur an der eigenen Karriere.

organisierter Skeptizismus

In der Wissenschaft hat es eingebaute Strukturen zu geben, die für eine kritische Überprüfung wissenschaftlicher Ergebnisse Sorge tragen (wie etwa *Peer-Review*-Verfahren, Evaluationen etc.).

Partikulare Interessen

Kritik an der universalistischen Wissenschaft durch Feminismus; Dekonstruktionen durch die neuere Wissenschaftsforschung, die nationalstaatliche und andere partikuläre Interessen aufzeigt.

Privatisierung

Wissenschaft wird heute zunehmend in privat finanzierten Forschungsstrukturen durchgeführt. WissenschaftlerInnen sind an einer Patentierung ihrer Erkenntnisse mehr interessiert als an ihrer Veröffentlichung.

Eigeninteresse

Die Finanzierung wissenschaftlicher Forschung ist mehr denn je an den Erfolg einzelner konkurrierender WissenschaftlerInnen gebunden.

»Akzeptieren-Müssen«

Wissenschaftliche Experimente sind zum Teil so aufwendig geworden, daß sie nicht mehr reproduziert werden können.

Allerdings ist gemäß dem Strukturfunktionalismus die empirische Tatsache der Nichtbefolgung von Normen kein gültiges Gegenargument. Im Gegenteil: die Nichtbefolgung löst soziale Reaktionen, wie z. B. Sanktionen, von seiten der Gemeinschaft aus. Erst wenn die Normenübertretung nicht mehr sanktioniert wird, haben die Normen offensichtlich ihre Gütigkeit verloren.

Auch wenn sich Normen nicht als dauerhaftes theoretisches Fundament für die Beschreibung des Wissenschaftssystems erwiesen haben, so bleibt es das unbestrittene Verdienst von Mertons Arbeiten, erstmals die soziale Organisation von Wissenschaft empirisch untersucht und Beschreibungsgrößen definiert zu haben.

3.2. Kommunikation im Forschungsprozeß

> Kommunikation ist die Kraft, die das Soziologische und das Epistemologische zusammenhält, die den Beziehungen zwischen Wissensformen und Wissensgemeinschaften Gestalt und Substanz gibt.
>
> *Tony Becher*

Kommunikation gehört zu den zentralsten, wenngleich auch am schwierigsten faßbaren Aspekten des wissenschaftlichen »Gemeinschaftslebens«. Persönliche Elemente kommen hier ebenso zum Tragen wie institutionelle Faktoren, die kognitive Struktur der zu beantwortenden Forschungsfragen, sich verändernde gesellschaftliche Rahmenbedingungen oder lokale Forschungstraditionen. Obwohl uns zunehmend Daten über gemeinschaftlich publizierte Artikel, über die Mobilität der ForscherInnen, über neue Kommunikationsmedien oder über die Verdichtung der Kooperationsstrukturen auf internationaler Ebene zur Verfügung stehen, muß klar sein, daß diese nur die formellen und meßbaren Kommunikationsmuster abdecken und meist nur quantitative Aufschlüsse zulassen. Die vielschichtigen, informellen und oft nicht klar auszumachenden Kooperations- und Kommunikationsnetze, die die Basis für das Funktionieren des Wissenschaftssystems bilden, sind dabei nicht berücksichtigt. Kommunikation ist also in erster Linie nicht als quantitatives, sondern als sehr komplexes qualitatives Phänomen zu verstehen und läßt sich wohl kaum an der Zahl der Interaktionen oder an der Dichte der ausgetauschten Worte messen, sondern vielmehr an der Zusammensetzung der Information und dem Kontext, in dem diese Interaktion stattfindet. Zudem ist Kommunikation im Prinzip offen, und es existieren daher immer eine Vielzahl von Ausdrucks- und Interpretationsmöglichkeiten.

Um der Vielschichtigkeit und Komplexität dieses Prozesses gerecht zu werden, kann Kommunikation im Wissenschaftssystem nicht ausschließlich auf die Interaktion zwischen Mitgliedern der WissenschaftlerInnengemeinschaft reduziert werden. Verschiedene wissenschaftsinterne und -externe Aspekte müssen hier miteinbezogen werden. Ebenso ist die zunehmende Verdichtung der Wechselwirkungen im Wissenschaftsbereich auf ihre Ursachen hin zu reflektieren. So hat der britische Wissenschaftsforscher Michael Gibbons zusammen mit KollegInnen kürzlich ein Kommunikationsmodell mit drei Ebenen vorgestellt, die sich alle zueinander in einem engen Abhängigkeitsverhältnis befinden: Bei der Wissensproduktion muß neben der direkten und indirekten Kommunikation zwischen ForscherInnen einerseits die Interaktion zwischen Wissenschaft und Gesellschaft im weitesten Sinn mitbedacht werden und andererseits die Kommunikation mit den Objekten der materiellen und sozialen Welt.

Was bedeuten diese drei Ebenen konkret? Die Kommunikation zwischen Wissenschaft und Gesellschaft stellt die weitverbreitetste, wenngleich auch loseste Interaktion im Wissenschaftssystem dar (vgl. Kap. 9.). Lange Zeit ist man dabei davon ausgegangen, daß Information immer nur in einer Richtung fließt, nämlich von den ExpertInnen in Richtung Laien: Aufklärung und Erziehung der Öffentlichkeit standen im Zentrum der Überlegungen. Der wachsende finanzielle und soziale Rechtfertigungsdruck, der auf dem Wissenschaftssystem lastet, aber auch die steigende Betroffenheit der Öffentlichkeit durch Auswirkungen wissenschaftlich-technischer Entwicklungen haben hier zu einem grundlegend veränderten und verstärkten Kommunikationsverhalten zwischen Wissenschaft und bestimmten Bereichen der Gesellschaft geführt. Dieser Wandel muß allerdings auch vor dem Hintergrund eines steigenden Bildungsniveaus breiter Bevölkerungsschichten gesehen werden.

Die engere Kopplung von Wissenschaft und Gesellschaft führt schließlich zu einer Mischung von Normen und Werten aus verschiedenen Bereichen der Gesellschaft mit denen des Wissenschaftssystems. Wissenschaftliche und technologische Informationen werden in die Gesellschaft getragen und formen diese in vielerlei Hinsicht, während von dort zunehmend soziale Normen und Erwartungen in den Wissenschaftsbereich eindringen. Eine Multiplikation der

Orte der Wissensproduktion, wie wir sie heute erleben, bietet daher einerseits eine Fülle neuer Möglichkeiten, bringt aber auch die Notwendigkeit einer verstärkten Informationsdiffusion mit sich. Zunehmende Komplexität der Gesellschaft führt somit zu einer Verdichtung der Kommunikation auf dieser Ebene.

2. Die zweite angesprochene Ebene, die als Kommunikation mit den materiellen und sozialen Untersuchungsobjekten bezeichnet wird, ist eher metaphorisch zu verstehen. Seit dem Beginn moderner Wissenschaft finden wir Bilder »der Natur, die zu uns spricht« oder von »den Geheimnissen, die sie uns preisgibt«. Um mit der Natur zu »kommunizieren«, haben WissenschaftlerInnen einen hochformalisierten Diskurs unter Verwendung der Mathematik und anderer Symbole entwickelt. Hat sich dieser Bereich der Kommunikation durch das Eintreten in das High-Tech-Zeitalter verändert, und wenn ja, wie? Es ist Wissenschaft nicht nur gelungen, die Natur ins Labor zu bringen, um sie dort zu beobachten und zu analysieren, sondern sie wird auf der Makro- wie auf der Mikroebene manipuliert. Wir erleben eine Multiplikation der Techniken, eine Verfeinerung der Konzepte, Instrumente und Werkzeuge, welche ihrerseits zu einer Bereicherung und Verfeinerung der Sprache in der wissenschaftlichen Kommunikation geführt haben. Nicht nur Symbole, wie etwa in der Mathematik, stehen uns zur Verfügung, sondern vor allem völlig neue wissenschaftliche Instrumente, die uns innovative Zugänge zur Natur ermöglichen.

3. Die dritte Ebene, der hier besondere Beachtung geschenkt wird, ist die der direkten Interaktion zwischen WissenschaftlerInnen. Kommunikation bildet die Basis jeglicher Tätigkeit im wissenschaftlichen Bereich, da sie drei grundlegende Aufgaben wahrnimmt: die Erzeugung und Verbreitung von Wissen und die Schaffung von Reputation. Damit ist der Akt des Kommunizierens sowohl auf der *kognitiven* als auch auf der *sozialen* Ebene von zentraler Bedeutung. Einerseits existiert Wissen, wie auch Merton in seinen Normen darlegte, ohne die Weitergabe an andere ForscherInnen im wissenschaftlichen Sinn eigentlich nicht. Andererseits kommt dadurch der Sicherung von intellektuellem Eigentum eine wesentliche Funktion

zu, da Reputation auf diesem aufbaut und eine zentrale Rolle im Wissenschaftssystem einnimmt.

Eine Vielzahl von Mechanismen wurde entwickelt, um »wissenschaftliches Eigentum« zu schützen, mächtige Tabus wurden aufgebaut, um Plagiate zu verhindern. Plagiat bedeutet ja nicht nur Diebstahl, sondern letztendlich die Nichtüberprüfbarkeit von Wahrheitsbehauptungen und erschüttert somit die Basis des Wissenschaftssystems. Wissen anderer darf also nur in Form von geeigneter Bezugnahme (Zitate und Referenzen) verwendet werden. Selbst unbewußtes »Wiedererfinden« dessen, was schon da war, wird bis zu einem gewissen Grad sanktioniert: Es wird erwartet, daß WissenschaftlerInnen auf ihrem Gebiet über das, was schon gemacht wurde, Bescheid wissen. Zitieren ist also eine Art symbolischer Zahlungsleistung für die Benützung von Ideen und stellt damit eine enge Verbindung zwischen Belohnungs- und Kommunikationssystem her.

Prinzipiell ist zwischen zwei Formen von Kommunikation zu unterscheiden: der *formellen* und der *informellen*. Zur ersteren zählen die Publikation von Büchern und Monographien, Zeitschriftenartikeln, Forschungsberichten und anderes mehr. Da es hier vor allem auch um die Nachprüfbarkeit von Ergebnissen geht, ist diese *formelle* Interaktion zwischen WissenschaftlerInnen eng mit einer Verschriftlichung verbunden. In der Rangordnung in Hinblick auf das Prestige von Veröffentlichungen finden sich aber durchaus Unterschiede zwischen den Disziplinen. In den Geistes- und Sozialwissenschaften etwa hat die Publikation eines wissenschaftlichen Buches einen wesentlich höheren Stellenwert als in den Naturwissenschaften, wo die Publikation von Artikeln in den renommierten Zeitschriften diese Rolle übernimmt, weil nur diese in der Lage sind, entsprechend schnell den letzten Forschungsstand wiederzugeben.

Zur *informellen* Kommunikation ist anzumerken, daß sie in der Tat den hauptsächlichen Anteil ausmacht und von großer Bedeutung für das Funktionieren des Wissenschaftsbetriebes ist. Verbaler Meinungsaustausch, aber auch die halb-öffentliche Zirkulation von schriftlicher Information zählt zu diesem Bereich. Dieser Sektor führt zwar zu einer Beschleunigung der Verbreitung von Ideen und damit bisweilen zu einem schnelleren Fortschritt wissenschaftlicher

Erkenntnis – gegenüber den formellen Kommunikationsformen ist er in Streitfällen letztlich aber zweitrangig. Die US-amerikanische Wissenschaftsanthropologin Sharon Traweek schildert in ihrer Studie über zwei Hochenergiephysiklabors in den USA und in Japan die Bedeutung dieser informellen Austauschmechanismen. So verweist sie darauf, daß das Vorhandensein von angenehmen Orten der Begegnung einen wesentlichen Beitrag zum Funktionieren der informellen Kontakte liefert. Bedeutsamer als solche oftmals anekdotisch gemachten Hinweise ist ihre Differenzierung zwischen Gesprochenem und Geschriebenem, die sie mit eingeschränkter und öffentlicher Information gleichsetzt.

Worum geht es WissenschaftlerInnen bei verbaler Kommunikation? In erster Linie beurteilen sie ihre eigene Arbeit und die ihrer FachkollegInnen, sie versuchen, diese als UnterstützerInnen der eigenen Forschungsfragen zu gewinnen, sie organisieren die Diffusion von Neuigkeiten und verhandeln über mannigfaltige Ressourcen. Miteinander zu sprechen hat also auch die Funktion zu überzeugen und damit Vorteile für die eigene Arbeit zu erwirken. Noch wichtiger schließlich scheint die Tatsache, daß der Zugang zur »Welt der verbalen Kommunikation« relativ leicht kontrolliert werden kann. In einer Gemeinschaft, so unterstreicht Traweek, in der alle auf schriftliche Information zugreifen können, ist es eine vielversprechende Strategie und ein Schutzmechanismus für den eigenen Forschungsbereich, wesentliche Information nur in mündlicher Form bereitzuhalten. Dieses Verhalten läßt sich in vielen anderen Kulturformen wiederfinden, wo verbale Kommunikation dazu benützt wird, bestimmtes Wissen auf einen kleinen elitären Kreis zu beschränken.

Bei allen beschriebenen Kommunikationsebenen sollte klar sein, daß keine Sprache und keine Form der Kommunikation abgekoppelt vom Sprecher und von der Situation, in der gesprochen wird, betrachtet werden kann: jegliche Form der Kommunikation bleibt somit stark kontextabhängig, da die Zuweisung von Bedeutung eine der Kommunikation inhärente Eigenschaft ist.

Eine zutreffende Beschreibung des gegenwärtigen Wissenschaftssystems wäre wohl: »Was auch immer in der Wissenschaft geschieht, geschieht weltweit.« Diese Behauptung galt zwar bis zu einem gewissen Grad immer, dennoch erleben wir zur Zeit eine noch nie dagewesene Beschleunigung der Produktion und der Verteilung wissenschaftlichen und technischen Wissens. Kommunikation zwischen ForscherInnen auf der ganzen Welt ist quasi simultan möglich. Diese Beschleunigung bringt aber gleichzeitig die bestehenden traditionellen Publikationsmechanismen an die Grenze ihrer Möglichkeiten. In dieser Situation wird die Notwendigkeit, *Invisible Colleges* bzw. informellen Netzwerken anzugehören, immer offensichtlicher. Bei einem Treffen, einer Tagung gewesen zu sein oder persönlich durch KollegInnen informiert zu werden, scheint mittlerweile von größerer Wichtigkeit als das eigentliche Erscheinen der Arbeit in einer Zeitschrift. Somit wird die Mobilität der ForscherInnen, d.h. die Möglichkeit, sich von einem Ort der Wissensproduktion zu einem anderen zu begeben, zu einem bedeutsamen Faktor im Wissenschaftssystem. Es ist der effizienteste Weg, sowohl Ideen als auch implizites Know-how auszutauschen. Neue Methoden und Forschungsfragen werden so direkt kennengelernt, und es entstehen Möglichkeiten, Wissen in veränderter Form zu rekonfigurieren. Publikationen von Forschungsergebnissen stehen zwar noch immer im Zentrum der Wissenskommunikation, aber die wesentliche Phase des Informationstransfers hat sich auf einen deutlich »früheren« Zeitpunkt verschoben.

Zwar könnte hier der Einwand geltend gemacht werden, daß Vorinformation etwa in Form von *Preprints* (Vorabdrucken) integraler Bestandteil vieler WissenschaftlerInnengemeinschaften war und die ForscherInnen sich immer schon der Wichtigkeit bewußt waren, solchen informellen Netzwerken anzugehören. Dennoch erleben wir eine Veränderung, die nicht nur durch eine Erhöhung der Austauschgeschwindigkeit charakterisiert ist, sondern auch durch eine Multiplikation und Differenzierung der Informationskanäle. Die Benützung elektronischer Medien wie Fax und e-Mail sowie der gezielte Einsatz von Presse und Fernsehen bedeuten eine einschneidende Veränderung im Wissenschaftssystem selbst, deren langfristige Konsequenzen noch nicht abschätzbar sind (vgl. Kap. 9.). Diese Vervielfachung und die Veränderung der Kommunikationsmecha-

nismen zwischen verschiedenen Orten der Wissensproduktion führen
aber sicherlich nicht nur zu einem Mehr an produziertem Wissen,
sondern auch zu neuen Formen von Wissen.

3.3. Kognitive und soziale Hierarchien

> Da Bewertung höchster Qualität nur von jenen
> gemacht werden kann, die schon bedeutend sind,
> üben die, die sich an den Spitzen verschiedenster
> informeller Hierarchien befinden, großen Einfluß
> auf die Standards aus, die in einem Feld gelten.
>
> *Michael Mulkay*

Eine der interessantesten Eigenheiten des Wissenschaftssystems ist
die Tatsache, daß fast die gesamte verfügbare strukturelle Information in irgendeiner formellen oder informellen Weise hierarchisch
geordnet ist. Unter WissenschaftlerInnen einer Disziplin spricht man
relativ offen darüber, welche Zeitschriften man für führend hält, und
es herrscht mehr oder minder Konsens über das Prestige bestimmter
Institutionen. Es existieren Reihungen in Hinblick auf die intellektuellen Qualitäten von ForscherInnen aus dem jeweils eigenen Bereich; bestimmte Themengebiete besitzen mehr Prestige als andere
oder erfreuen sich größerer öffentlicher Sichtbarkeit. Schließlich gibt
es sogar auf der Ebene von Disziplinen mehr oder weniger klare
Rangordnungen. In den Worten von Tony Becher:

Es gibt Prestige, das bestimmten Gegenstandsbereichen anhaftet, und in einigen
Bereichen gibt es sogar eine grobe Hackordnung zwischen den spezialisierten
Unterbereichen. Physiker halten sich selbst für besser als die gewöhnliche
Masse und werden von anderen auch als besser betrachtet. Historiker werden als
eine Stufe über den Geographen akzeptiert, Ökonomen blicken auf Soziologen
herab, und so setzt sich die Reihenfolge fort. (Becher 1989: 57)

Diese Rangordnungen sind einerseits bisweilen erstaunlich robust,
existieren aber andererseits in weniger stabilen Formen, die stetig
neu ausgehandelt werden und daher Veränderungen ausgesetzt sind.
Diese hierarchischen Reihungen spielen auf der Systemebene eine
wesentliche Rolle: Sie wirken auf die Auswahl der Forschungs-

themen, auf die Qualität der StudentInnen, die ein Forschungsbereich anzuziehen vermag, auf die Sichtbarkeit nach außen und nicht zuletzt auch auf Ressourcenverteilung.

Während sich die bisherigen Überlegungen vor allem auf die Makroebene bezogen, sind aber auch die Produktionsbedingungen wissenschaftlichen Wissens unter dem Gesichtspunkt von Hierarchiefragen untersucht worden. Eine der raren empirischen Untersuchungen, die Erkenntnisse über die Zusammenhänge verschiedener Kategorien von Forschungsergebnissen und den entsprechenden im Labor wirkenden Hierarchien zum Ziel hatten, wurde von Terry Shinn durchgeführt. Ausgangspunkt für seine Überlegungen war die These, daß es in Laboratorien immer zwei Formen von Hierarchien gibt, nämlich *soziale* und *kognitive*, und daß diese miteinander konkurrieren und einander zugleich ergänzen.

Bei der Positionierung von ForscherInnen in der sozialen Hierarchie erwiesen sich neben dem offiziellen Status, den sie in einer Institution innehaben, zwei funktionale Elemente als entscheidend: ihre Rolle in der Weitergabe von etabliertem Wissen bzw. technischem Know-how und ihre Stellung als BeraterIn für KollegInnen, wobei hier eine breite Expertise gefordert ist. Darüber hinaus war auch das Alter und die dadurch bedingte Position in der Hierarchie wesentlich.

Forschungsergebnisse basieren immer auf einem Set von verschiedenen spezifischen Komponenten und unterschiedlichen qualitativen und quantitativen Eigenschaften. Shinn vertritt die These, daß die Gewichtung dieser Komponenten und Eigenschaften in engem Zusammenhang mit der sozialen Position einer bestimmten Kategorie von ForscherInnen im Labor steht. Das bedeutet, daß die von ihm identifizierten vier Gruppen von ForscherInnen – junge ForscherInnen, erfahrene ForscherInnen, der Direktor und der auswärtige Professor von einem Forschungsinstitut – jeweils unterschiedliche Kategorien von wissenschaftlichen Resultaten produzieren, die Shinn *gebündelte*, *orthogonale*, *assoziative* und *integrative* nennt. Gebündelte Ergebnisse, die vor allem von den jungen ForscherInnen produziert werden, beinhalten sehr viele Details über die Meßinstrumente, die Randbedingungen, die entdeckten Anomalien und vieles mehr, während orthogonale eher die Beziehung empirische Daten bzw. Modelle ins Zentrum stellen. Diese werden in der Regel von erfahrenen ForscherInnen hergestellt. Die assoziativen Resultate des Direktors zeichnen sich durch ihre »Einfachheit« und Klarheit aus und haben eine möglichst normative Beschreibung mit Prognosemöglichkeit zum Ziel. Die Arbeit des Professors (integrative Resultate) ist schließlich auf Entwicklung neuer Modelle hin ausgerichtet.

Aber auch die sozialen Netzwerke, in die ForscherInnen eingebunden sind, kommen auf der kognitiven Ebene zum Tragen. Shinn beschreibt in seiner Fallstudie überzeugend, daß die verschiedenen hierarchischen Ebenen und das in ihnen erzeugte Wissen auch in Zusammenhang mit den AdressatInnen zu sehen ist, an die sich diese Informationen richten. Während z.B. junge ForscherInnen fast ausschließlich mit Personen auf ihrer Ebene kommunizieren, so ist bereits bei den erfahreneren ForscherInnen der Personenkreis um die möglichen Benützer dieses Wissens, Personen in Ministerien und anderen Körperschaften sowie um die Medien erweitert. Der Direktor hat wiederum die Stellung des Labors in der gesamten Wissenschaftslandschaft in Betracht zu ziehen, für die Sichtbarkeit nach außen zu sorgen und die notwendigen Informationen für ein erfolgreiches Funktionieren der Institution zu beschaffen. Das bedeutet ein hohes Ausmaß an Kontaktpflege innerhalb und außerhalb der Labors – und das auf allen Ebenen.

Würden nun diese eben beschriebenen sozialen Hierarchien, die ja auch mit verschiedenen Kategorien von Forschungsergebnissen korrelieren, strikte zum Tragen kommen, würden Kontroversen immer nur innerhalb einer einzigen hierarchischen Ebene ausgetragen werden. Dies ist klarerweise nicht immer der Fall, und es gibt, wenngleich eher selten, Widersprüche zwischen Resultaten verschiedener »Klassen von Forschern«. Ein Beispiel hiefür wären etwa empirische Daten, die den gängigen, vom Labor vertretenen Modellen widersprechen. In diesem Fall kommt neben der sozialen nun auch der kognitiven Hierarchie besondere Bedeutung zu. In unserem Fallbeispiel würde dies bedeuten, daß gebündelte Ergebnisse einen relativ hohen kognitiven Status bekommen, da sie zur Entscheidungsfindung in Auseinandersetzungen um Begriffe und Modelle dienen, während der Status für die assoziativen Erkenntnisse relativ gering ist. Die kognitive Hierarchie kann also als Umkehrung der sozialen interpretiert werden, obwohl die Beziehung nicht wirklich symmetrisch ist.

Die zentrale Frage ist nun, wie sich diese beiden Hierarchien zueinander verhalten. Dabei bieten sich drei Möglichkeiten an:

- Liegt keine Kontroverse vor, so steht die soziale Hierarchie im Vordergrund; die kognitive ist nur latent vorhanden. Soziale Macht fällt mit wissenschaftlicher Macht zusammen, wobei aber nicht unbedingt die soziale Komponente stärker ist.
- Beide Hierarchien funktionieren aktiv, ohne einen Bruch zu provozieren. Hier könnten junge ForscherInnen durch besonders gute Ergebnisse durchaus auf einer höher liegenden Ebene Veränderung bewirken, ohne jedoch an den Grundfesten zu rütteln.
- Ein Konflikt bricht zwischen den beiden Hierarchien aus, und es kommt zu einer Verschiebung der sozialen Hierarchie. Insbesondere wenn es um die Korrektur inadäquater Forschungsergebnisse geht, führt dies auf einer ersten Ebene meist zu heftigen Auseinandersetzungen. Es kommt zu neuen Allianzenbildungen, um einerseits die Veränderung durchzusetzen und um andererseits die soziale Hierarchie zumindest beschränkt aufrechtzuerhalten. Während die kognitive Hierarchie die soziale zum Erschüttern bringt, behält letztere im großen und ganzen ihre Gestalt bei.

Während Shinn sich vor allem auf hierarchische Strukturen innerhalb eines Labors bezieht, versucht Sharon Traweek in ihrem Vergleich der japanischen und der amerikanischen Hochenergiephysik-*Community*, die kulturelle Dimension von wissenschaftlichen Hierarchien besonders hervorzuheben. Der Unterschied in der Labororganisation und in der Ausbildung von Physikern liegt nach Traweek weniger im Grad der Entwicklung auf technologischer Ebene, sondern eher in den stark präsenten kulturellen Werten. So könnte man aus ihren Beobachtungen vereinfachend schließen, daß japanische Gruppen demokratischer und weniger hierarchisch strukturiert sind als amerikanische.

Den US-amerikanischen Forschergruppen liegt, nach dieser Studie, das Modell des Sportlerteams zugrunde. Die Gruppenstrukturen sind hierarchisch, jedes Mitglied hat eine klare Spezialisierung, wobei allerdings der Umgangsstil gleichzeitig informell bleibt. Entscheidungen werden im allgemeinen vom Teamleader gefällt, der dann die Gruppe über Implementierungsmaßnahmen informiert. Auf jeder Ebene der Hierarchie wird erwartet, daß man auf diejenigen hört, die weiter oben sind, und sein Verhalten entsprechend anpaßt. Prinzipiell wird nach einem arbeitsteiligen Prinzip geforscht, wobei jeder individuelles Know-how und spezialisiertes Wissen einzubringen hat. Hierarchien in Organisationen werden also als *natürliche* Reihung nach intellektuellen Kapazitäten gesehen. Da die TeamleiterInnen auch die besten sind, sind sie damit auch automatisch berechtigt, Entscheidungen zu treffen. Auch wenn nicht immer Zufriedenheit herrscht, so ist doch die Akzeptanz der Strukturen groß.

In Japan existiert keine solche Arbeitsteilung im Labor, da man davon überzeugt ist, daß gute ExperimentalwissenschaftlerInnen ganzheitliches Wissen über die Forschungsfrage besitzen sollten. Das Team funktioniert nach dem Prinzip des japanischen »Haushalts«, wobei alle zu dessen Erhaltung und die dafür nötigen Ressourcen beizutragen haben. Der Status im »Haushalt« ist vom Alter abhängig und wird nicht aus einer Wettbewerbssituation abgeleitet. In Japan ist das bisweilen sehr mühsame Verfahren einer Konsensbildung Grundlage jeglicher Entscheidung. Laborangelegenheiten werden auf sehr breiter Basis diskutiert, wobei für die endgültige Entscheidung durch den Leiter sowohl sein Urteilsvermögen, aber vor allem auch das Wohl der Gruppe eine Rolle spielen.

3.4. Konkurrenz als Triebkraft im Wissenschaftssystem

> Wenn es eine Wahrheit gibt, dann die, daß Wahrheit
> Gegenstand von Auseinandersetzungen ist; dennoch
> vermag nur der Kampf zur Wahrheit führen, der je-
> ner Logik folgt, wonach allein derjenige über seine
> Kontrahenten triumphieren kann, der sich der Waf-
> fen der Wissenschaft bedient und darin am Fort-
> schritt wissenschaftlicher Wahrheit mitwirkt.
>
> *Pierre Bourdieu*

Betrachtet man das breite Spektrum der Analogien und Metaphern –
vom sportlichen Wettkampf bis hin zu kriegerischen Modellen –, die
zur Beschreibung von Konkurrenz als soziales Phänomen in der
Wissenschaft herangezogen werden, so haben all diese verschiedenen Interpretationen und Betrachtungsperspektiven eines gemeinsam: sie beschreiben Konkurrenz als die treibende Kraft im Wissenschaftssystem. Die Komplexität und die beinahe paradoxe Logik
dieses Phänomens zeigt sich rasch, wenn man sich zwei Facetten
dieser Auseinandersetzung vor Augen führt. Einerseits können nur
die eigenen KollegInnen Anerkennung für wissenschaftliche Leistungen aussprechen, zugleich sind sie aber auch KonkurrentInnen
um eben dieses Prestige. Zum anderen steht nicht der Wert eines
wissenschaftlichen Produkts im Zentrum, sondern der Wert von
WissenschaftlerInnen. Das bedeutet aber auch, daß es immer um
zwei Dinge geht: um die Auseinandersetzung mit anderen WissenschaftlerInnen und gleichzeitig um eine gute Einbindung in bestehende kooperative Strukturen.

Wettbewerb hat eine klar stimulierende Seite, produziert intellektuelle Anreize, erhöht den persönlichen Einsatz und steigert die Produktivität. Aber auch negative Entwicklungen können damit verbunden sein. Diese reichen von der künstlichen Vergrößerung der Zahl
der wissenschaftlichen Probleme, an denen gearbeitet wird (zunehmende Differenzierung und Nischenbildung), bis hin zur Schaffung
von Krisenfällen, zu vorschnellem Publizieren oder gar Fingieren
von Ergebnissen oder Diebstahl. Bereits in den fünfziger Jahren
wurde das Sinken von Qualitätsstandards selbst in renommierten
Zeitschriften bei zu hohem Wettbewerb thematisiert: Weniger strikte

Handhabung der Publikationsnormen führt zu Veröffentlichung mit relativ rohen Ergebnissen, ohne ausreichende Analyse und mit vagen Hinweisen, wo man weiterarbeiten sollte.

Die Wahrnehmung und Beschreibung von Wettbewerb im Wissenschaftsbereich hat im Laufe der letzten Jahrzehnte eine starke Veränderung erfahren. Sie durchlief dabei mehrere Stufen, die von eher sportlich fairen, über ökonomisch-kriegerischen bis hin zu eher differenzierteren Interpretationen reichen. Obwohl es zahlreiche Arbeiten zu diesem Themenbereich gibt und wir nur sehr skizzenhaft einige Ansätze vorstellen können, sei vor allem auf diesen langfristigen Wandel in der Beschreibung von wissenschaftlichem Wettbewerb hingewiesen.

Die frühen Arbeiten von Robert K. Merton zeichneten ein noch weitgehend harmonisches und friedfertiges Konzept der wissenschaftlichen Gemeinschaft. Die von ihm festgeschriebenen Normen beinhalten eine Vision der Uneigennützigkeit individueller ForscherInnen, deren einziges Ziel es sein sollte, die Menge an Wissen und das Verständnis über Zusammenhänge zu vergrößern. Diese bei Merton zum Ausdruck gebrachte Sicht war durchaus nicht singulär: Die damaligen wissenschaftssoziologischen Analysen des Wettbewerbs- und Belohnungssystems beschrieben wissenschaftliche Konkurrenz mit Bildern eines fairen, sportlichen Wettbewerbs, also eines Spiels mit nur einem Gewinner.

In den siebziger Jahren läßt sich eine Wende beobachten hin zu ökonomischen und agonistischen Betrachtungsweisen dieses sozialen Phänomens. Einen ambitionierten Versuch, das bis zu diesem Zeitpunkt dominante Bild eines fairen sportlichen Wettbewerbs durch ein konfliktgeladenes Modell des *wissenschaftlichen Feldes* zu ersetzen, unternahm der französische Soziologe Pierre Bourdieu. Sein zentrale Anliegen war dabei, die vorgebliche Interesselosigkeit der WissenschaftlerInnen – aber auch die von Intellektuellen, PhilosophInnen und KünstlerInnen – in Frage zu stellen und stattdessen aufzuzeigen, daß auch die »reinste« Wissenschaft und die »reinste« Kunst *soziale* Bereiche sind, in denen strategisch um bestimmte Machtverteilungen und Profite gekämpft wird.

Was hat man sich unter einem solchen Feld vorzustellen, und woraus besteht es? Wie viele andere Gesellschaftstheoretiker geht auch Bourdieu davon aus, daß moderne, hochdifferenzierte Gesellschaften aus verschiedenen Teilbereichen bestehen, wie Wirtschaft, Politik, Recht, Religion und eben auch Wissenschaft und Kunst. Solche gesellschaftlichen Teilsysteme, die vor allem durch *relative Autonomie* gekennzeichnet sind, werden von Bourdieu als ineinander verschachtelte *Kräftefelder* beschrieben. Diese Felder sind als mehrdimensionale Räume zu verstehen, in welchen bestimmte »Kapitalformen« wirksam sind, die die *relationale* Stellung von Akteuren oder Gruppen als Träger dieser Kapitalien bestimmen. Zugleich sind sie aber auch konkrete Stätten von Auseinandersetzungen, in denen es um den Erhalt oder die Veränderung der bestehenden Kräfteverhältnisse (in Form ungleich verteilten Kapitals) geht.

Was bedeuten diese vagen und abstrakten Kennzeichnungen nun für die Wissenschaft? Bourdieu zufolge ist das *wissenschaftliche* Feld der Ort eines Konkurrenzkampfes,

> in dem als spezifischer Einsatz das Monopol *wissenschaftlicher Autorität* auf dem Spiel steht, welche untrennbar als technische Fähigkeit und soziale Macht definiert ist, oder anders gesagt: das Monopol *wissenschaftlicher Kompetenz*, im Sinne einer einem bestimmten Akteur zugesprochenen Fähigkeit, in wissenschaftlichen Angelegenheiten legitimiert zu sprechen und zu handeln. (Bourdieu 1975: 19)

Wissenschaftliche Autorität ist demnach mit Prestige, Anerkennung oder Renommee gleichzusetzen, und alle wissenschaftlichen Handlungen sind dahingehend ausgerichtet, diese Autorität zu erwerben und zu vermehren. Da rein wissenschaftliche Anerkennung vom sozialen Prestige der ForscherInnen nicht zu trennen ist, sind aber auch die *intellektuellen* Interessen untrennbar mit den *sozialen* Interessen verwoben. Im wissenschaftlichen Feld ist also jede »rein wissenschaftliche« Entscheidung – etwa die Wahl des Forschungsgebietes, der Methoden oder des Publikationsortes – unter bestimmten Aspekten immer auch schon eine »politische« Strategie, die auf eine Maximierung des eigenen wissenschaftlichen Profits hinausläuft.

Die Besonderheit des wissenschaftlichen Feldes im Vergleich zu anderen Feldern kultureller Praxis besteht darin, daß die KonkurrentInnen zugleich die primären KonsumentInnen der eigenen Produkte sind: Die Glaubwürdigkeit wissenschaftlicher Aussagen ist daher (im Gegensatz zur Literatur) mit der expliziten Referenz auf Arbeiten der FachkollegInnen in der eigenen Arbeit verknüpft. Ist der oft versteckte Kampf um wissenschaftliche Autorität bzw. um *symbolisches Kapital* gewissermaßen der Motor allen wissenschaftlichen Handelns, so besteht die paradoxe Logik dieser Auseinandersetzungen, wie bereits eingangs erwähnt, darin, daß WissenschaftlerInnen nur von ihren eigenen KollegInnen Anerkennung ausgesprochen werden kann, von jenen KollegInnen, die ja zugleich ihre KonkurrentInnen um eben dieses Prestige sind. WissenschaftlerInnen dagegen, die sich mit ihren Arbeiten ausschließlich an eine breitere Öffentlichkeit wenden und von dort Anerkennung beziehen (z.b. durch hohe Auflagenzahlen ihrer Bücher), laufen somit ernsthaft Gefahr, sich als WissenschaftlerInnen zu diskreditieren.

Bourdieu unterteilt das wissenschaftliche Feld entsprechend in zwei Subfelder: einen *autonomen* Pol, der weitgehend selbstreferentiell organisiert ist, d.h. über eine eigene Sprache und (Problem-)Geschichte bzw. einen hohen Anteil symbolischen Kapitals verfügt, und einen *heteronomen* Pol, der von ökonomischen und politischen Interessen gelenkt wird. Innerhalb des autonomen Bereiches kämpfen die aufsteigenden jungen WissenschaftlerInnen mit häretischen Strategien gegen die bereits etablierten »Väter« und ihre Problembereiche an. Der historische Wandel des relativ autonomen Subfeldes bzw. wissenschaftlicher Fortschritt vollzieht sich in diesem Modell nach einem unaufhörlichen zyklischen Ablauf »permanenter Revolutionen«, in dem (Wissenschafts- bzw. Problem-) Geschichte nur dadurch möglich ist, daß immer wieder neue junge WissenschaftlerInnen antreten, die die alteingesessene »Orthodoxie« in die Vergangenheit stoßen, um nach ihrem eigenen Aufstieg zu arrivierten Häretikern eines Tages selbst dieser Logik des Feldes zum Opfer zu fallen.

Dabei kalkulieren WissenschaftlerInnen ihre Handlungen im seltensten Falle derartig *bewußt*, wie es auf den ersten Blick den Anschein haben mag. Die entscheidende theoretische Verbindungsstelle zwischen dem wissenschaftlichen Feld und jenen Kapital-maximierenden Handlungen nimmt der Begriff des *Habitus* ein. Bestimmte Habitusformen bilden sich gleichsam in Form einer sich unentwegt und sozial unbewußt vollziehenden Einverleibung der Strukturen des jeweiligen Feldes, vergleichbar einer anonymen und diffusen Erziehung. Im Fall der Wissenschaft sind das beispielsweise bestimmte wissenschaftliche Praktiken, die Art und Weise, wie man einen wissenschaftlichen Artikel schreibt, oder das erworbene Wissen darüber, welche Forschungsthemen Aktualität besitzen. Der fachspezifische Habitus eines wissenschaftlichen Feldes (und dessen Teilungsprinzipien) wird durch »wissenschaftliche Praxis« gleichsam *unbewußt* eingeübt und nicht nur durch die explizite Vermittlung von Regeln, Normen, Rollen und Methodologien erworben.

Bourdieus Modell des wissenschaftlichen Feldes, das den beinahe kriegerischen und stetigen Wettbewerb als charakteristisches Merkmal hervorstreicht, war auch Kritik ausgesetzt: Es liefere keine Erklärung dafür, warum WissenschaftlerInnen überhaupt an den Produkten anderer WissenschaftlerInnen interessiert sein sollten. Vor allem die Abwesenheit jeglicher Analyse der Zusammenhänge zwischen technischer Kapazität und sozialer Macht wurde betont.

Dieses Problem versuchten Bruno Latour und Steve Woolgar in ihrer Beschreibung des Laborlebens zu umgehen und zu einem umfassenderen Modell zu gelangen. Hierbei wird der Vorschlag gemacht, daß es im Grunde nicht so sehr um die Suche nach *credit* (Anerkennung, Belohnung) im engeren Sinn ginge. *Credit* kann vielmehr gleichgesetzt werden mit

(...) Glauben, Macht und geschäftlichen Aktivitäten. Für unsere Laborwissenschaftler hat *credit* eine viel weitere Bedeutung als die einfache Bezugnahme auf Belohnung. Insbesondere ihre eigene Weise *credit* zu verwenden, legt ein integriertes ökonomisches Modell der Produktion von Fakten nahe. (Latour und Woolgar [1979] 1986: 194)

Um die tatsächlich ablaufenden Prozesse besser beschreiben zu können, wird eine Unterscheidung zwischen *credit as reward* und *credit as credibility* vorgenommen. Ersteres bezeichnet die *Anerkennung* für die in der Vergangenheit erbrachten Leistungen durch *Peers* (FachkollegInnen). *Glaubwürdigkeit* beschreibt andererseits die aktuellen Möglichkeiten für WissenschaftlerInnen, Forschung durchzuführen. Glaubwürdigkeit erlaubt also:

... die Umwandlung von Geld, Daten, Prestige, Empfehlungsschreiben, Problembereichen, Argumenten, Papieren und so weiter. Während viele Studien über Wissenschaft sich auf einen kleinen Ausschnitt dieses Kreises beschränken, argumentieren wir, daß jede Facette nur ein Teil eines endlosen Kreislaufes von Investition und Umwandlung ist. (Latour und Woolgar [1979] 1986: 200)

Diese so von Latour und Woolgar beschriebenen Glaubwürdigkeitszyklen sind also ein endloser Kreislauf von Aktivitäten, die sowohl ökonomische wie auch epistemologische Komponenten umfassen, wie etwa das Bauen von Geräten, das Auswerten von Daten, das Lesen von Literatur, die Publikation eigener Papiere, das Schreiben von Projektanträgen und vieles mehr. Sie erlauben es den WissenschaftlerInnen, ihre Forschungstätigkeit aufrechtzuerhalten und sich gegeneinander durchzusetzen. Ähnlich wie im Falle von Geldkapital sind auch hier die Menge, die umgewandelt werden kann, und die Geschwindigkeit, in der diese Umwandlung stattfinden kann, zentrale Kriterien dafür, wie effizient dieser Kreislauf funktioniert und wie groß die Durchsetzungskraft im Wettbewerb ist.

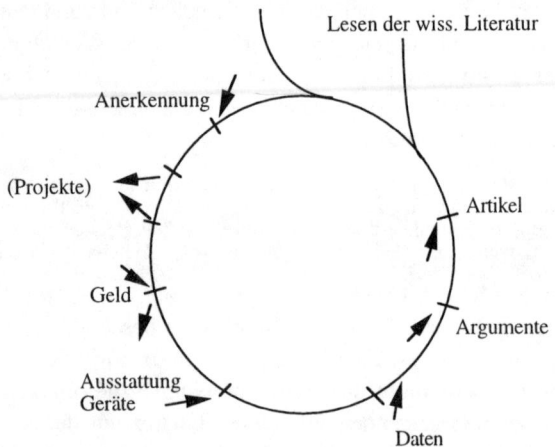

Abb. 2: Glaubwürdigkeitszyklen (nach Latour und Woolgar [1979] 1986: 201)

In diesem Spannungsverhältnis zwischen sportlichem Wettbewerb
einerseits und ökonomischen Metaphern andererseits ist der Versuch
von David Edge anzusiedeln, eine differenziertere Sichtweise dieser
komplexen Phänomene anzubieten. Offener Wettbewerb, so die
These von Edge, würde eher die Ausnahme als die Regel im Sozialsystem Wissenschaft darstellen. In der Tat würde das Leben der
WissenschaftlerInnen durch Mechanismen geregelt, die einen solchen offenen Ausbruch von Konkurrenz eher verhindern. Und er
führt weiter aus:

> Die Strategie eines Wissenschaftlers, der einem Spektrum von Optionen für die
> Zukunft gegenübersteht und auf einen Wettbewerbsvorteil aus ist, besteht darin,
> ein Thema auszuwählen, das *nahe genug* am Mainstream der Forschung ist, um
> Anerkennung sicherzustellen, aber ausreichend *verschieden* ist, um Verdoppe-
> lung zu vermeiden und um sicherzustellen, daß die Arbeit als signifikant
> wahrgenommen wird. (Edge 1990: 214)

Diese Vermeidungsstrategien können allerdings unter ganz bestimmten Bedingungen nicht langfristig aufrechterhalten werden,
und ein offener Wettbewerb bricht aus. Vier solcher Rahmenbedingungen werden von Edge angeführt:

• Offener Wettbewerb bricht aus, wenn es eine beschränkte Anzahl
  von Themen zu untersuchen gibt. Vor allem in Gebieten, in denen
  es im Verhältnis zu den vorhandenen ForscherInnen zahlreiche
  Forschungsfragen gibt, nimmt Wettbewerb völlig andere Strukturen an als in Feldern, in denen nur wenige Fragen vielen ForscherInnen gegenüberstehen. Rivalen versuchen in ersterem Fall
  eher über die Schiene der Qualität und Signifikanz der eigenen
  Arbeit ihren Wettbewerb auszutragen: es geht ja um die direkte
  Anerkennung ihrer Kollegen, aber auch um Posten etc. Auf einen
  direkten Wettbewerb auf demselben intellektuellen Terrain würden
  sie sich in den seltensten Fällen einlassen.
• Ähnliches gilt, wenn Übereinstimmung darüber herrscht, daß es
  eine kleine Anzahl von Schlüsselproblemen gibt, die dringendst
  gelöst werden müssen. Um Wettbewerb zuzulassen, bedarf es also
  einer klaren Definition dessen, was Schlüsselprobleme in einem
  Gebiet sind. Als Beispiel wäre hier die Mathematik anzuführen,
  wo relativ wenig Übereinstimmung darüber herrscht, was im

Moment die Schlüsselprobleme sind, an denen gearbeitet werden sollte, und daher existiert auch kaum Wettbewerb in dieser ausgeprägten Form.

- Wenn die für die Forschung notwendigen Geräte billig, einfach und leicht zugreifbar sind, ermöglicht dies den ForscherInnen, ohne allzu große Investitionen und damit auch ohne allzu großes Risiko am Wettrennen teilnehmen zu können.
- Schließlich kann offener Wettbewerb auch aufgrund mangelnder Kommunikation zwischen den ForscherInnen ausbrechen.

Das bedeutet, daß der Übergang von Wissenschaft in ihrer fairsportlichen Ausprägung zum harten und z.T. unfairen Wettbewerb nur dann stattfindet, wenn Kontroversen ausbrechen oder sich bislang unbetretene Gebiete eröffnen. Das bedeutet aber auch, daß sowohl menschliche als auch soziale Wertungen in die Lösung solcher Kontroversen einfließen. Da diese Auseinandersetzungen eng mit der Wettbewerbsstruktur der Wissenschaft verbunden sind und letztere nur durch die Einbettung in das politische, ökonomische und soziale Umfeld verstanden werden kann, stellen soziale Beziehungen einen Schlüsselfaktor in einem Modell der Beschreibung wissenschaftlicher Aktivität dar.

Verwendete und weiterführende Literatur

Einen recht guten Überblick über die wichtigsten Ansätze in der Wissenschaftsforschung zur Beschreibung der sozialen Organisationsformen von Forschung gibt der erste Teil des Überblicksaufsatzes von ZUCKERMAN (1988) – schwerpunktmäßig ist dieser Aufsatz der Wissenschaftssoziologie Mertons verpflichtet. Eine deutschsprachige Zusammenstellung zahlreicher wichtiger Aufsätze von MERTON selbst bietet der zitierte Sammelband aus dem Jahr 1985, in dem sich auch der klassische Aufsatz über normative Struktur der Wissenschaft findet ([1942] 1985). Zu den Arbeiten einer funktionalistischen Wissenschaftssoziologie in Mertons Tradition zählen neben vielen anderen die Monographien von BARBER (1962) und STORER (1966). Einer der ersten kritischen Aufsätze, der das Ethos in der Wissenschaft hinterfragte, stammt von BARNES und DOLBY (1970). Kritik am zu harmonischen Bild der Wissenschaft, das Merton zeichnet, wird auch im Aufsatz von BOURDIEU (1975) geäußert.

Einige der vielfältigen Dimensionen von Kommunikation unter ForscherInnen sind unter anderem in der lesenswerten einführenden Arbeit von BECHER (1989) angesprochen. Aus dem Band von GIBBONS et al. (1994) stammt die Typologie von Kommunikation in zeitgenössischer Wissensproduktion. Die Differenz von formeller und informeller Kommunikation wird unter anderem in der Labor-studie von TRAWEEK (1988) ausgeführt.

Zum Thema Hierarchie in der Wissenschaft gibt es ein Jahrbuch der Sociology of the Sciences von 1982, herausgegeben von Norbert ELIAS et al. Darin sind die Aufsätze von ELIAS und SHINN beson-ders zu empfehlen. SHINN (1988) gibt einen guten Einblick in kon-krete Forschungshierarchien in verschiedenen Labors und zeigt dabei auf, wie diese Hierarchien auch die Erkenntnisproduktion mitbedingen. Ein klassischer Aufsatz zum Thema ist außerdem jener von MERTON ([1968] 1985) zum »Matthäus-Effekt« in den Wissen-schaften.

BOURDIEUS inzwischen klassischer Artikel über das wissenschaftli-che Feld erschien 1975 in einer englischen Übersetzung, eine aktua-lisierte Version bietet BOURDIEU (1991). Kritik am Internalismus dieser Theorie wird im 4. Kapitel von KNORR-CETINA ([1981] 1984) geäußert. Das Konzept der Glaubwürdigkeitszyklen stammt von LATOUR und WOOLGAR ([1979] 1986). Eine Exemplifizierung dieses Konzepts findet sich in einem Aufsatz in LATOUR ([1993] 1995), »Der Biologe als wilder Kapitalist«. Von EDGE (1990) stam-men die etwas differenzierteren Einschätzungen des wissenschaftli-chen Wettbewerbs und der Konkurrenz zwischen Forschergruppen.

Kapitel 4

Die Beziehung der Geschlechter
in den Wissenschaften

Über die Beziehung der Geschlechter in den Wissenschaften zu sprechen bedeutet, sich in ein Grenzland zu begeben. Die Grenze verläuft zwischen »Definitionsalternativen« und stellt daher ein strategisches Forschungsfeld dar, um ideologische Grundannahmen der Wissenschaften kritisch zu untersuchen. Wie in jedem Grenzland gibt es auch hier Raum und genügend Anlässe für Auseinandersetzungen, aber auch für Austausch. Doch die Grenze, von der hier die Rede ist, stellt darüber hinaus die Geltungsansprüche und somit die Grenzen aller wissenschaftlichen Disziplinen in Frage, indem die Behauptung erhoben wird, daß jede wissenschaftliche Erkenntnis abhängig ist von der historischen »Positionierung (des Autors, der Autorin) in bestimmten kognitiven und politischen Strukturen von Wissenschaft, Rasse und Geschlecht« – wie Donna Haraway dies formulierte.

Noch vor zwanzig Jahren war »Geschlecht und Wissenschaft« kein Forschungsthema. Zwischen 1960 und 1977 beispielsweise schienen im *Social Science Citation Index* ganze 16 Artikel über Frauen in der Wissenschaft oder über die Geschlechterrolle der WissenschaftlerInnen auf. Inzwischen hat sich ein rasch wachsendes, lebendig-kontroverses und auch sich selbst ständig veränderndes Forschungsfeld etabliert, das von der feministischen Theorie über wissenschaftshistorische Arbeiten bis in den Kernbereich der Wissenschaftsforschung und inzwischen in die meisten wissenschaftlichen Disziplinen reicht. Wenn Evelyn Fox Keller, eine feministische Biologin und Mathematikerin, dennoch vor kurzem darüber daß der Verbindung von Männlichkeit und wissenschaftlichem Denken der Status eines Mythos zukommt, der entweder nicht ernsthaft in Frage gestellt werden kann oder nicht soll. Diese Verbindung ist zugleich »selbstverständlich« und »unsinnig« – ersteres, weil sie im Bereich des Gemeinplatzes angesiedelt ist (d.h., jeder weiß davon) und letzteres, weil sie außerhalb des Bereichs des formalen Wissens liegt und – mehr noch – mit unserem Bild, daß Wissenschaft emotional und geschlechtlich neutral ist, in Konflikt steht. (...) Das Überleben von mythenhaften Glaubensvorstellungen in unserem Denken über Wissenschaft (...) sollte, so scheint es, unsere Neugier erwecken und will untersucht werden. Denn ununtersuchte Mythen, wo immer sie überleben, besitzen eine unterirdische Potenz; sie beeinflussen unser Denken in einer Art und Weise, die uns nicht bewußt ist, und in dem Maße, als das Bewußtsein darüber fehlt, wird unsere Fähigkeit untergraben, ihrem Einfluß zu widerstehen. Was machen die Mythen dort? Woher kommen sie? Wie beeinflussen sie unsere Vorstellungen von Wissenschaft, von Objektivität oder, nicht zuletzt – von Geschlecht? (Keller [1978] 1985: 75 f.).

Mit diesem Mahnruf zur selbstkritischen Analyse und der Aufforderung an die gesamte, und nicht nur die feministisch orientierte, Wissenschaftsforschung, sich der ideologiekritischen Analyse ihrer eigenen Annahmen zu stellen, wollen wir uns im folgenden vier Forschungssträngen in der Beziehung der Geschlechter in den Wissenschaften zuwenden. Der erste Strang ist ein historischer und zeichnet die Geschichte der von Männern dominierten Wissenschaft in ihrem institutionell-organisatorischen, aber auch in ihrem vom jeweiligen gesellschaftlichen Geschlechterbild dominierten Verlauf nach. Der zweite Strang ist der Analyse der gegenwärtigen Situation gewidmet. Auch wenn heute zumindest an den Universitäten unter den Erstinskribierenden sich etwa gleich viele Frauen wie Männer befinden, sind Frauen nach wie vor in den Wissenschaften in einem eklatanten Ausmaß unterrepräsentiert. Darüber hinaus ist ihre Präsenz über die wissenschaftlichen Disziplinen hinweg sehr ungleich verteilt. Wir untersuchen die Hindernisse, die einer Gleichstellung von Wissenschaftsmännern und Wissenschaftsfrauen im Wege stehen. Der dritte Forschungsstrang ist durch die Einführung der Kategorie des sozialen Geschlechts vorgezeichnet: Welchen Einfluß auf Fragestellungen und Forschungsergebnisse hat die Tatsache, ob Männer oder Frauen forschen? Und welche subtileren Mechanismen in der Sprache und im Denken lassen sich ausmachen, die zeigen, daß Wissenschaft doch nicht geschlechtsneutral ist? Der vierte Strang ist jener der feministischen Wissenschaftskritik, der

teilweise in sehr radikaler Form eine »alternative« Wissenschaft ein-
gefordert hat. Auch wenn heute erkennbar wird, daß diese Forderung
so nicht einzulösen ist, hat die feministische Wissenschaftskritik
dennoch zu einer Reihe von innovativen Ansätzen geführt, die teilweise mit jenen der neueren Wissenschaftsforschung konvergieren,
teilweise jedoch darüber weit hinausgehen.

4.1. Zur Geschichte der Beziehung der Geschlechter

> Being a Woman (I) Cannot Publickly Preach,
> Teach, Declare or Explane (my works) by Words
> of Mouth, as most the Famous Philosophers have
> done, who thereby made their Philosophical Opini-
> ons more Famous, than I fear Mine will ever be...
>
> *Margaret Cavendish, Duchess of*
> *Newcastle (1663)*

Eine Besonderheit der Geschichte dieser Beziehung besteht darin,
daß Frauen in den Wissenschaften in einer eigentümlichen Doppel-
gestalt vertreten sind. Sie waren und sind einerseits das *Objekt* von
wissenschaftlichen Fragestellungen und Untersuchungen, andererseits hingegen auch als *Subjekt*, also als Wissenschaftlerinnen tätig.
Als *Objekt* wurden über sie überwiegend von männlichen Wissenschaftlern Theorien ausgearbeitet und Untersuchungen angestellt –
die Beispiele reichen von den einflußreichen Theorien von
Aristoteles über das Wesen der Frau als eines »unvollständigen
Mannes« zu den folgenreichen, viele Jahrhunderte überspannenden
Kapiteln der Medizingeschichte bis in unsere Tage, wo die Suche
nach biologischen Merkmalsunterscheidungen zwischen Männern
und Frauen, die deren Denken, Kreativität und Wahrnehmung beeinflussen sollen, nach wie vor Aktualität besitzt. Feministische
Wissenschaftlerinnen und Wissenschaftshistorikerinnen haben hier
insofern Pionierarbeit geleistet, als sie den »bias«, die vorurteilsbe-
haftete Befangenheit des männlichen Blicks, in vielen Fallstudien
aufgezeigt haben. Freilich gilt es auch hier, sich von einem einfachen
»ideologischen Umkehrschluß« zu distanzieren: die Tatsache, daß
die Wissenschaften über Jahrhunderte hinweg vorwiegend von

männlichen Wissenschaftlern betrieben wurden, bedeutet nicht, daß
Männer qua biologischem Geschlecht Vertreter von Theorien sind,
die Frauen als minderwertige Wesen einstufen.

In der Geschichte der Wissenschaften kam es immer wieder zu
Kontroversen, in denen die Ansichten »rückschrittlicher« wissenschaftlicher Männer mit jenen von »fortschrittlichen« aufeinander-
prallten. Doch aus allen historischen Untersuchungen geht klar
hervor, wie stark das jeweils kulturell, politisch und gesellschaftlich
dominante Geschlechterbild vom »Wesen« und den Aufgaben von
Männern und Frauen die wissenschaftlichen Theorien der Zeit
beeinflußte und entsprechenden Niederschlag in den Wissenschaften
fand. Daß die wissenschaftliche »Objektivität« oft eine in hohem
Maße männlich verzerrte war, darf heute als unbestritten gelten.

Die erste Welle der Frauenbewegung war von dem Bestreben mit-
getragen, die unterbewerteten und unsichtbar gemachten Beiträge
von Frauen in der Wissenschaft, aber auch in der Malerei, Musik und
Literatur zu rekonstruieren. Feministische Wissenschaftlerinnen und
Wissenschaftshistorikerinnen haben daher seit den frühen siebziger
Jahren in historiographischen und wissenschaftssoziologischen Analysen die vergessenen oder übersehenen Beiträge von Frauen sichtbar zu machen versucht. Die Rekonstruktion oder das Auffinden von
Biographien von Wissenschaftlerinnen diente zunächst als ein verständliches Korrektiv für eine Wissenschaftsgeschichte, in der
Frauen schlichtweg nicht existierten. Doch bald verschob sich das
Interesse von der Lebensgeschichte und dem Wirken außergewöhnlicher Wissenschaftsfrauen hin zu den historisch über lange Zeit-
räume hinweg wirksamen strukturellen und ideologischen Mechanismen, durch die Frauen von den Wissenschaften zur Gänze oder
teilweise ausgeschlossen oder zumindest stark marginalisiert wurden.
Was damit in den Blick geriet, waren die unterschiedlichen Organisationsformen von Wissenschaft und deren soziale Bedingungen
und Auswirkungen. So ist es beispielsweise von subtiler, aber weit-
reichender Bedeutung, daß Männer – historisch gesehen – Frauen
gegenüber etwas voraus hatten, was diese bis zum heutigen Tage
nicht »aufgeholt« haben: daß zwei der ältesten Organisationsformen
gesellschaftlicher Interessen von Männern dominiert oder aus-

schließlich Männersache waren: das organisierte Priesteramt und das Militär. Theokratisch-hierarchisch aufgebaut, wurden sie zum Prototyp vieler späterer Organisationsformen, einschließlich jener von Wissenschaft und Technik.

Die Biographie einer Wissenschaftlerin entpuppte sich als in hohem Maße vorstrukturiert durch das soziale Milieu, das den ihr offenstehenden Zugang zum Erwerb von Wissen, ihre wissenschaftlichen Leistungen und ihre Karriere blockierte oder ermöglichte. Am Ende des ausgehenden 16. Jahrhunderts etwa war die Präsenz von gebildeten Frauen an den Fürstenhöfen der Renaissance durchaus üblich. Führende Wissenschaftler hatten nicht nur ihre aristokratischen Gönner, sondern fanden besonders bei ihren Gönnerinnen ein offenes Ohr und genuines Interesse. Galileo Galilei richtet seine Überlegungen über die angemessene Beziehung von Wissenschaft und Theologie an die Großherzogin Christina, und Frauen von hohem Rang dominierten oft in den Konversationszirkeln, die sich an diesen Höfen gebildet hatten. Der aristokratische Salon wurde später schlechthin zum Ort der Hochkultur, an dem privilegierte Frauen lernen, diskutieren und der neuen Mathematik oder Naturphilosophie folgen konnten. Die Biographien der Madame du Châtelet in Frankreich oder von Margaret Cavendish in England stehen bei allen nationalen Unterschieden stellvertretend für andere kultivierte Frauen dieser Zeit.

Doch in der Frühphase der modernen Wissenschaft im 17. und frühen 18. Jahrhundert gab es für Frauen noch andere Zugänge zur Wissenschaft. In dieser »handwerklich« organisierten Phase befand sich das Labor oft im Wohnhaus oder war als Werkstatt angeschlossen. Während dieser Periode konnten Frauen und Töchter der fachlich gebildeten Handwerker oder der empirisch tätigen Laborwissenschaftler an der Seite ihrer männlichen Verwandten arbeiten, ganz so, wie dies in Handwerkerfamilien üblich war. Gelegentlich gelang es einer von ihnen, durch Glück im Unglück – etwa nach dem Tod des Gatten oder durch andere familiäre Umstände – aus dem Schatten der männlichen Bezugsperson herauszutreten und selbständig ihre wissenschaftliche Tätigkeit fortzusetzen. Zwei Repräsentantinnen dieser »Wissenschaft durch Verwandtschaft«, deren Schicksal aufschlußreich ist, waren die Astronomin Maria Winkelmann, die nach dem Tode ihres Mannes die gemeinsam betriebene Arbeit allein fortsetzte, und die Naturforscherin Maria Sibylla Merian. Wie u.a. die Arbeiten von Londa Schiebinger gezeigt haben, blieben diese Frauen jedoch eine verschwindend kleine Minderheit. Da es für sie weder einen geregelten Zugang zum Erwerb des Wissens noch Anerkennung oder Bezahlung für ihre Tätigkeit gab (wie der Konflikt der Astronomin Winkelmann mit der Berliner Akademie der Wissenschaft zeigt), konnten selbst die begabtesten Frauen nicht sehr weit im wissenschaftlichen Establishment vorankommen. Vor allem die Akademien und Universitäten verhielten sich den Frauen gegenüber mehr als abweisend, wobei im 17. und 18. Jahrhundert vorwiegend soziale und nicht intellektuelle Gründe ausschlaggebend gewesen sein dürften: Frauen konnten in der aristokratischen Salonwelt brillieren, in denen Schlagfertigkeit und Witz, ein bewußt zur Schau gestellter Dilettantismus, jedoch nicht eine formale Ausbildung gefragt waren. Der Zugang zu den Stätten, wo diese zu erwerben war – den Universitäten und Akademien –, war jedoch exklusiv den Männern vorbehalten.

Diese Situation verschlechterte sich weiter im 19. Jahrhundert, als sich zum zunehmend formal reglementierten Zugang an die Universitäten – und daher den formalisierbaren Ausschlußgründen – ein in der bürgerlich-industrialisierten Welt sich rasch verbreitendes polarisiertes Geschlechterbild gesellte. Beginnend mit Condorcet und John Stuart Mill hatten sich zwar angesehene Gelehrte immer wieder für die Gleichheit von Mann und Frau eingesetzt, doch wurden nun, beginnend mit Rousseau, deren gesellschaftliche Funktion und Aufgaben in einem komplementären Verhältnis gedeutet. Die Medizin, Physiologie und Anatomie, Psychologie und Anthropologie verstärkten und verfeinerten die gesellschaftliche Konstruktion dieses komplementären oder polarisierten Geschlechterbildes und lieferten jede Menge von »Beweisen« dafür: Männer erschienen mit ihrem robusten Körperbau und ihrem abstrakten Denkvermögen prädestiniert für die Rolle, die sie im öffentlichen Leben spielten. Frauen hingegen erschienen schon auf Grund ihrer Anatomie, ihrer Physiologie und Psychologie sowie ihrer konkreten, an praktischen Rou-

tineaufgaben geschulten Intelligenz wie geschaffen für die Rolle, die
ihnen die Gesellschaft zugeschrieben hatte: Hausfrau und Mutter zu
sein. Die Sexualisierung der weiblichen Körperanatomie, die am
Ende des 18. Jahrhunderts einsetzte, traf zeitlich mit dem Ausschluß
der Frauen aus der Wissenschaft zusammen. Seither nahmen Frauen
in der Geschichte der Wissenschaften nur mehr einen unsichtbaren
Platz ein als Helferinnen, meistens ihres Mannes, Bruders oder
Vaters; es setzte ein Prozeß des Unsichtbarmachens von Frauen in
den Wissenschaften ein, der jenem des Verschwindens von Frauen in
die private Sphäre des Haushalts nicht unähnlich war.

Die Doppelstellung von Frauen in der Wissenschaft als Objekt
und als Subjekt kann sich daher kreuzen oder überlappen, auch wenn
es schwer ist, direkte kausale Bezüge auszumachen. So hat etwa
David Noble die mittelalterliche Gelehrten- und Klosterwelt als eine
»Welt ohne Frauen« beschrieben, und eine der ersten Wissenschaftshistorikerinnen der feministischen Generation, Carolyn Merchant,
verwies eindringlich auf die Folgen, die mit der »mechanischen
Naturphilosophie« einsetzten. Die Natur war vorher sowohl für die
Humanisten wie für die Alchimisten als andromorph, genauer
gesagt, in der Gestalt einer Frau imaginiert und ikonisiert worden.
Für die »mechanischen Naturphilosophen« verschwanden zwar viele
der vorher gedachten »menschlichen« Eigenschaften der Natur, die
nun zur leblosen Materie wurde. Eigentümlicherweise blieb aber die
geschlechtsspezifische Metaphorik erhalten: Die Natur sollte fortan,
wie es etwa Bacon forderte, nach inquisitorischem Muster »befragt«
werden. Bacon verdanken wir auch die Vorstellung einer »männlichen Geburt der Wissenschaft«. Die Haltung der neuen Wissenschaftler gegenüber der Natur war von (männlichem) Expansions-
und Entdeckungsdrang geprägt: Sie sollte von der (männlichen) Wissenschaft »entschleiert« und »ihrer Geheimnisse beraubt« werden.
Es ist charakteristisch bis in die heutige Zeit, daß viele männliche
Wissenschaftler sich der diskriminierenden, aggressiven oder ver-
ächtlich-machenden Wirkungen der von ihnen verwendeten sexuel-
len Metaphorik gar nicht bewußt sind.

In der Geschichte der Wissenschaften lassen sich viele Beispiele
dafür finden, wie über sprachliche Benennung und geschlechtsspezi-

fische Metaphorik politisch brisante Assoziationen gewissermaßen
»unter die Haut« gehen. Londa Schiebinger bringt das Beispiel des
schwedischen Naturforschers Carl von Linné, dessen Klassifikationen von Pflanzen und Tieren zum Teil bis heute Geltung besitzen.
Linnés Sexualisierung der Botanik und seine Tierklassifikationen
scheinen dabei von bestimmten gesellschaftlichen Vorstellungen
geprägt. Schiebinger versucht zu klären, warum Linné die Säugetiere
(lat.: mammalia) so und nicht anders benannte. Bis ins 18. Jahrhundert hatte es für die Tierwelt Aristoteles' Begriff der Vierfüßler
gegeben. Im Jahre 1758 unterschied Linné die höchstentwickelte
Klasse von Tieren von allen anderen mit der neuen Gattungsbe-
zeichnung »Säuge(also Brust)tiere«. Um die Entscheidung Linnés zu
verstehen, verweist sie auf das diskursive Umfeld: Das 18. Jahrhundert war ein Zeitalter der »Körperpolitik«. Es lag auf der Linie einer
auf Expansion gerichteten Bevölkerungspolitik, die mütterliche
Brust gleichsam zum Inbegriff der höchsten Tierklasse zu erheben.
Dadurch wurde einerseits die Bedeutung der weiblichen Repro-
duktionsarbeit naturwissenschaftlich begründet, zum anderen wurde
dadurch eine unterschwellige größere Affinität der Frauen zum
Tierreich hergestellt.

Besonders das 19. Jahrhundert ist voll von Beispielen, durch die
das Selbstverständnis einer sich als »neutral« oder »unpolitisch« prä-
sentierenden Wissenschaft widerlegt wird. Ob Anatomie, Gynäko-
logie oder andere medizinische Fächer, ob Physiologie, Psychologie
oder Anthropologie – es ging um die »Naturalisierung« bestimmter
gesellschaftspolitischer Vorstellungen, die das Geschlecht, Rasse
und Klasse betrafen. So hat etwa Nancy Stepan aufgezeigt, wie die
im 19. Jahrhundert verwendete Metaphorik von Rasse und Geschlecht in der wissenschaftlichen Konstruktion der Ähnlichkeiten
von Frauen und afrikanischen Männern eingesetzt wurde. Beide
wurden zu einer getrennten Gattung konstruiert, die sie von der
Gattung der weißen europäischen Männer grundsätzlich unterschied.
Wissenschaft leistete gesellschaftspolitischen Wertvorstellungen,
Bildern und den sehr realen Zielen und Interessen der auf Expansion
bedachten europäischen Kolonialmächte Vorschub, indem sie die
theoretischen Rechtfertigungsgründe und »Beweise« lieferte. Es war

eine Wissenschaft, in der Frauen zum überwiegenden Teil nur als
Objekte vorkamen.

4.2. Die Stratifikation der Geschlechter

> Wohin sind alle Frauen verschwunden? Wie das
> Sediment eines guten Weines sind sie zu Boden
> gesunken.
>
> *Cynthia Fuchs Epstein*

Auch nachdem die Frauen sich am Anfang dieses Jahrhunderts den
Zugang zu den Universitäten im Zuge ihrer allgemeinen politischen
und sozialen Emanzipation erkämpft hatten, bildeten sie in den Wissenschaften eine verschwindend kleine Minderheit. Sie blieben die
Ausnahme: Lediglich zehnmal seit der ersten Verleihung der naturwissenschaftlichen Nobelpreise im Jahre 1901 ging diese begehrte
Auszeichnung an Frauen (und davon zweimal an Marie Curie). Gemessen an den knapp vierhundert Preisträgern aus Physik, Chemie
und Medizin und deren gemeinschaftlicher Verteilung, entspricht ihr
zahlenmäßiger Anteil an den Nobelpreisen etwa zwei Prozent. Diese
Zahl spiegelt allerdings realistisch den nach wie vor geringen Anteil
hochrangiger Wissenschaftlerinnen in Labors und naturwissenschaftlichen Instituten wieder.

Warum gibt es auch gegen Ende dieses Jahrhunderts so wenige
Frauen in den Wissenschaften? Selbst wenn die Anzahl der Frauen,
die ein Hochschulstudium abgeschlossen haben, seit der Öffnung
und Expansion der Universitäten in den späten sechziger und frühen
siebziger Jahren deutlich angestiegen ist, so blieb eine klare Stratifikation nach Geschlecht erhalten. Männer und Frauen sind ungleich
über die verschiedenen Forschungsgebiete und Disziplinen verteilt;
ihre Arbeitsplätze, Karriereverläufe und Gehälter unterscheiden sich
deutlich, und ebenso die Positionen, die sie im Wissenschaftssystem
einnehmen. Das Geschlecht bestimmt nach wie vor den sozialen Ort,
den Rang und die Belohnungen, die das System zu vergeben hat.

Damit geht die berechtigte Vermutung einher, daß diese ungleiche Verteilung nicht ohne Einfluß darauf ist, welche Forschungsfragen gestellt werden, wie Daten interpretiert werden und damit auch, welches Wissen erzeugt und wie es verwendet wird. Zur Kritik an der männlichen Wissenschaft gesellt sich in jüngster Zeit die Kritik an der männlichen Technik. Insbesondere feministische Technikforscherinnen haben sich dieses Themas angenommen und gezeigt, wie eine spezifische Interessenkonstellation verschiedene Arten von Technologien prägt. Männliche Interessen im Reproduktionsbereich bringen eine andere Technik hervor, als dies etwa im Bereich des Haushalts der Fall ist. Die Marginalität von Frauen in der zutiefst männlich geprägten technischen Kultur verweist abermals auf die Macht sozialer Beziehungen – in diesem Fall der Geschlechterbeziehungen – als konstituierendem Faktor in der Wissenserzeugung und -anwendung.

Beginnen wir mit einigen Zahlen. In den Vereinigten Staaten beispielsweise ist der Anteil von Frauen, die mit einem naturwissenschaftlich/technischen Doktorat ihr Studium abgeschlossen haben und somit den eigentlichen »Pool« von den für wissenschaftliche Arbeit qualifizierten AbsolventInnen abgeben, von ca. 15% im Jahr 1970 auf etwa 25% im Zeitraum von 1980-88 gestiegen. In den Sozialwissenschaften, in denen der Frauenanteil immer etwas höher lag, hat sich dieser Prozentsatz von 25% auf 39% erhöht. Dennoch hat sich diese Steigerung nur äußerst langsam und zögerlich in einer entsprechenden Erhöhung des Frauenanteils auch in den höheren Rängen bemerkbar gemacht. Der Anteil der Professorinnen liegt in den meisten Industriestaaten nach wie vor unter der 10%-Marke. In Österreich etwa beträgt er ganze 3,8%.

Interessant ist es in diesem Zusammenhang, einen vergleichenden Blick auf südeuropäische Länder zu werfen. Zunächst scheinen die Zahlen dem allgemeinen Befund zu widersprechen, findet sich doch dort ein höherer Anteil von Frauen – einschließlich Professorinnen – in den naturwissenschaftlichen Fächern. Beatriz Ruivo zufolge ist dies jedoch einem »Nachhinkeffekt« zuzuschreiben. An Hand von Daten aus Portugal konnte sie zeigen, daß der Frauenanteil in den naturwissenschaftlichen Fächern nur so lange deutlich über dem europäischen Durchschnitt lag, als das Land industriell unterentwickelt war. Den naturwissenschaftlichen Fächern kam bloß eine allgemeine kulturelle Bedeutung zu, und es machte daher wenig Unterschied, ob eine Frau, die meist aus der Oberschicht stammte, sich einem geisteswissenschaftlichen »Orchideenfach« zuwendete oder der Physik oder der Astronomie. Dies änderte sich jedoch von dem Zeitpunkt an, als das Wachstum des tertiären Sektors auch in der portugiesischen Ökonomie einsetzte. Nunmehr wurde die Verwertbarkeit einer naturwissenschaftlich/technischen Ausbildung, einschließlich neuer Fächer wie der Informatik, erkannt, und der Männeranteil nahm auf Kosten der Frauen entsprechend zu.

Die ungleiche Verteilung der Geschlechter über das Spektrum der Wissenschaftslandschaft hinweg entspricht in groben Zügen deren Einschätzung als »harte« oder als »weiche« Fächer: die wenigsten Frauen finden sich in der Physik und in den Ingenieurwissenschaften, wobei dort der Anteil der Frauen in der »harten« Elektrotechnik oder im Maschinenbau wesentlich geringer ist als in der »weichen« Informatik. Innerhalb der naturwissenschaftlichen Fächer ist der Frauenanteil in den Biowissenschaften am höchsten. Insgesamt sind 82% aller Wissenschaftlerinnen in den USA zur Zeit in den Bio-, Sozial- und Geisteswissenschaften tätig. Innerhalb der Sozialwissenschaften weist die Psychologie bei weitem den höchsten Frauenanteil auf.

Auch in bezug auf den organisatorischen Kontext gibt es Unterschiede zwischen Männern und Frauen. Der Staat – Universitäten, staatliche Forschungsinstitute, Spitäler – erweist sich als frauenfreundlicher als die Industrieforschung. Doch unabhängig davon, wo Wissenschaftlerinnen und in welcher Position, mit welcher Ausbildung und Erfahrung sie tätig sind, zeigt der detaillierte statistische Vergleich mit ihren nach diesen Faktoren gleichgestellten Kollegen ihre relative Schlechterstellung und Benachteiligung: die verbleibenden Disparitäten in Rang und karrieregemäßer Vorrückung, in Gehalt und Anerkennung lassen nur den Schluß zu, daß hier subtile und weniger subtile Mechanismen von Diskriminierung am Werk sind. Besonders dort, wo Auswahlkriterien und Leistungsstandards lose definiert und gegenüber einer subjektiven Wertung offen sind –

und dies ist bei wissenschaftlichen Leistungsbeurteilungen immer
auch der Fall –, werden männliche Kandidaten den weiblichen
vorgezogen. Die Auswahl wird dabei zum überwiegenden Teil von
Männern getroffen. Frauenförderungsmaßnahmen, einschließlich der
kontroversen Quotenregelung, sollen daher durch eine Art »positiver
Diskriminierung« diesem nach wie vor bestehenden Trend Einhalt
gebieten.

Viele Vermutungen und empirische Studien wurden angestellt, um
die Gründe für diesen Sachverhalt zu ermitteln. Zweifellos beginnt
die geschlechtsspezifische Sozialisation nicht erst mit dem Eintritt in
die Universität. Eltern und Lehrer vermitteln ihren Schützlingen unterschiedliche Geschlechtsbilder und Rollenzuschreibungen. Insbesondere die Mathematik – gute mathematische Vorkenntnisse sind
für viele, jedoch nicht für alle naturwissenschaftlichen Fächer eine
wichtige Voraussetzung – wird für Mädchen als wenig wichtig abge-
tan. Ebenso wird ein unterschiedliches Nähe- bzw. Distanzverhältnis
zu technischen Dingen als Teil der gängigen geschlechtsspezifischen
Sozialisation mitvermittelt. Aus autobiographischen Zeugnissen von
eminenten Wissenschaftlern und Wissenschaftlerinnen wissen wir,
daß erstere meist bereits in früher Jugend um ihre spätere »Berufung« als Wissenschaftler wußten – und von ihrer familiären und
schulischen Umgebung in dieser manifest gewordenen Interessen-
neigung entsprechend unterstützt wurden. Die Wissenschaftlerinnen
hingegen, die sich ebenso früh ihrer Neigungen bewußt geworden
waren, wurden von Zweifeln geplagt, da ihre Umgebung unterschiedlich und ambivalent auf ihren ungewöhnlichen Berufswunsch
reagierte. In diesen Zeugnissen und in anderen Untersuchungen
kommt überdies zum Vorschein, welche wichtige Rolle Bezugs-
personen spielen: Die erste Initiation in die Wissenschaft erfolgt
meist durch den Vater oder einen männlichen Verwandten. Während
der Schulzeit war es oft ein Lektüreerlebnis und ein männlicher
Lehrer, der die wissenschaftlichen Interessen des Schülers erkannte
und ihn bestärkte. Bei den Mädchen hingegen unterblieb meistens
die Förderung durch einen Mentor; die Mentorin war selbst eine
Ausnahme.

Verweist die Sozialisation, die sich vor der Inskription an der Universität abspielt, auf einen später allerdings prägenden Einfluß auf die Berufswahl und die wissenschaftliche Neigung, so ist auch der weitere wissenschaftliche Karriereverlauf mit Hindernissen für angehende Wissenschaftlerinnen gepflastert, denen ihre männlichen Kollegen nicht in demselben Maße ausgesetzt sind. Besonders die im deutschen Sprachraum für eine universitäre Laufbahn erforderliche Habilitation erweist sich als ein eingebauter Filter, an dem viele Frauen hängenbleiben. Einer der Gründe dafür ist das zeitliche Zusammentreffen des am männlichen Normalfall einer wissenschaftlichen Biographie orientierten Erfordernisses, eine eigenständige größere wissenschaftliche Arbeit zu schreiben, mit der Familiengründung, von der Frauen in größerem Maße in Anspruch genommen sind. Dahinter steckt noch immer etwas vom »Mythos der Unvereinbarkeit« der Wissenschaft mit einem »normalen« Familienleben.

Wissenschaft, so die Annahme, sei eben kein Beruf wie jeder andere, sondern erfordere einen weitaus größeren Einsatz an Zeit, Motivation und Energie. Solange Wissenschaftler sich ihrer »Berufung« ganz widmen konnten, während ihnen ihre Ehefrauen die Mühen des Alltags und die Kindererziehung abnahmen, schien die Welt in Ordnung. Ein guter Wissenschaftler war verheiratet und hatte Familie. Eine gute Wissenschaftlerin, wenn sie unbedingt darauf bestand, eine solche sein zu wollen, hatte eben unverheiratet und kinderlos zu sein. Ein solcher am Geschlechterbild und der arbeitsteiligen Polarität der Geschlechter des 19. Jahrhunderts orientierter Mythos von der Unvereinbarkeit von wissenschaftlicher Tätigkeit und Familienleben hat freilich am Ende des 20. Jahrhunderts keine Verankerung mehr in der von Wissenschaftsmännern und Wissenschaftsfrauen gelebten Realität. Wissenschaftlerinnen sind in der Regel verheiratet (oder geschieden); sie haben Kinder und bestehen auf ihrem Recht, Wissenschaft und Familie in Einklang zu bringen. Doch welche Folgen hat ein solches Zuwiderhandeln gegen den Mythos der Unvereinbarkeit?

Die amerikanische Wissenschaftssoziologin Harriet Zuckerman hat mit ihrem Kollegen Jonathan Cole eine Gruppe von »*eminent scientists*« beiderlei Geschlechts, die hinsichtlich ihres Alters und ihrer Forschungsgebiete vergleichbar waren, über mögliche Zusammenhänge zwischen Ehe, Familie und Produktivität befragt. Sie stießen dabei auf ein einheitliches Muster, was die vermeintliche Unvereinbarkeit von ernst zu nehmender wissenschaftlicher Arbeit und familiären Verpflichtungen betrifft. Wissenschaft, so meinten Frauen und Männer übereinstimmend, verlange Hingabe und ungeteilte Aufmerksamkeit, die Frauen mit Kindern auf Grund der ihnen daraus erwachsenden Verpflichtungen kaum aufbringen können. Da sie gezwungen sind, ihre Hingabe zu teilen, publizieren sie entsprechend weniger. Die Ausnahmen sind entweder Superfrauen oder jene, die ihr Familienleben geopfert haben. Zuckerman und Cole konfrontierten die von ihnen Befragten mit einer graphischen Darstellung ihrer eigenen Publikationen und ließen diese auf dem Hintergrund einer Folie, auf der die wichtigsten biographischen Ereignisse wie Heirat, Scheidung oder Geburt von Kindern verzeichnet waren, interpretieren. Die Wissenschaftsfrauen erkannten keinerlei Zusammenhang zwischen den Höhen und Tiefen ihrer Publikationsgeschichte und den familiären Ereignissen. Vielmehr machten sie wissenschaftsinterne und -externe Faktoren dafür verantwortlich. Mit zunehmendem Alter und Rang war überdies eine deutliche Konvergenz des Publikationsverhaltens sowohl zwischen den Geschlechtern als auch zwischen verheirateten und ledigen Frauen zu bemerken. Zuckerman und Cole schlossen daraus, daß wissenschaftliche Produktivität von Ehe und Beruf unabhängig sind. Unterschiedliche Publikationsmuster sind vielmehr durch die Sozialstruktur der Wissenschaft bedingt, durch den Zugang zu knappen materiellen oder personellen Ressourcen, die soziale Stellung innerhalb eines Labors oder eines wissenschaftlichen Feldes, durch die Problemwahl und den Forschungsstand.

Dennoch haben Frauen, die Wissenschaft und Familie vereinen wollen, dafür einen Preis zu bezahlen. Ihre Zeit ist weitaus knapper, es bleibt nichts für den »small talk« innerhalb des Labors oder des Instituts. Insgesamt reduzieren sich die Möglichkeiten für informelle Kontakte mit Kollegen. Die Prioritäten der produktivsten Wissenschaftlerinnen lauten: Arbeit und Familie; die der Männer: Arbeit und andere karrierebezogene Tätigkeiten. Frauen bezahlen ihre wissenschaftliche Produktivität mit dem Verlust eines informellen Umgangs mit Kollegen, was wiederum Rückwirkung auf ihre Karrieremöglichkeiten und Ressourcenbeschaffung hat. Forschungen dieser Art haben die Bedeutung der informellen Netzwerke innerhalb des Wissenschaftssystems zutage gebracht. Um Wissenschaft zu betreiben, bedarf es großer organisatorischer Anstrengungen und zunehmend auch Fähigkeiten zum Management. Ressourcen müssen beschafft und Teamarbeit aufgebaut werden. Informelle Netzwerke sind Informations- und Kommunikationsnetzwerke, aber darüber hinaus auch integraler Bestandteile der Selbstorganisation von Wissenschaft und ihres Funktionierens. Daran nur marginal beteiligt zu sein, selbst wenn kein bewußter, diskriminierender Ausschluß von Wissenschaftlerinnen aus männerbündlerischen Aktivitäten intendiert ist, stellt eines der größten Hindernisse für die Chancengleichheit von Frauen innerhalb der Wissenschaften dar.

Einer der ausgeprägtesten und auch am leichtesten meßbaren Unterschiede zwischen Männern und Frauen bleibt in allen Wissenschaftsgebieten bestehen: Frauen publizieren deutlich weniger als Männer. Da wissenschaftliche Publikationen gewissermaßen der Kern der wissenschaftlichen Kommunikation sind, auf dem Reputation und Erfolg aufbauen, kommt dieser Diskrepanz eine schwerwiegende Bedeutung zu. Interessanterweise publizieren jedoch verheiratete oder geschiedene Frauen mehr als unverheiratete. Zwischen Frauen mit und ohne Kinder hingegen gibt es kaum Unterschiede, mit Ausnahme der Jahre unmittelbar nach der Geburt eines Kindes. Woran mag dieser Unterschied liegen? Es lassen sich zwar Vermutungen anstellen, so etwa, daß ein (meist ebenso aus der Wissenschaft kommender) Ehepartner größeres Verständnis für den Einsatz seiner Wissenschaftlergattin aufbringt, während einer unverheirateten Wissenschaftlerin diese soziale Unterstützung fehlt, doch sind solche Vermutungen mit aggregierten Daten nicht überprüfbar. Was sich jedoch statistisch zeigen läßt, ist die Tatsache, daß das Lotkasche Gesetz in noch höherem Maße auf Wissenschaftlerinnen als auf Wissenschaftler zutrifft. Bereits im Jahr 1926 konnte Lotka anhand der Untersuchung von publizierten wissenschaftlichen Artikeln in Fachjournalen zeigen, daß das Produktivitätsverhalten in hohem Maße ungleich verteilt ist: Mehr als die Hälfte aller wissenschaftlichen Publikationen stammt von einer kleinen Gruppe von Wissenschaftlern, die ziemlich konstant über die Zeit und über Fachgebiete hinweg in der Größenordnung von 15% liegt. Unterzieht man die Publikationen von Wissenschaftlerinnen einer solchen Analyse, so zeigt sich, daß es eine noch kleinere Gruppe von äußerst produktiven Frauen ist, die für weit mehr als die Hälfte der Publikationen aller Wissenschaftsfrauen verantwortlich ist.

Die Analyse der Gründe für die hartnäckige Unterrepräsentanz von Frauen in den Wissenschaften besonders in den höheren Rängen, ihre ungleiche Verteilung über Forschungsgebiete hinweg und das Zutagetreten eindeutiger Beweise für Benachteiligung oder versteckte Diskriminierung haben zu einer Verfeinerung des methodischen Instrumentariums und der theoretischen Fragestellungen geführt. Frauen in der Wissenschaft bilden, ebensowenig wie Männer, eine homogene Gruppe, und dennoch sind in vielerlei Hinsicht Frauen qua ihres Geschlechts betroffen. Und dies in einer Institution, die sich selbst als meritokratisch sieht, d.h., die sich zugute hält, daß sie allen wissenschaftlichen Begabungen gegenüber offen und bereit ist, sie zu fördern.

Wenn gegenwärtig in den meisten Industrieländern der Anteil von Frauen an den Erstinskribierenden die 50%-Marke erreicht hat, so ist nicht einzusehen, daß davon nur ein verschwindend kleiner Teil geeignet sein soll – sofern sie dies anstreben –, in der Wissenschaft auch in den obersten Rängen tätig zu sein. Hier wird eine wichtige wissenschaftliche Ressource vergeudet. Darüber hinaus geht es aber auch um das Element der Vielfalt in den Wissenschaften: Frauen bringen auf Grund ihrer anderen gesellschaftlichen Erfahrungen und Stellung auch ein anderes Sozialverhalten, andere Perspektiven und Orientierungen in die Wissenschaft ein. Will sich diese von einer männlichen Wissenschaft zu einer menschlichen weiterentwickeln, so kann sie auf Wissenschaftlerinnen nicht verzichten.

4.3. Die soziale Konstruktion der Geschlechterdifferenz

> Was einem oberflächlichen Beobachter als erstes
> auffällt ist, daß Frauen nicht so sind wie Männer.
> Sie sind das »entgegengesetzte Geschlecht«, ob-
> wohl ich nicht weiß, weshalb »entgegengesetzt«
> (welches wäre denn das »benachbarte«?). Ent-
> scheidend ist jedenfalls, daß Frauen den Männern
> ähnlicher sind als irgendsonst etwas auf der Welt.
>
> *Dorothy L. Sayers*

Ansichten über vermeintliche und tatsächliche Unterschiede zwischen den Geschlechtern gab es in jeder Gesellschaft und in jeder historischen Epoche. Auch die Wissenschaften befaßten und befassen
sich immer wieder mit der Erforschung solcher Differenzen. In der
Vergangenheit waren Frauen dabei vorwiegend Objekte dieser Forschung; erst in jüngerer Zeit treten sie auch als Subjekte, also als
Wissenschaftlerinnen in Erscheinung. Erst jetzt können sie ihre
Stimme erheben und sich aktiv auch an solchen Untersuchungen be-
teiligen. Aus der Sicht der Wissenschaftsforschung steht dabei die
Frage im Vordergrund, in welcher Weise gesellschaftlich geprägte
Geschlechterbilder und Annahmen über die Funktion der Geschlechter in der wissenschaftlichen Forschung zur Geltung kommen
und diese in bestimmter Weise mitbeeinflussen. Es geht somit um
die Analyse der sozialen Konstruktion einer Differenz, die weder in
der Geschichte von Gesellschaften noch in der Geschichte der Wissenschaften unwandelbar ist und daher auf unterschiedlichen Dimensionen und sozialen Gewichtungen basierte. Wie sich historisch solche Wandlungen im einzelnen vollziehen, soll exemplarisch für
andere Untersuchungen (wie etwa jene von Claudia Honegger und
Barbara Duden) anhand des Beispiels der »weiblichen Intelligenz«
nachgezeichnet werden.

Die amerikanische Wissenschaftshistorikerin Lorraine Daston
sieht in der Geschichte einer spezifischen weiblichen Intelligenz die
Sichtbarmachung des Aufstiegs und Niedergangs einer dualistischen
Art des Denkens, welche einst fast jede Wissenschaft durchdrang,
von der Physik zur Ethik. Zwischen dem 17. und dem 20. Jahrhundert wurden diese alten Gegensatzpaare – wahr und falsch, Ruhe und

Bewegung, heiß und kalt – allmählich durch Kontinua ersetzt. Grade von Wahrscheinlichkeit, Grade von Geschwindigkeit, Grade von Temperatur traten an deren Stelle.

Die Welt begrifflich in Paaren von Gegensätzen zu verstehen, ist ein ebenso altes wie weitverbreitetes Denkmuster. Es reicht von den Pythagoräern zu den Chinesen, von den Meru in Kenia bis zum antiken Griechenland. Immer geht es darum, daß die Pole sowohl komplementär sind, aber auch als sich wechselseitig ausschließend verstanden werden. In jedem Paar ist eine Seite eindeutig die bessere. Der Dualismus von männlich vs. weiblich war vielleicht der am tiefsten verwurzelte und langlebigste dieser Gegensätze, eine Polarität, die mit Aristoteles begann und deren Struktur den Wandel wesentlicher Theorien und Werte überlebte, wenngleich ihr Inhalt diese Veränderungen jeweils getreu widerspiegelte.

Obwohl Aristoteles den Gegensatz von weiblich und männlich nicht erfunden hatte, stammt die einflußreichste Formulierung von ihm. Er definiert die weiblichen Wesen der Arten als unvollkommene männliche Wesen. Weibliche Nachkommen würden einer Vereinigung entspringen, in der das männliche Prinzip nicht potent genug war, der formlosen weiblichen Materie die perfekte Form des Mannes aufzuprägen. Diese physiologischen Unterschiede wiederum wurden mit intellektuellen und moralischen Gegensätzen aller Art verbunden. Aristoteles glaubte, daß diese Gegensätze beim Menschen am ausgeprägtesten seien. Das folgende Zitat bildete den Ausgangspunkt für fast alle Beschreibungen von Geschlechterunterschieden vom Altertum bis zur Renaissance:

In allen Gattungen (...) macht die Natur eine ähnliche Unterscheidung auch zwischen den Eigenschaften der beiden Geschlechter. Das Weibchen ist sanfter im Charakter, ist leichter zu zähmen, ist Zärtlichkeit gegenüber zugänglicher, ist lernfähiger – z.B. ist bei den Lakonischen Hunden das Weibchen klüger als das Männchen (...) Andererseits ist das Männchen tatendurstiger, wilder, einfacher und weniger listig. Die Frau ist weniger optimistisch als der Mann, sie lügt mehr, sie täuscht mehr und hat ein genaueres Gedächtnis. (Aristoteles, zitiert nach Daston 1989: 215)

Wie Daston zeigen kann, kam es erst im 18. Jahrhundert zu wesentlichen Veränderungen des Inhalts dieses polaren Schemas, wenn auch nicht seiner Struktur. Mit dem Auftauchen einer neuen Konzeption des Genies, in der Originalität und Erfindungsgeist im Zentrum standen, gewann die bisher als verdächtig und den Frauen zugeschriebene Eigenschaft »Imagination« (oder Vorstellungskraft) einen neuen Wert. Diese Entwicklung führte zu einer Destabilisierung der klassischen Geschlechterpolarität. Vorstellungskraft war zugleich eine traditionell weibliche und nun auch eine höchst erstrebenswerte Eigenschaft. Nunmehr würde daraus folgen, daß das Potential für geniale Werke bei Frauen größer wäre als bei Männern. Die bewertende Asymmetrie, die bisher dem Mann den Vorrang eingeräumt hatte, würde sich zumindest auf der intellektuellen Ebene umkehren. Das neue Verständnis des Genies führte somit zum Konflikt zwischen dem Inhalt und der Struktur der männlich-weiblichen Polarität. Am Ende blieb die Struktur Sieger: Imagination und Kreativität wechselten zu Beginn des 19. Jahrhunderts zum männlichen, positiv bewerteten Pol. Im neuen Schema waren Frauen nicht nur weniger imaginativ als Männer, geschaffen für das geistlose Nachäffen der Werke und des Stils von anderen. Sie übertrafen Männer nur in den routinemäßigen, mechanischen Arbeiten. Männer waren ihnen in allen Gebieten, welche kühnes, kreatives Denken verlangten, wiederum eindeutig überlegen.

Die Erfindung der Intelligenz im 19. Jahrhundert blieb dem Gegensatz zwischen dem konkret-weiblichen und dem abstrakt-männlichen Intellekt verhaftet. Die Entstehung der Idee einer einheitlichen Intelligenz änderte wenig an der Struktur der Polarität von männlich und weiblich, obgleich sie deren Inhalt transformierte. Intelligenz existiere in zwei verschiedenen Weisen, männlich und weiblich, oder besser, männlich versus weiblich, wozu auch nicht-weiße Rassen und die Unterschichten gezählt wurden. Spencer, Darwin und andere Denker des 19. Jahrhundert sahen eine Verwandtschaft zwischen den intellektuellen Grenzen von Frauen und von sogenannten Wilden: Frauen, nicht-weiße Völker und die Unterschichten befanden sich auf einer niederigeren Stufe der Zivilisation. Ihre Intelligenz war nicht von derselben Art, sondern qualitativ anders.

Erst unter dem Druck der Quantifizierung in der Psychologie wurde Intelligenz schließlich als eine kontinuierliche Quantität neu verstanden. Dazu hat die Vorliebe für Kraniometrie oder Schädelmessung viel beigetragen. Da die neugeprägte Intelligenz eine generelle mentale Fähigkeit war, welche Elemente der Wahrnehmung, des Gedächtnisses, des Urteils und der Vernunft vereinte, dachten Wissenschaftler, daß sie der Gesamtgröße des Gehirns entsprechen würde. Man begann, die Gehirne zu vermessen – was allerdings bald zu Kontroversen sowohl über die Genauigkeit der Messung wie der Interpretation führen sollte. Auf Grund der absoluten Gehirngröße wurde geschlossen, daß Männer intelligenter seien als Frauen, Weiße intelligenter als Schwarze und Hessen intelligenter als Bayern. Spätere Analysen brachten große Schlampereien, ja sogar Betrügereien bei den Messungen ans Tageslicht. Dies hinderte jedoch nicht, daß diese Befunde ernst genommen wurden und denjenigen als Munition dienten, die in England und in den USA den Frauen das Recht zu wählen absprachen. Die Kraniometrie versank allmählich in disreputierliche Vergessenheit, während die Statistik ihren großen Aufschwung erlebte.

Einen wichtigen Einschnitt stellt dabei Francis Galtons erstmals 1869 formulierte These dar, daß die Intelligenz wie andere »menschliche Größen« auch normal verteilt sein müßte. Diese Entdeckung trug wesentlich dazu bei, daß in den dreißiger Jahren dieses Jahrhunderts die jahrhundertalte Polarität der unterschiedlichen Intelligenz der Geschlechter zusammenbrach: ein Kontinuum von Abstufungen war unvereinbar mit komplementären Gegensätzen, die einander ausschlossen. Mit dem Vollzug des Wechsels von verschiedenen Qualitäten zu verschiedenen Quantitäten war die wichtigste Voraussetzung dafür geschaffen, daß männliche und weibliche Intelligenz als gleich erklärt werden konnten. Der amerikanische Psychologe Lewis Terman machte in seiner Standardisierung des damals gebräuchlichen Stanford-Binet-Intelligenztest im Jahr 1937 nahezu unbemerkt den radikalen Schritt, die normal verteilte Intelligenz von Männern und von Frauen als gleich zu definieren. Er entfernte, ohne weiteres Aufheben zu machen, alle jene Testaufgaben als »unfair«, welche von einem oder dem anderen Geschlecht besser oder schlechter gelöst wurden.

Intelligenz und Kreativität, die vielfach als Voraussetzung dafür angesehen werden, um wissenschaftliche Forschung zu betreiben, haben also eine sehr wechselvolle und lehrreiche Geschichte hinter sich. Sie zeigt, wie eng die Strukturen unseres Denkens mit ihrem Inhalt verwoben sind. Sie zeigt aber auch besonders eindrucksvoll, wie sehr die Polarität von männlich vs. weiblich immer mit der sozialen Arbeitsteilung zwischen Männern und Frauen verbunden war und mit der Asymmetrie ihres sozialen Status. Aristoteles gibt in seiner »Politik« zu, daß Männer und Frauen (und deshalb auch Sklaven) logischerweise dieselben Tugenden besitzen würden; dennoch war es für ihn eine selbstverständliche Tatsache, daß einer über die anderen herrschen muß. Die Lage der Dinge war für Aristoteles, für Kant wie für Darwin von der Natur so angeordnet. Daston zeigt in ihrer Fallgeschichte, daß das Gegenteil zutraf: Die Gesellschaft gab der Natur, gab der Wissenschaft der jeweiligen Zeit ihre Anordnungen. Erst nachdem die Gesellschaft die Zwangsläufigkeit der Geschlechterrollen angefochten hatte, besann sich die Wissenschaft eines Besseren.

Auch andere wissenschafts- und medizinhistorische Arbeiten stellen einen biologischen Essentialismus, der im übrigen auch von einigen feministischen Denkerinnen vertreten wird, in Frage. Diese Studien zeigen, daß auch die wissenschaftlichen bzw. medizinischen Auffassungen der Differenz weiblichen und männlichen Geschlechts, von Körperlichkeit und Sexualität bis weit ins 20. Jahrhundert hinein verblüffend stark von gesellschaftlichen Anfordernissen geprägt waren.

Wie Thomas Laqueur in einer »Kulturgeschichte der Geschlechtsorgane« belegt, galten Frauen – ihrem sozialen Status in der Gesellschaft entsprechend – jahrhundertelang als *biologisch* unvollkommene Variante der Männer, wie das bereits Aristoteles in seiner »Tiergeschichte« dargelegt hatte. Laqueur führt eindrucksvoll vor, daß etwa die primären weiblichen Geschlechtsorgane als Begriffe erst seit dem 18. Jahrhundert existieren; in den Jahrhunderten zuvor – und zum Teil auch noch später – wurden sie bloß als ein nach innen gestülpter Penis, als die männlichen Hoden oder ähnliches beschrieben und *wahr*genommen. Ein solches »Ein-Geschlechts-Modell« herrschte in der Anatomie (und nicht nur dort) bis in das 18. Jahrhundert vor und wurde erst durch eine neue Sexualpolitik im

Umfeld der Französischen Revolution allmählich zum Verschwinden gebracht – freilich auch im Zusammenhang mit neuen Erkenntnissen in den Naturwissenschaften und auch neuen Darstellungstechniken in der Medizin. In Laqueurs Worten lassen sich aus dieser Fallstudie folgende relativistische Schlußfolgerungen ziehen:

> Die Weisen, in denen man in der Vergangenheit den Geschlechtsunterschied imaginiert hat, waren weitgehend unbeeindruckt von dem, was man tatsächlich über dieses oder jenes Stückchen Anatomie, über den einen oder anderen physiologischen Vorgang wußte, und ergaben sich stattdessen aus den rhetorischen Forderungen des Tages. (...) Im Grundsätzlichen ist (...) dem Inhalt der Rede über den Geschlechtsunterschied vom Faktischen her keine Fessel angelegt. Er ist so frei wie das Spiel der Gedanken. (Laqueur [1990] 1992: 275)

Das bedeutet nicht, daß die naturwissenschaftliche Erforschung des Menschen keine Fortschritte gemacht habe: Zweifellos hat sich die Biologie rasant fortentwickelt und viele neue Erkenntnisse über die »menschliche Natur« zutage gefördert. Dennoch gilt es auch heute, für den möglichen Konnex zwischen gesellschaftlichen Anordnungen und wissenschaftlichen Erkenntnissen in dem sozial, politisch und ideologisch so sensiblen Bereich der menschlichen Reproduktion und Evolutionsbiologie wachsam zu bleiben. Denn damit ist es nicht getan, die soziale Konstruktion von Geschlechterdifferenzen in der Vergangenheit zu orten, die zeitgenössischen Untersuchungen über ähnlich heikle Fragen in der Gegenwart jedoch als objektiv und soziopolitisch unbeeinflußt gelten zu lassen.

Ruth Bleier hat zumindest überblicksweise eine kompetente Kritik an einigen Forschungsergebnissen in den stark wachsenden Forschungsbereichen der Verhaltensendokrinologie und in der Neuroanatomie artikuliert. Sie legt die Vermutung nahe, daß es nicht nur Zufall sein dürfte, daß die Forschung über biologische Geschlechtsdifferenzen in den vergangenen zwanzig Jahren einen Wiederaufschwung erlebte, just zur Zeit, als die Frauenbewegung Fragen der Ungleichheit in der Beschäftigung, der Erziehung sowie im rechtlichen und sozialen Status verstärkt in die politische Öffentlichkeit getragen hat. Die jüngst aufgetretene Kontroverse um das Buch von Herrnstein und Murray, das sich erneut des Themas der Unterschiede in der Intelligenz, diesmal vor allem zwischen Schwarzen und Weißen, annimmt, ist vor dem Hintergrund einer sozialpolitischen Diskussion zu sehen, bei der es um Einsparungen und Kürzungen des ohnedies rudimentären amerikanischen wohlfahrtsstaatlichen Programms geht.

4.4. Feministische Wissenschaftskritik

> Wie es aussieht, ist die Wissenschaft nicht geschlechtslos; er ist ein Mann, ein Vater, und zudem verseucht.
>
> *Virgina Woolf*

Für die feministische Wissenschaftskritik steht der Begriff des Geschlechts im Mittelpunkt jeder Analyse. Wissenschaft ist weder geschlechtslos, noch ist sie geschlechtsblind. Vielmehr fungiert das Geschlecht als eine Art soziale Testflüssigkeit, als eine Markierung aller kognitiven und sozialen Diskurse. Seit dem 17. Jahrhundert wurden von den Wissenschaften immer wieder Idealvorstellungen von »männlich« und »weiblich« mobilisiert, um bestimmte Ordnungsbereiche abzustecken: die Grenzziehung zwischen Geist und Natur, Vernunft und Gefühl, Objektivität und Subjektivität. Das von Bacon entworfene Ideal der neuen Naturwissenschaften sah eine »keusche und gesetzmäßige Heirat zwischen Geist und Natur« vor – ein heiliger Vertrag, der dazu dienen sollte, »die Natur mit all ihren Kindern zu führen und sie ihm (dem Mann) dienstbar zu machen und (seine) Sklavin zu sein«.

Der feministische wissenschaftskritische Diskurs ist darauf gerichtet, diese verdeckte, ja zum Schweigen gebrachte geschlechtsspezifische Perspektive aufzudecken, die Rhetorik zu entschlüsseln und die Allgegenwärtigkeit von Geschlechtsstereotypen sichtbar zu machen, die so vertraut sind, daß sie unbemerkt bleiben. Das wissenschaftskritische Programm, das dadurch entworfen wird, möchte die sozialen Ursprünge dieser Bilder und Metaphern aufdecken und die Wirkung, die deren Verwendung auf die soziale und kognitive Struktur der Wissenschaften hat, dekonstruieren. Feministische Wissenschaftskritikerinnen wie Evelyn Fox Keller, die an der For-

mulierung eines solchen Programms zentral beteiligt war, verbinden
es mit einer Einladung an die WissenschaftsforscherInnen und
-historikerInnen, an diesem Unterfangen mitzuarbeiten.

Am Beginn der feministischen Gesellschafts- und Wissenschaftskritik der siebziger Jahre standen noch Fragen der Gleichstellung im
Vordergrund, und wie bei anderen soziale Bewegungen auch war das
Aufbrechen der bestehenden Machtstrukturen ein zentrales Anliegen.
Als geeignete Strategien, die herrschenden Machtverhältnisse zu
verändern, wurden Maßnahmen gefordert, die eine Gleichstellung
der Frauen ermöglichen sollten: vorgefaßte Geschlechterstereotypen
sollten überwunden werden, auch Mädchen sollten Vorbilder
geboten werden, an denen sie ihre Erwartungen ausrichten konnten,
und Frauenförderungspläne und Antidiskriminierungsgesetze sollten
eingeführt werden. Diese feministischen Forderungen konzentrierten
sich auf die Organisations- und Machtstrukturen der Institution
Wissenschaft. Diese Forderungen haben bis heute nichts von ihrer
Aktualität verloren.

Ende der siebziger Jahre entstanden neue, radikalere Ansätze, die
sich teilweise in Konvergenz (aber dennoch getrennt) zum *konstruktivistischen Programm* in der Wissenschaftsforschung entwickelten,
und die diesem Programm zeitlich und an Radikalität teilweise weit
voraus waren (vgl. Kap. 5.). Trotz aller Unterschiede in den Positionen der einzelnen Autorinnen wird davon ausgegangen, daß die
Vormachtstellung der Männer in der Wissenschaft geschlechts-
spezifisch eingeschränkte und verzerrte Vorstellungen und Erkenntnisse zur Folge habe, und auch die in der Wissenschaft vorherrschenden Werte seien entsprechend männlich orientiert. Viele
Autorinnen hegten darüber hinaus die Hoffnung, daß Frauen aufgrund ihrer Geschichte von Benachteiligung und ihrer spezifischen
Erfahrungen, die Männern unzugänglich waren, weniger pervertierte
Vorstellungen und eine »alternative« Wissenschaft mit einem der
ganzen Menschheit offenstehenden Wissen entwickeln könnten.

Von feministischen Wissenschaftstheoretikerinnen wie Nancy
Hartsock und Sandra Harding entwickelt, ist dieses radikale Konzept
feministischer Erkenntniskritik als »Standpunkt-Theorie« bis heute
einflußreich geblieben. In einer feministischen Neuinterpretation von

Marx geht es davon aus, daß Frauen aufgrund ihrer spezifischen Erfahrungskontexte einen privilegierten Zugang zu bestimmten Erkenntnissen haben, die durch den Androzentrismus in den Wissenschaften notwendigerweise unberücksichtigt bleiben müßten. Insbesondere in den Sozialwissenschaften, aber auch in der Biologie würden durch eine stärkere Beteiligung von Frauen nicht nur ganz neue Fragestellungen in den Blick geraten, sondern auch die wissenschaftlichen Erkenntnisse insgesamt »wahrer« werden. Hier kommt dann das Modell der »starken Objektivität« zu tragen, das davon ausgeht, daß die Objektivität des Wissens umso stärker abgesichert sei, je mehr Frauen bzw. unterprivilegierte Gruppen in der Wissenschaft repräsentiert seien, da es nur so von den verschiedensten Standpunkten her geschaffen und bewertet werden könnte.

Diese beiden Schlüsselbegriffe der feministischen Wissenschaftstheorie haben Anlaß für zahlreiche Diskussionen geboten: es wurde gefragt, worin denn die spezifischen Erfahrungen bestünden, die das besondere Erkenntnisvermögen von Frauen begründeten. Müßte diese Annahme nicht von einer einheitlichen – und gegensätzlichen – »Natur« von Frauen und Männern bzw. von männlichen und weibliche Eigenschaften und Wertvorstellungen ausgehen, die von feministischen Wissenschaftskritikerinnen als eines der Grundübel für eine männlich dominierte Wissenschaft identifiziert worden war? Da »Männlichkeit« und »Weiblichkeit« ebenfalls gesellschaftlich konstruiert sind, ist es ein Widerspruch, auf einer angeborenen Essenz von Weiblichkeit zu beharren. In diesem Zusammenhang blieb außerdem offen, inwieweit diese geschlechtliche Determiniertheit des Wissens auch für die »harten« Naturwissenschaften gelte.

Zum anderen wurde gefragt, ob diese von den feministischen Theoretikerinnen herausgestrichenen weiblichen Eigenschaften tatsächlich die Erfahrungen *aller* Frauen repräsentieren. Sind diese nicht auch wesentlich durch Schichtzugehörigkeiten, dem Angehören einer bestimmten Ethnie und durch den kulturellen Kontext mitgeprägt? *Die* Frau, auf deren gesellschaftliche Erfahrung sich die feministischen Standpunkt-Ansätze berufen, gebe es nicht: Unterschiedliche Gruppen von Frauen haben auch entsprechend andere Bedürfnisse und Interessen. Schon sehr früh war immer wieder eine

Ausweitung des Blicks auf andere gesellschaftlich benachteiligte Gruppen, wie ethnische Minderheiten und Frauen in den Ländern der sogenannten Dritten Welt, erfolgt. In solchen Positionen verband sich ein starkes gesellschaftspolitisches Anliegen mit Kritik am tief verwurzelten Eurozentrismus der modernen Wissenschaften, der andere, nicht-europäische Wissenstraditionen ausschloß und sich immer wieder für die Legitimierung von Kolonialismus, Rassismus und Sexismus hatte mißbrauchen lassen.

Was folgte, war insgesamt eine stärkere Differenzierung der Positionen. Radikale »postmoderne« Wissenschaftsforscherinnen wie Donna Haraway gehen davon aus, daß eine wertneutrale, objektive Wissenschaft trotz stärkerer Beteiligung von Frauen prinzipiell unmöglich ist. Haraway versucht das auch anhand von einschlägigen empirischen Studien etwa zur Primatenforschung zu belegen. Andere Wissenschaftskritikerinnen wie Evelyn Fox Keller sehen sehr deutlich die soziale Sprengkraft feministischer Kritik auch für die Wissenschaftsforschung selbst: Erst durch die Artikulierung eines alternativen epistemologischen Standpunkts wird der soziale Standort der wissenschaftlichen AkteurInnen, einschließlich der WissenschaftsforscherInnen selbst benannt und somit thematisierbar. Sie stellt sich selbst und anderen zudem die Frage, ob die weitere wissenschaftlich-technische Entwicklung – besonders im Bereich der Reproduktionstechnologie – die Unterscheidung in Männer und Frauen in Zukunft nicht obsolet machen wird.

In einer durch die ungeheure Potenz der Wissenschaft veränderten Welt, in der Frauen nicht mehr gebären werden müssen, werden vielleicht auch die Männer überflüssig sein. In einer solchen »neuen Welt« erübrigen sich vielleicht alle geschlechtlichen Differenzierungen, ja sie werden womöglich dysfunktional. Keller ist es auch, die einen weiteren nüchternen Ton in die Debatte bringt. Sie erinnert daran, daß die in jüngster Zeit stattgefundene Öffnung an Chancen für Frauen in den Wissenschaften sich weder dem Erfolg der Forderungen von Feministinnen verdankt noch der Hoffnung, daß ein Mehr an Frauen in den Wissenschaften dazu beitragen würde, eine friedvollere Welt und friedlichere Werte in der Wissenschaft zu verbreiten. Die schlichte historische Wahrheit ist vielmehr, daß die Öffnung der Naturwissenschaften Frauen gegenüber ein direktes Resultat des Kalten Kriegs und des gesteigerten Bedarfs an »*scientific manpower*« war.

Auch wenn heute viele feministische Wissenschaftskritikerinnen nicht mehr davon überzeugt sind, daß es möglich sein wird, eine »alternative« – und das heißt bessere, menschlichere Wissenschaft mit und durch Wissenschaftlerinnen zu schaffen, so haben die unkonventionellen Denkansätze dieser Autorinnen, die Radikalität ihrer epistemologischen Standpunkte und ihre bewußt praktizierte Verletzung von gängigen Normen im Wissenschaftsbetrieb dazu beigetragen, daß sich auch für die Wissenschaftsforschung über das konstruktivistische Programm hinaus (das von feministischer Kritik nicht verschont wurde) neue Analyseperspektiven eröffnet haben. Dazu gehört neben vielen historisch detaillierten Fallstudien auch die kritische Zuwendung von nicht hinterfragten zentralen Begriffen, wie es etwa der Begriff der »Konkurrenz« oder des »Kampfes« im Wissenschaftsbetrieb (und in der Wissenschaftsforschung, die dessen Funktionieren untersucht) ist. Dazu gehören des weiteren Fragen nach der Wahl der Mittel der Darstellung: Welche Repräsentation, welche Sprache, Symbolik, Metapher und Bilder werden von wem gewählt – mit welcher Absicht und mit welcher Wirkung?

Dadurch, daß die feministische Wissenschaftskritik eine hohe Sensibilität gegenüber der ständig neu zu verhandelnden Grenze entwickelt hat zwischen dem, was als »natürlich« gilt, und dem, was als »kulturell« bedingt angesehen wird, ist sie auch für Fragen nach der Repräsentation von Wissen und Erkenntnis besonders empfänglich. Wissen und Macht sind eins, wußte bereits Bacon. Doch Wissen und Macht werden in vielfacher und differenzierter Weise vermittelt und dargestellt. Bisweilen liegt die Macht im Inhalt, bisweilen in der Vermittlung und Darstellung, bisweilen dazwischen. Neue Formen der Repräsentation – und das hat die feministische Wissenschaftskritik bewiesen – vermögen auch neue Aktionsräume zu erschließen. Wenn verschiedene Interessen am Werk sind, sollte es auch möglich sein, das Spektrum der Handlungen und der Optionen zu erweitern. Denn dadurch tritt eine normative Dimension in den Diskurs, die es erlaubt, jene Frage zu stellen, die seit dem 17.

Jahrhundert in den Wissenschaften tabuisiert war: die Frage nach der Welt, in der wir leben möchten, und was Wissenschaft, wenn überhaupt, dazu beitragen kann.

Verwendete und weiterführende Literatur

Die Literatur zu Geschlechterfragen in der Wissenschaft ist in den letzten Jahren stark angewachsen. Vor allem im anglo-amerikanischen Raum hat sich die Beschäftigung mit Fragen von Wissenschaft und Geschlecht beinahe als eigener Foschungszweig verselbständigt. Die deutschsprachige Diskussion scheint allerdings weitgehend von wissenschaftstheoretischen Auseinandersetzungen geprägt. Eher wissenschaftssoziologisch orientierte Thematisierungen des Geschlechterverhältnisses bietet das Buch von HAUSEN und NOWOTNY (Hg.) (1986). Überblicke zum Thema Wissenschaft und Geschlecht aus der Perspektive der Wissenschaftsforschung bieten einige Aufsätze und Bücher von KELLER (1988), (1989) sowie (1992). Für den aktuellen Stand der Diskussion siehe ROSE (1994).

Einen differenzierten wissenschaftshistorischen Überblick über Wissenschaftlerinnen in Europa und über die Ausschlußstrategien bietet SCHIEBINGER ([1989] 1993). Die Rolle des Christentums bei der Etablierung von Wissenschaft als männliche Kultur beleuchtet NOBLE (1992); ROSSITER (1982) beschäftigte sich mit der Geschichte von Wissenschaftlerinnen in den USA bis 1940. Eine mittlerweile »klassische« Wissenschaftlerinnenbiographie ist KELLERS Studie (1983) über die US-amerikanische Biologin Barbara McKlintock. In den Bänden von ABIR-AM und OUTRAM (1987), RICHTER (Hg.) (1982) finden sich weitere, eher biographisch orientierte Zugänge zur Geschlechterproblematik in der Wissenschaft.

Wichtige soziologisch-quantifizierende Arbeiten zu Themen wie der unterschiedlichen Repräsentanz von Frauen und Männern in den zeitgenössischen Wissenschaften, unterschiedlichen Produktivitätsraten von Wissenschaftlerinnen mit und ohne Familie etc. sind zusammengefaßt im Sammelband von ZUCKERMAN, COLE und

BRUER (Hg.) (1991). Aufschlußreiche internationale Überblicke über den Frauenanteil in den physikalischen Disziplinen heute bietet eine Nummer der Zeitschrift *Science*: WOMEN IN SCIENCE (1994). Die Auswirkungen der weitgehenden Absenz von Frauen in der Teilchenphysik, die vergeschlechtlichte Metaphorik in diesem Forschungsbereich und ähnliches mehr werden in der Laborstudie von TRAWEEK (1988) diskutiert. ETZKOWITZ et al. (1992) schließlich beschäftigen sich in ihrer auch methodisch interessanten Studie mit den Schwierigkeiten junger Wissenschaftlerinnen in den USA und diskutieren forschungspolitische Maßnahmen für eine Gleichstellung von Frauen und Männern in der Wissenschaft. Für die deutsche Situation vgl. JOAS (1989).

Zu den interessantesten wissenschaftshistorischen Arbeiten zur (geschlechtlich verzerrten) Forschung über die Geschlechterdifferenz zählen jene von DUDEN (1987), JORDANOVA (1989), HONEGGER (1991), LAQUEUR (1992) und SCHIEBINGER (1993). Die Ausführungen zur Geschichte der Intelligenzforschung werden zitiert nach DASTON (1989). Aufschlußreiche Analysen der geschlechtlichen und rassistischen Verzerrungen in der Primatologie finden sich in der umfangreichen Studie von HARAWAY (1989). Zeitgenössische biologische Forschung über die Geschlechterdifferenz wird im Buch von BLEIER (Hg.) (1986) kritisch untersucht.

Die einflußreichsten Arbeiten aus feministischer Wissenschaftstheorie, die auch auf deutsch vorliegen, sind HARDING ([1986] 1990) und ([1991] 1994). Die zweite Studie bietet auch einen guten Überblick über die recht unterschiedlichen Ansätze, die in den letzten Jahren von Wissenschaftstheoretikerinnen ausgearbeitet wurden – von der Standpunkt-Theorie bis zu postmodernen Ansätzen von Donna HARAWAY. Ihre wichtigsten Aufsätze zum Themenkreis Wissenschaft – Geschlecht – Rasse erschienen auf deutsch in HARAWAY (1995). Einen gelungenen Überblick über die feministische Technikkritik bietet WAJCMAN ([1991] 1994).

Kapitel 5

Die »neuere« Wissenschaftsforschung: Konzepte und Perspektiven

Eine der charakteristischen Eigenschaften der zeitgenössischen Wissenschaftsforschung ist ihre theoretische und methodologische Diversität und Fragmentiertheit: Es gibt keinen etablierten Kanon der wichtigsten Ansätze, sondern theoretische Perspektiven und Schulen konkurrieren in ihren Deutungsansprüchen und widersprechen einander in spezifischen Aspekten – ohne daß sie einander je vollständig widerlegen könnten. Entwicklungen laufen parallel, andere Ebenen und Facetten des sozialen Systems Wissenschaft stehen im Brennpunkt des Interesses, direkte Auseinandersetzungen werden zum Teil vermieden, dennoch kreuzen sich Pfade, rufen an diesen Schnittstellen bisweilen fruchtbringende Kontroversen hervor, um dann wieder getrennt weiterzuverlaufen. Chronologische Abfolge muß nie bedeuten, daß spätere Ansätze die vorherigen ersetzen oder gar völlig ablösen.

Das eben Gesagte steht für die Vitalität dieses Forschungsgebietes, für das inhärente kreative Potential und für seinen interdisziplinären Charakter. Aber es steht auch für die Schwierigkeit eines jeden Versuchs der Systematisierung der verschiedenen Ansätze, auch wenn man einige grundlegende Unterscheidungen treffen kann: so beispielsweise zwischen Ansätzen, die die Institution Wissenschaft in ihren Funktionen und Strukturen analysieren, und jenen Ansätzen, die sich mit den sozialen Prozessen und Inhalten der Wissensproduktion beschäftigen. Weitgehend parallel zu dieser Differenz verläuft die Trennlinie zwischen eher makrostrukturellen und mikrosoziologischen Ansätzen. Während erstere die Institution Wissen-

schaft in größeren Zusammenhängen untersuchen, versuchen letztere, den Herstellungsprozeß von wissenschaftlichem Wissen im Detail nachzuvollziehen. Außerdem könnte bei diesen zwischen *exter-
nalistischen* Analysen, die wissenschaftsexterne Faktoren mit einbe-
ziehen, und *internalistischen*, die wissenschaftliche Erkenntnisse aus
internen Entwicklungen heraus erklären, unterschieden werden –
eine Diskussion, die auf eine lange Tradition zurückblicken kann.

Jene Untersuchungen, die die »Wahrheit« wissenschaftlichen
Wissens relativieren und auf ihre gesellschaftliche Bedingtheit hinweisen, sind allerdings erst in den letzten zwanzig Jahren entstanden.
Zuvor hatte sich bloß die Philosophie mit wissenschaftlichem Wissen beschäftigt, die theoretischen Bedingungen des Entstehens bzw.
Rechtfertigens von wissenschaftlicher Erkenntnis zu beschreiben
versucht und die Besonderheiten der wissenschaftlichen Methoden
und Logiken analysiert. Die frühe Wissenschaftssoziologie, wie sie
von Robert K. Merton geprägt wurde, beschränkte sich dement-
sprechend auf Fragen der sozialen Organisation von Wissenschaft
und sparte die konkreten Wissensinhalte der Wissenschaften aus.
Was sollte auch an einer nach rationalen Prinzipien verfahrenden
Wissenschaft und ihren daher ebenso rationalen Erkenntnissen
soziologisch interessant sein, da das naturwissenschaftliche Wissen
doch die Welt so repräsentiert, wie sie wirklich ist?

Erst in den siebziger Jahren begann die »neuere« Wissenschaftsforschung, ihren Erkenntnisgegenstand radikal umzudefinieren. Mit
dieser »kognitiven Wende« wurden nun auch naturwissenschaftliches Wissen und Forschungspraktiken zu zentralen Forschungsge-
genständen gemacht. Die neu gewonnenen Einsichten über die
soziale Determiniertheit wissenschaftlicher Erkenntnis waren spektakulär – und sind bis heute nicht unbestritten geblieben. Jedenfalls
haben sie die herkömmlichen Vorstellungen vom beständigen »Fortschritt der Wissenschaft« und der Sicherheit und Objektivität wissenschaftlicher Erkenntnis unterminiert.

Wissenschaftliche Praktiken haben sich in diesen Untersuchungen
als hochgradig lokal und sozial bedingt herausgestellt: Sie entstehen
stets in konkreten Kontexten und sind daher auch nicht als transhi-
storische Wahrheiten zu verstehen. Der frühere Glaube an die Uni-

versalität der wissenschaftlichen Methode hat sich verflüchtigt: Wissenschaftliche Tatsachen, Beweise und Beurteilungsnormen haben sich als Ergebnisse sozialer Gruppenprozesse entpuppt. Wissenschaftliche Erkenntnisse sind also eher als Resultat von sozialen Aushandlungsprozessen zu sehen und nicht Ergebnisse unparteiischer, logischer Ableitungen. Mit anderen Worten: Es scheint nicht mehr die Natur zu sein, die spricht, sondern WissenschaftlerInnen, die unter sehr konkreten und lokalen Bedingungen das interpretieren, was sie vermeinen, die »Natur« sagen zu hören.

Wir beginnen dieses Kapitel mit einem Versuch, diese Vielfalt der Ansätze über Wissenschaft und ihren Fortschritt zu systematisieren. Dabei werden wir uns nicht auf die Wissenschaftsforschung im engeren Sinne beschränken, sondern auch wissenschaftstheoretische und wissenschaftshistorische Konzeptualisierungsversuche berücksichtigen. Danach wenden wir uns zwei »Vorläuferprogrammen« zu, die zur Etablierung dieser Soziologie wissenschaftlichen Wissens (SSK) in den siebziger Jahren geführt haben: der Wissenssoziologie und den Ansätzen von Thomas S. Kuhn und Ludwik Fleck.

Im Anschluß daran beschäftigen wir uns mit den frühen Ansätzen einer Soziologie wissenschaftlichen Wissens. Den Beginn machen die Studien der sogenannten Edinburgh-School, einer Gruppe von britischen WissenschaftsforscherInnen, die versuchten, naturwissenschaftliche Erkenntnisse aus bestimmten politischen oder anderen Interessen der WissenschaftlerInnen zu erklären. Neben den theoretischen Konzepten dieser frühen Soziologie des wissenschaftlichen Wissens werden einige konkrete Fallbeispiele zur Illustration vorgestellt.

Der vierte Abschnitt ist dann der *konstruktivistischen Wissenschaftsforschung* gewidmet. Der Beginn dieser Entwicklungen ist mit den ersten »Laborstudien« markiert, als sich WissenschaftssoziologInnen und -ethnographInnen erstmals in Labors begaben, um die Fabrikation wissenschaftlicher Erkenntnis vor Ort zu beobachten. Nach einer Zusammenfassung der wichtigsten Ergebnisse dieser Untersuchungen, ihren Schlußfolgerungen und der Kritik daran, gilt die Aufmerksamkeit zwei neueren Ansätzen, die sich mit dem Ent-

stehen und Durchsetzen wissenschaftlicher Tatsachen beschäftigen:
der Aktor-Netzwerk-Theorie und dem reflexivistischen Programm.

5.1. Modelle wissenschaftlicher Entwicklung: ein Systematisierungsversuch

> Vielmehr muß erklärt werden, warum die Wissen-
> schaft – unser sicherstes Beispiel für vernünftige
> Erkenntnis – so fortschreitet, wie sie es tut, und zu-
> nächst muß geklärt werden, wie sie eigentlich fort-
> schreitet.
>
> *Thomas S. Kuhn*

Einen der raren Versuche, die vielfältigen theoretischen Ansätze zu
ordnen, die die Wissenschaft und ihre Dynamik zu beschreiben versuchen, hat kürzlich der französische Wissenschaftsforscher Michel
Callon unternommen. Dabei identifiziert er vier unterschiedliche
Modelle zur Erklärung der Fortschrittsdynamik von Wissenschaft:
erstens *Wissenschaft als rationales Wissen*, zweitens *Wissenschaft
als Wettbewerb*, drittens *Wissenschaft als sozio-kulturelle Praktiken*
und viertens *Wissenschaft als erweiterte Übersetzung*. Obwohl – wie
Callon betont – seine Typologie wissenschaftlicher Entwicklung einige wesentliche Ansätze, wie etwa feministische Theorien, Diskursanalysen oder »Neue Literarische Formen« nicht miteinbezieht, so
verweist sie doch auf interessante Gemeinsamkeiten scheinbar völlig
getrennt nebeneinander existierender Programme. Jedes dieser
Modelle hebt einen Aspekt besonders hervor und gibt unterschiedliche Antworten auf zentrale Fragen, unter anderem jene, wer in
diesem Modell die hauptsächlichen Akteure sind und welche Kompetenzen sie haben. Oder: Welche Erklärung wird für die Dynamik
wissenschaftlicher Entwicklung geliefert? Wie wird Konsens hergestellt? Schließlich: Welche sozialen Organisationsformen entstehen?

Im ersten Modell – *Wissenschaft als rationales Wissen* – steht für
Callon der Unterschied bzw. die Unterscheidung von wissenschaftli-
chem Wissen im Vergleich zu anderen Wissensformen im Zentrum.
Untersucht werden in dieser eher wissenschaftstheoretischen Per-

spektive wissenschaftliche Aussagen und Netzwerke von Aussagen,
ihre Klassifikation und ihre Beziehungen zueinander. Dafür werden
Korrespondenzregeln, koordinierte Definitionen oder interpretative
Systeme entwickelt. Abgesehen von den WissenschaftlerInnen gibt
es in Ansätzen, die unter dieses Modell eingeordnet werden, keine
Akteure und auch keine kontextbezogenen Einflüsse. WissenschaftlerInnen sind mit einer Fülle verschiedenartiger Fähigkeiten ausgestattet, sie entscheiden rational und verspüren eine Art moralische
Verpflichtung, eine immer wachsende Zahl an Aussagen zu produzieren, die strengen Selektionsmechanismen unterliegen. Die Auswahl der Aussagen und die Konsensbildung findet in Diskussionen
statt, in denen verschiedene Aussagen konfrontiert werden.

Der Hinweis auf die zentrale Rolle der kognitiven und diskursiven
Dimension bedeutet aber auch, daß soziale Organisationen geschaffen werden müssen, die WissenschaftlerInnen bei dieser Tätigkeit
einen geschützten Raum bieten. So kommen in diesem Modell auch
wissenschaftliche Institutionen zum Tragen, aber ausschließlich als
Orte der Motivation bzw. der kritischen Diskussion und Überprüfung. Wissenschaft entwickelt sich somit in einem zweifachen,
von strengen Regeln beherrschten Dialog: zwischen WissenschaftlerInnen und der Natur und zwischen den WissenschaftlerInnen untereinander.

Im *Wettbewerbsmodell* spielt dagegen die Bewertung des Wissens
die zentrale Rolle: Neuheit, Originalität, Allgemeinheitsgrad, aber
auch Nützlichkeit (bisweilen auch für NichtwissenschaftlerInnen)
bilden die Bewertungskriterien. Der Inhalt des Wissens selbst wird
dabei als sekundär behandelt. WissenschaftlerInnen sind die Haupt-
akteurInnen: die Erklärungen für ihr Handeln sind in den Ansätzen,
die unter diesem Modell zusammengefaßt sind, allerdings denkbar
verschieden: In Mertons struktur-funktionalistischem Konzept sind
es die Normen der WissenschaftlerInnengemeinschaft (vgl. Kap.
3.1.), bei Bourdieu der Habitus, bei Latour und Woolgar die Glaubwürdigkeit (vgl. Kap. 3.4.) – um nur einige Beispiele zu nennen.

In diesem Modell, das auf ökonomische Metaphern aufbaut,
spielen WissenschaftlerInnen immer eine doppelte Rolle: Sie beurteilen und werden beurteilt. Konsens wird hergestellt durch offene

Diskussion, die aber nie über die Grenze der WissenschaftlerInnengemeinschaft hinausgeht. Obwohl in den hier einzuordnenden Ansätzen meist von einem autonomen Wissenschaftsraum mit eigenen Spielregeln ausgegangen wird, werden Wechselwirkungen und Beeinflussungen durch das Umfeld nicht ausgeschlossen. Es gibt also einen inneren Kern, der in der Verantwortlichkeit der *Scientific Community* liegt, und Interaktionen mit der soziopolitischen Umgebung: Einflüsse durch Industrie oder wissenschaftspolitische Entscheidungen sind in diesem Modell denkbar.

Organisation hat eine wesentliche Funktion, da sie einerseits eine strikte Trennung, einen Schutz des »Innerwissenschaftlichen« vor dem »Außerwissenschaftlichen« gewährleisten muß, aber andererseits auch die Aufgabe übernimmt, eine Verbindung zwischen diesen beiden Bereichen herzustellen. Innerhalb der Wissenschaft spielen Anreizsysteme – Belohnung, Reputation, Ressourcen – eine zentrale Rolle. Sie basieren darauf, daß Neues identifiziert und bestimmten WissenschaftlerInnen zugeordnet wird, die entsprechend der Qualität ihrer Beiträge unterschiedlich, oft symbolisch belohnt werden. Dieses Modell sieht die Dynamik des Wissenschaftssystems als regelmäßigen Wachstumsprozeß mit Auf- und Abbewegungen, die dadurch erklärt werden können, daß WissenschaftlerInnen immer dort arbeiten, wo sie sich den größten »Profit« versprechen.

3. Die dritte Gruppe von theoretischen Ansätzen, die Callon im Modell *Wissenschaft als sozio-kuturelle Praktiken* identifiziert, geht von der Prämisse aus, daß sich Wissenschaft nicht grundlegend von anderen Aktivitäten unterscheidet und daß soziale und kulturelle Komponenten eine wesentliche Rolle spielen. Damit beginnt vor allem auch implizites Wissen und Know-how, wie es schon Michael Polanyi mit dem Begriff *tacit knowledge* beschieben hat, eine wichtige Rolle im Wissensproduktionsprozeß zu spielen. Dieses umfaßt ein Gefühl für Regeln und deren Anwendung, Umgang mit der Sprache, das Lernen an Hand von Beispielen, lokales Know-how, technische Tricks und die Beherrschung von Instrumenten bzw. das Zusammenspiel zwischen Instrumenten und Wissenserzeugung. Dieses Wissen und diese Praktiken stehen in enger Verbindung mit experimentellen Apparaten, Aufzeichnungen, Beobachtungs- und

theoretischen Aussagen, WissenschaftlerInnen haben sie inkorporiert und können sie nur unter bestimmten Voraussetzungen weitergeben.

Die Akteure in diesem Modell können nicht nur aus der WissenschaftlerInnengemeinschaft kommen, sondern auch Gruppen von außerhalb werden mobilisiert: von den Medien, Herstellern, Firmen, externen Gruppen (wie etwa Ethikkommissionen). Die Grenzen zwischen Wissenschaft und ihrer Umgebung werden von den Akteuren selbst gestaltet. Da das Experiment im Zentrum der Aufmerksamkeit steht, spielen neben den ForscherInnen auch TechnikerInnen eine aktive Rolle. Jene wiederum erhalten eine Fülle von Kompetenzen – und zwar nicht nur jene, kodierte Aussagen zu formulieren und zu interpretieren, sondern auch, implizite Fähigkeiten und Regeln zu erarbeiten, zu überwachen und vor allem auch weiterzugeben. Diese Betonung der impliziten Fähigkeiten und der Lernmechanismen führt dazu, daß Interaktionen nur im Rahmen von sozialen Gruppen, die kulturelle und wissenschaftliche Aktivitäten verbindet, stattfinden. Um die dieser wissenschaftlichen Aktivität zugrunde liegende Dynamik zu beschreiben, werden verschiedene soziologische Analyserahmen verwendet. Wissenschaft ist eine Praktik und wird auch als solche analysiert.

Da sich in diesem Modell wissenschaftliche Aktivitäten durch nichts von anderen sozialen Aktivitäten unterscheiden, ist auch Dissens und Konsensbildung in gleicher Weise zu beschreiben. Sie hängt also von den sozialen Kräfteverhältnissen sowohl innerhalb der Gruppe als auch mit den Gruppen ab, die von außen beteiligt sind. Das Schaffen eines Vertrauensverhältnisses wirkt dabei konsensbildend. Organisationen und Institutionen werden – und das wurde häufig als Schwäche dieser Ansätze aufgezeigt – hier allerdings fast völlig ausgeblendet. Die soziale Organisation baut auf expliziten und impliziten Regeln auf, die eine Art Fixpunkt bilden, um den herum sich Beziehungen der Macht und des Einflusses aufbauen können. Wissenschaftlicher Fortschritt ist nie linear, da soziale Beziehungen eine Rolle spielen und diese ihre eigene Logik aufweisen.

4.   Das vierte große Modell, das Callon vorstellt, bezeichnet er als »*erweiterte Übersetzung*« und unterstreicht damit die zentrale Be-

deutung der Verbindung von technischen Apparaten, Aussagen und involvierten Menschen. Im ersten Schritt geht es darum, wissenschaftliche Aussagen im Labor zu erzeugen. Hierzu wird die bisher aufrechterhaltene Unterscheidung zwischen Instrumenten und Aussagen ersetzt durch den Begriff der »Inskriptionen«, welche jegliche Form der Aufzeichnungen – vom graphischen Display eines Instruments über das Laborprotokoll bis zu publizierten Ergebnissen – umfassen. Zwischen jeder dieser Formen findet eine Übersetzung statt. Transportiert man diese Aussagen aus dem Labor hinaus, so werden sowohl Inhalt als auch Kontext dieser Aussage neu rekonfiguriert.

Die Interaktion zwischen Apparaten, Aussagen und menschlichen Akteuren findet in Übersetzungsnetzwerken statt, wobei diese in Größe und Komplexität variieren. In diesem Modell wird der Akteur durch den *Aktanten* ersetzt, ein Begriff, der jegliche Einheit, die agieren kann, umfaßt – also neben Menschen auch Apparate, Aussagen oder Mikroben. Eine Aussage erlangt ihre Bedeutung immer nur in der Kette von Übersetzungen, in der sie lokalisiert ist, und das Übersetzungsnetzwerk und die Heterogenität ihrer Komponenten erklären die Robustheit von Argumenten. In diesem Übersetzungsmodell wird Organisation von zwei verschiedenen Gesichtspunkten aus betrachtet: von der Gesamtdynamik der Netzwerke oder von ihrem internen Management. Schließlich wird durch die Verwendung des Begriffes Übersetzungsnetzwerk klar, daß die Unterscheidung zwischen Natur und Gesellschaft, zwischen Makro- und Mikrokontext nicht mehr Sinn macht.

Während diese vorgestellten Modelle mehr oder minder klare Stärken und Schwächen aufweisen und sicherlich auch nicht alle Ansätze beschreiben, so haben sie doch die Komplexität und Dimensionsvielfalt einer Beschreibung von Wissenschaft demonstriert. In den nun folgenden Abschnitten dieses Kapitels wollen wir besonderes Augenmerk den Untersuchungen widmen, die das wissenschaftliche Wissen relativieren und auf seine gesellschaftliche Bedingtheit hinweisen, also insbesondere Ansätze vorstellen, wie sie in Modell drei und vier beschrieben sind.

5.2. Von der Wissenssoziologie zur relativistischen Wissenschaftsphilosophie

> Daß alles menschliche Denken, als psychischer Vorgang betrachtet, soziologisch bedingt ist, dürfte heute kaum mehr bezweifelt werden.
>
> *Wilhelm Jerusalem (1924)*

Die ersten *soziologischen* Untersuchungen über wissenschaftliche Erkenntnisse entstanden im Rahmen der *Wissenssoziologie*, die sich in den zwanziger Jahren dieses Jahrhunderts für kurze Zeit als eigenständiger Forschungsansatz etablierte. Ihre Ursprünge liegen in der *Ideologiekritik*, die auf Francis Bacon, vor allem aber auf Karl Marx zurückgeht. In seiner Schrift »*Die Deutsche Ideologie*« (1845/46) behauptet Marx, daß das (soziale) Sein das Bewußtsein bestimmt. Dieses Sein stand dabei für den sozialen Kontext im Sinne der Klassenzugehörigkeit und die jeweilige Stellung zu den Produktionsmitteln.

Während bei Marx die These von der Seins-Bestimmtheit von Bewußtsein und Wissen im Zusammenhang mit der Arbeiterbewegung verharrte, erweiterte die *Wissenssoziologie* die ursprüngliche Fragestellung. Die zuvor kritische, denunziatorische Verwendung des Begriffs »Ideologie« wurde bei Mannheim und seinen Kollegen zu einem wertfreien analytischen Werkzeug der soziologischen Forschung: Menschliches Denken und Wissen wurden systematisch mit den sie bestimmenden sozialen Faktoren – wie Religion, Klasse, etc. – in Beziehung gesetzt.

War bei Marx Ideologie eine Störquelle für wahres Wissen und Bewußtsein, so wurden für Mannheim in letzter Konsequenz alle Ideen zu Ideologie: Wahrheit konnte seiner Meinung nach immer nur innerhalb der spezifischen Weltsicht einer bestimmten sozialen Gruppe existieren. Diese Erweiterung der ursprünglichen Ideologiekritik brachte die Wissenssoziologie allerdings in die Nähe des *Relativismus*, denn wenn alles Wissen letztendlich sozial bedingt ist, müßte das konsequenterweise zur Folge haben, daß auch naturwissenschaftliche »Wahrheiten« Trugbilder wären oder zumindest immer unerkenntlich bleiben müßten.

Mannheims Rettung vor diesem totalen Relativismus war einerseits die Einführung einer privilegierten sozialen und wissenschaftlichen Position, von der aus sichere Beobachtungen möglich sind: die »freischwebende Intelligenz«, also Intellektuelle ohne soziale, politische oder sonstige Bindungen und Interessen. Andererseits beschränkte er die Anwendbarkeit seiner Wissenssoziologie auf politische, philosophische und sozialwissenschaftliche Ideen: Mathematisches oder naturwissenschaftliches Wissen blieb von seinen wissenssoziologischen Untersuchungen explizit ausgeschlossen, da ihnen eine besondere Bestandsgarantie zugesprochen wurde:

> Während man der Aussage (um den einfachsten Urtypus als Beispiel anzuführen) 2 mal 2 = 4 nicht ansehen kann, durch wen und wann und wo sie so formuliert wurde, wird man es einem geisteswissenschaftlich-historischen Werk stets ansehen, ob es etwa in den Aspektstrukturen der »historischen Schule«, des »Positivismus« oder des »Marxismus« und auf welcher Stufe derselben konstituiert worden war. (Mannheim [1929] 1985: 234)

Mit Mannheim war die Entwicklung dieses Zweiges soziologischer Forschung über Wissensformen vorläufig zu Ende, unterbrochen durch das nationalsozialistische Regime in Deutschland und die Vertreibung der Mehrzahl der SozialwissenschaftlerInnen ins Exil. Die jüngeren Entwicklungen in der Wissenschaftsforschung seit der Mitte der siebziger Jahre können freilich in gewisser Weise als modifizierte Wiederaufnahme eines zentralen Arguments von Mannheims Wissenssoziologie verstanden werden – der These nämlich, daß auch die als »wahr« und »korrekt« anerkannten Erkenntnisse sozial determiniert sind.

Eine andere wichtige Entwicklung stellt die antipositivistische Wende in der Wissenschaftstheorie dar, durch die der zuvor dominante *logische Empirismus* abgelöst wurde. Mit dieser Neuerung sind die Namen von WissenschaftsphilosophInnen, wie Mary Hesse, Thomas S. Kuhn, Imre Lakatos oder Paul Feyerabend, verbunden. Durch sie wurden drei neue Konzepte eingeführt, nämlich die Thesen von der *empirischen Unterdeterminiertheit* von Theorien, von der *Theoriegeleitetheit empirischer Beobachtung* und die sogenannte *Duhem-Quine-These*. Was steht hinter diesen Behauptungen?

Die These von der Unterdeterminiertheit der Beobachtung besagt, daß Theorien durch Beobachtungsdaten *nicht* eindeutig bestimmt sind. Es gibt nie nur *einen* Weg, der von den empirischen Beobachtungen zu den Theorien führt und umgekehrt, sondern es können mehrere, auch unvereinbare Theorien sein, die mit denselben empirischen Daten in Einklang stehen. Daten sind kein hinreichendes Kriterium, um zwischen konkurrierenden Theorien zu entscheiden. Vor allem für die Bestätigung von wissenschaftlichen Theorien hat dies beträchtliche relativierende Konsequenzen.

Ähnliches behauptet die *Duhem-Quine-These*, die sich ebenfalls gegen die traditionelle positivistische Wissenschaftstheorie richtet: Theoretische Annahmen lassen sich niemals einzeln, sondern immer nur im Ganzen überprüfen. Widersprüchliche Beobachtungen würden daher selten das gesamte theoretische System in Frage stellen; in der Regel werden eher graduelle bzw. partielle Anpassungen vorgenommen, bis die Widersprüchlichkeit verschwunden ist. Wenn also empirische Ergebnisse keine ausreichenden Kriterien darstellen, um zwischen verschiedenen theoretischen Annahmen zu wählen, dann ist die Frage nach der Entscheidung für die richtige Theorie völlig neu zu stellen. In den Worten von Mary Hesse, einer der bekanntesten Vertreterinnen dieser neueren Wissenschaftstheorie, heißt das: Wo die Logik und die Beobachtung nicht mehr ausreichen, wissenschaftliche Entscheidungen zu determinieren, da können HistorikerInnen oder SoziologInnen nach sozialen Erklärungen suchen, um die Kluft zu schließen.

In einer Hinsicht blieb die Duhem-Quine-These allerdings noch in der traditionellen Wissenschaftstheorie verhaftet: Die konventionelle Trennung von Theorie und Empirie wurde von ihr nicht weiter problematisiert. Diese Grenzziehung, die zugleich auch bedeutet, daß die Naturwissenschaften auf sicheren und invarianten empirischen Grundlagen aufbauen, wird durch die *These von der Theoriegeladenheit von Beobachtung* ins Wanken gebracht. Diese These besagt, daß Beobachtungsaussagen immer in einem Kontext von theoretischen (und kulturellen, sozialen) Prämissen und mit Hilfe von Meßmethoden und Meßinstrumenten gewonnen werden, die ihrerseits wieder von Theorien »vorgeformt« sind. Geht man aber davon aus, daß jede Beobachtung (bzw. deren sprachliche Protokollierung) tatsächlich von theoretischen Vorannahmen abhängt, dann ist auch die Existenz eines unabhängigen Außenkriteriums (der »Natur«) zur Bestätigung wissenschaftlicher Tatsachen nicht mehr vorhanden. Und die traditionelle Aufassung, daß die Geschichte der Wissenschaft stets die Geschichte eines Fortschritts darstellen muß, der sich langsam, aber unaufhaltsam gegen eine Vielzahl von Irrtümern durchgesetzt hat, gerät damit ins Wanken.

Dieser Fortschrittsglaube wurde insbesondere durch die wissenschaftshistorischen Fallstudien des US-amerikanischen Wissenschaftshistorikers und Wissenschaftsphilosophen Thomas S. Kuhn problematisiert, in dessen Arbeiten sowohl die These von der empirischen Unterdeterminiertheit von Theorien als auch jene von der Theoriegeleitetheit empirischer Beobachtung zu ihrer einflußreichsten Formulierung fanden. Kuhn legte anhand von Beispielen aus der Physikgeschichte überzeugend dar, wie Perioden der »normalen Wissenschaft« von wissenschaftlichen Revolutionen abgelöst werden, die ihrerseits wieder Abschnitte »normaler Wissenschaft« einleiten, ohne daß dabei notwendigerweise die Erkenntnisse über die »Natur« größer würden.

Solche revolutionären Phasen sind für Kuhn durch die Ablösung eines alten *Paradigmas* durch ein neues gekennzeichnet. *Paradigma* bedeutet hier zunächst die Menge der Einschätzungen, Werte und Techniken, die den Mitgliedern der *Scientific Communities* bzw. ihren Teilgruppen gemeinsam ist. Paradigmen und ihre Wechsel zeigen dabei die Historizität wissenschaftlicher Standards und die relative Geltung wissenschaftlicher Theorien auf. Altes und neues Paradigma sind *inkompatibel* und *inkommensurabel*, das heißt, sie können nicht gemeinsam nebeneinander existieren, da sie einander ausschließen. So ersetzt bei Kuhn die *Krise* den Fortschrittsbegriff der Wissenschaftstheorie: Wissenschaftliche, und das heißt hier naturwissenschaftliche Disziplinen entwickeln sich nicht, weil ihre Forschungspraxis der Wahrheit Schritt für Schritt näher kommt, sondern weil sie von Zeit zu Zeit in Krisen geraten, die ihr wissenschaftliches Weltbild völlig verändern und zu einem revolutionären Wandel ihrer Grundannahmen führen.

Eine *wissenschaftliche Revolution* manifestiert sich laut Kuhn zunächst einmal durch einen auffallenden Rückgang von verschiedenen wissenschaftlichen *Schulen*, die unterschiedliche Sichtweisen der gleichen Problemstellung präsentieren. Es gibt daher auch eine *soziale* Ebene, auf der sich wissenschaftliche Paradigmen manifestieren: Einem bestimmten Paradigma entspricht eine Gruppe von WissenschaftlerInnen, die an gleichen oder ähnlichen Fragestellungen arbeiten, ähnliche Ausbildungswege hinter sich gebracht haben und sich auf einen gemeinsamen Korpus von Wissen berufen. Paradigmen haben nur im Zusammenhang mit der Existenz einer Gruppe von WissenschaftlerInnen Geltung. Die Entscheidung für ein neues Paradigma ist immer auch ein *sozialer Prozeß*, in dem es darum geht, andere zu überzeugen. Die Erklärung der Erkenntnisentwicklung muß nach Kuhn letztendlich von der Analyse von Forschergruppen ausgehen.

Trotz der unbestrittenen Bedeutung von Kuhns Arbeiten blieb Kritik nicht aus. Bemängelt wurde insbesondere die Vieldeutigkeit des Paradigma-Begriffs. Es wurde aufgezeigt, daß dieser bis heute in Mode gebliebene Terminus in der ursprünglichen Version in nicht weniger als 22 unterschiedlichen Bedeutungsdimensionen verwendet wurde. Ein anderes Problem trat auf, als man versuchte, Kuhns für die Physik sehr überzeugenden Beschreibungsrahmen auf andere wissenschaftliche Disziplinen und deren Entwicklungsgeschichten anzuwenden. Dabei stellte sich unter anderem heraus, daß in seiner Terminologie die Sozialwissenschaften *Mehr*paradigmenwissenschaften sein müssen, da in ihnen unterschiedliche Paradigmen unbehelligt nebeneinander existieren können. Wissenschaftliche Revolutionen haben dort also geringere Auswirkungen auf die Struktur der fachspezifischen *Scientific Communities* als in den Naturwissenschaften, weshalb das Paradigma als zentrale Erklärungskategorie an Bedeutung verliert.

Gewisse Vorbehalte gegen Kuhn und seine weitgehend unbestrittene Revolutionierung des Denkens über wissenschaftliche Erkenntnisse wurden auch aus einem ganz anderen Grund formuliert. Kuhn erwähnte in der Einleitung seines Buches mit einem sehr knappen Hinweis die damals nahezu unbekannte Arbeit des polnischen Mediziners und Bakteriologen Ludwik Fleck (»Entstehung und Entwicklung einer wissenschaftlichen Tatsache«, 1935), der viele seiner

Gedanken vorweggenommen habe. Tatsächlich lassen sich erhebliche Übereinstimmungen feststellen zwischen dem, was Fleck 1935 für die Bakteriologie und Kuhn mehr als 25 Jahre später für die Physik beschrieben hat.

Fleck arbeitete ebenso wie Kuhn mit zwei zentralen Begriffen, die sich nur unwesentlich von jenen bei seinem Wiederentdecker unterscheiden. Was bei Kuhn zum *Paradigma* wird, hatte Fleck als *Denkstil* bezeichnet, und für die *Scientific Community* stand der Begriff des *Denkkollektivs*. Diese Begrifflichkeit entwickelte Fleck anhand einer Fallstudie aus der Medizingeschichte, in der es um die »Konstruktion« des Syphilis-Begriffes geht. Im Rahmen dieser Untersuchung über langfristige Veränderungen in der medizinischen Wahrnehmung und Beschreibung dieser Krankheit gelang ihm der Nachweis, daß letztendlich selbst die anscheinend objektive, nüchterne Beschreibung von Krankheitsphänomenen und von der menschlichen Anatomie sozial konstruiert ist.

Je nach theoretischen Vorannahmen sehen die Mediziner ganz unterschiedliche Dinge und übersehen andere, weil sie nicht in ihren *Denkstil* passen. Ein voraussetzungsloses Beobachten oder Betrachten gibt es für Fleck nicht, vielmehr kommt das Beobachten im Erkenntniszusammenhang in zwei sehr unterschiedlichen Formen vor: zum einen als das »unklare Schauen« zu Beginn und schließlich als das »entwickelte Gestaltsehen«, in dem nur *das* wahrgenommen wird, was man gemäß dem eigenen Denkstil auch sehen kann und will.

In der »neueren« Wissenschaftsforschung berief man sich aus mehreren Gründen eher auf die Arbeiten von Fleck als auf die von Kuhn. Wissenschaft ist für Fleck kein formales Konstrukt, das es theoretisch zu analysieren gilt, sondern eine Tätigkeit mit bestimmten »Wahrheitseffekten«. Daher steht die alltägliche wissenschaftliche Praxis im Zentrum seiner Analysen. Zum zweiten finden sich bei ihm kaum Anhaltspunkte für die spektakulären Revolutionen, wie sie Kuhn beschrieben hat. Jene Wandlungen im Denkstil vollziehen sich laut Fleck eher unauffällig, gewissermaßen »unter der Hand«. Darüber hinaus ist bei Fleck die Rolle des sozialen Kollektivs bei der wissenschaftlichen Erkenntnisproduktion überzeugend berücksich-

tigt: Wissenschaft ist durch und durch eine soziale Unternehmung –
und zumeist eine eher unheroische Tätigkeit. Schließlich betont
Fleck stärker als Kuhn die Beziehung von wissenschaftlichen Tatsachen zu wissenschaftsexternen, sozialen Faktoren: Dabei gelingt es
ihm auch, wichtige Aussagen zum dialektischen Verhältnis von
Wissenschaft und ihren Popularisierungsformen zu machen, die in
der neueren Wissenschaftsforschung wieder aufgegriffen wurden
(vgl. Kap. 9.).

5.3. Soziologien des wissenschaftlichen Wissens

> Das Erkennen stellt die am stärksten sozialbedingte
> Tätigkeit des Menschen vor und die Erkenntnis ist
> das soziale Gebilde katexochen. (...) Jede Erkennt-
> nistheorie, die diese soziologische Bedingtheit al-
> len Erkennens nicht grundsätzlich und einzelhaft
> ins Kakül stellt, ist Spielerei.
>
> *Ludwik Fleck*

Spätestens seit Kuhns Arbeiten konnte davon ausgegangen werden,
daß wissenschaftliche Erkenntnisse nicht nur einfach durch die natürliche Realität bzw. die reale Natur bedingt sind. Damit waren
zwei zentrale Fragen zu beantworten: Welche (sozialen) Faktoren
prägen wissenschaftliche Erkenntnisse? Und wie tun sie das? Zu zeigen war also nicht mehr nur, daß wissenschaftliche Theorien empirisch unterdeterminiert und empirische Beobachtungen theorieab-
hängig sind, die Herausforderung lag vielmehr nun darin,
»Theorien« und wissenschaftliche Erkenntnisse soziologisch zu erklären.

Die ersten Studien der britischen Soziologie des wissenschaftlichen Wissens (SSK) identifizierten dieses »Soziale« mit *wissenschaftsexternen* Faktoren, konkret: mit *sozialen Interessen*, von
denen angenommen wurde, daß sie sowohl die Entwicklung als auch
die Legitimation von wissenschaftlichen Erkenntnissen kausal beeinflussen. So bot David Bloor, einer der Protagonisten von SSK, in
einer seiner Studien zur Entwicklung und Durchsetzung der mecha-

nistischen Philosophie in England im Laufe des 17. Jahrhundert, gesellschaftspolitische Interessen von Robert Boyle und seinem Kreis
als zentrale Erklärung an. Ihre Behauptung, daß die Materie leblos
sei, zeigt er durch ihre politischen Interessen geprägt, die wiederum
gegen die Forderungen radikaler religiöser Gruppen gerichtet waren. Erkenntnisse und Klassifikationen wurden unbewußt so angeordnet, daß sie ihren sozialen Interessen entsprachen.

David Bloor war es auch, der solchen und anderen Studien einen
konzeptuellen Rahmen geben wollte, den er als »*Strong Programme*« bezeichnete – »stark« auch deshalb, weil es im Gegensatz zu
Mannheim nun auch eine Untersuchung des »harten« naturwissenschaftlichen Wissens miteinbezog. Welche Voraussetzungen hatte
nun ein solches Programm der Soziologie wissenschaftlichen Wissens zu erfüllen?

Bloor nennt vier Grundannahmen: Studien in der Soziologie
wissenschaftlichen Wissen müßten erstens die (wissenschaftlichen)
Anschauungen oder Wissensbestände *kausal* aus den sozialen Bedingungen erklären. Zweitens müßten sie *unvoreingenommen* sein gegenüber der Wahrheit und Falschheit wissenschaftlicher Behauptungen – beide verlangen in gleichem Maße nach soziologischer
Erklärung. Drittens habe das Prinzip der *Symmetrie* zu gelten: Wahre
und falsche Anschauungen müßten durch dieselben Ursachen erklärt
werden. Viertens schließlich sollten Erklärungsmuster einer solchen
Soziologie des wissenschaftlichen Wissens auch auf sie selbst an-
wendbar sein, also *reflexiv* sein, da sie sonst ihre eigenen Prinzipien
widerlegen würde.

Bloors »Starkes Programm« war zunächst einmal ein programma-
tisches Manifest und keine ausgereifte, auf empirische Untersuchungen aufbauende Theorie. Es eröffnete aber ein weites Forschungsfeld und ebnete den Boden für viele Studien. Eine der zweifellos interessantesten – aber nicht unumstrittenen – Studien, die im
Umkreis der Edinburgh-School verfaßt wurde und die die Bedeutung
sozialer Interessen in der Konstruktion wissenschaftlicher Erkenntnisse aufzeigt, ist Donald MacKenzies Studie über die Statistik in
Großbritannien zwischen 1865 und 1930.

In dieser Zeit war die Eugenik, also die Lehre von der guten Ver-
erbung, von besonderem Interesse für die damals in Großbritannien
aufstrebende Mittelklasse – und zwar aus zweifachem Grund: zum
ersten stellte die Eugenik die Herrschaftsansprüche des Adels in
Frage, und zum zweiten betonte sie die Notwendigkeit von professioneller Expertise im politischen Entscheidungsprozeß. Diese spezifische Rolle der Eugenik hat nun – so MacKenzies zentrale These –
ganz wesentlich die britischen Debatten um die Statistik geprägt.

Dabei standen einander zwei Gruppen von Statistikern gegenüber,
die in einigen technischen Berechnungsfragen unterschiedlicher
Meinung waren. MacKenzie unternimmt den Versuch, die Verschiedenheit der wissenschaftlichen Positionen mit unterschiedlichen
Haltungen ihrer Protagonisten gegenüber der Eugenik zu erklären.
Das zentrale Argument dieser Studie liegt also darin, daß wissenschaftliches Wissen bisweilen nur durch Bezugnahme auf außerwissenschaftliche Interessen erklärt werden kann und nicht durch
seine »Wahrheit« oder seine Übereinstimmung mit der Realität.

Aber es sind nicht nur außerwissenschaftliche Interessen, die eine
Rolle spielen, zumal in Forschungsbereichen, wo die Rückwirkung
der Erkenntnisse auf die Gesellschaft zumeist vernachlässigbar gering ist. Hier sind es vor allem *professionelle Interessen*, die die
Erzeugung wissenschaftlichen Wissens prägen. Ein Beispiel hierfür
sind Andrew Pickerings Studien über die Hochenergie-Physik, konkret über die Debatte zwischen zwei theoretischen Modellen in der
Teilchenphysik. Bei dem Versuch, nachzuweisen, warum die eine
Theorie akzeptiert und die andere verworfen wurde, kommt
Pickering zu dem Schluß, daß es nicht in erster Linie die Daten waren, die ein Modell »gewinnen« ließen.

Der Erfolg der Proponenten dieser Theorie war vielmehr dadurch
zu erklären, so Pickerings Kernthese, daß es ihnen gelang, ihre Ideen
mit vielen anderen Untersuchungssträngen in der Hochenergie-
Physik zu verbinden, wodurch sie zu einem »anschlußfähigeren«
Erklärungsprogramm wurde. Die Entscheidung fiel also nicht aufgrund der klaren Evidenz der Daten, sondern weil das eine Modell
sehr viel besser geeignet war, einen theoretischen Kontext bereit-

zustellen, mit dem auch andere Forschungstraditionen gut leben konnten.

Geht man davon aus, daß sich wissenschaftliches Arbeiten nicht grundlegend von anderen Aktivitäten unterscheidet, so spielen neben den verschiedenen Interessen auch andere »alltägliche« Elemente, wie das implizite, nicht festschreibbare Wissen, über das ForscherInnen verfügen, in der Wissensproduktion eine wichtige Rolle. Die Bedeutung dieser *tacit knowledge* für den Wissensproduktionsprozeß wurde vom britischen Wissenschaftsforscher Harry Collins bestätigt, der in einer Studie über den Nachbau eines neuen Lasergerätes die Schwierigkeit der Weitergabe dieses an Personen gebundenen Wissens überzeugend herausarbeitete. Das untersuchte Gerät, der sogenannte TEA-Laser, wurde von seinen Erbauern 1970 in einem Bericht vorgestellt und damit der wissenschaftlichen Öffentlichkeit zugänglich gemacht. In der Folge versuchten verschiedene physikalische Institute, diesen neuen Laser nachzubauen – allerdings mit sehr unterschiedlichem Erfolg: nur jenen Forschergruppen, die zu den Erbauern in direktem, d.h. vor allem auch persönlichem Kontakt standen, gelang eine Reproduktion. Jene Gruppen, die sich ausschließlich am schriftlichen Bericht orientieren mußten und Konstruktionsdetails nicht vor Ort oder anderswo von den Erfindern lernen konnten, scheiterten. Offensichtlich war für ein Gelingen mehr Wissen erforderlich, als in den schriftlichen Berichten zu finden war. In Collins' Worten:

In Summe war der Wissenstransfer so geartet, daß Erkenntnisse erstens nur dann übermittelt wurden, wenn es auch persönlichen Kontakt mit einem geschulten Praktiker gab; zweitens war seine Übernahme unsichtbar, da die WissenschaftlerInnen nicht wissen konnten, ob sie die entsprechenden Kenntnisse besaßen, ohne es nicht versucht zu haben. Drittens schließlich war alles sehr vom Zufall abhängig, ob ähnliche Beziehungen zwischen Lehrer und Lernendem in einem Wissenstransfer resultierten oder nicht. (Collins [1985] 1992: 56)

Deuten diese Schwierigkeiten beim Transfer von Wissen und die Wichtigkeit von *tacit knowledge* bereits auf die Bedeutung des lokalen und sozialen Kontexts in der Forschungspraxis hin, so reichte eine zweite Arbeit von Collins in ihren relativistischen Schlußfolgerungen noch über die eben geschilderte hinaus. In dieser Studie ging es vor allem um die Frage der Konsensbildung und um die

Mechanismen der »Schließung« einer wissenschaftlichen Auseinandersetzung, bei der die bestätigende Wiederholung von Experimenten eine zentrale Rolle spielte. Collins untersuchte dafür ein physikalisches Experiment zum Nachweis der Gravitationsstrahlung, das eine Wiederholung aufgrund seiner Neuartigkeit bzw. Komplexität zu einem ungleich schwierigeren und problematischeren Unterfangen machte.

Worum ging es? Ende der sechziger Jahre stellte ein US-amerikanischer Physiker die Behauptung auf, daß er ein Gerät entwickelt habe, mit dem sich Gravitationsstrahlung messen lasse. Dieses Phänomen war zwar durch die Allgemeine Relativitätstheorie Einsteins vorhergesagt worden. Das Gerät allerdings, mit dem Gravitationsstrahlung gemessen werden sollte, war sehr kompliziert, und die Resultate, die es lieferte, waren schwierig zu interpretieren. Bald wurden Zweifel angemeldet.

In diesem Fall wurde allerdings ein vollständiger Nachbau der Experimentieranordnung durch andere Laboratorien gar nicht erst versucht, sondern es wurden eigenständige Meßverfahren entwickelt. Die Gründe dafür lagen auf der Hand: Ein gleicher Detektor würde keine neuen Ideen bringen und daher keinen wissenschaftlichen Profit abwerfen. Dieses Dilemma, in dem nicht wenig auf dem Spiel stand (so unter anderem der Nobelpreis) und in dem von einer experimentellen Überprüfung der postulierten Ergebnisse kaum die Rede sein konnte, faßte Collins in den folgenden Worten zusammen:

> Was das korrekte Ergebnis ist, hängt davon ab, ob es Gravitationsstrahlen gibt, die auf der Erde in meßbaren Strömungen auftreffen. Um das wiederum herauszufinden, müssen wir einen guten Gravitationsstrahlendetektor bauen, um es zu sehen. Aber wir werden so lange nicht wissen, ob wir einen guten Detektor gebaut haben, ehe wir es nicht versucht haben und das richtige Resultat herausbekommen haben. Aber wir wissen nicht genau, was das richtige Ergebnis ist, ehe ... – und so weiter *ad infinitum*. (Collins [1985]1992: 84)

Diesen Sachverhalt bezeichnet er als *experimentellen Zirkel* (»experimenters' regress«), womit ein Phänomen beschrieben wird, das dem Prinzip nach jedem Experiment und seiner Wiederholung innewohnen kann: Die experimentelle Replikation hat als Entscheidungsinstanz über »wahre« und »falsche« Erkenntnisse seine Geltung verloren. Die Gründe, die WissenschaftlerInnen dazu bewegen, einem Experiment Glauben zu schenken, sind weder rein rational noch rein »wissenschaftlich«. Dagegen kann eine lange Liste von sozialen Erklärungsfaktoren angeführt werden, die letztendlich darüber entscheiden, ob eine Tatsache als wahr eingeschätzt wird oder nicht. Dazu zählen unter anderem: das Vertrauen in die Fähigkeiten der WissenschaftlerInnen, die Persönlichkeit der ExperimentatorInnen, die Darstellungsform der wissenschaftlichen Erkenntnisse oder das Prestige der Universität oder der Nationalität.

Ihr methodologisches Resümee fanden diese Studien in Collins' *empirischem Programm des Relativismus (EPOR),* das aus drei Stufen besteht. Auf der ersten geht es darum, die *interpretative Flexibilität* der experimentellen Ergebnisse empirisch zu dokumentieren: Dieselben Daten, Experimentierergebnisse oder Experimente können unterschiedlich beurteilt und interpretiert werden. Auf der zweiten Stufe hat man sich damit zu beschäftigen, wie sich die durch die flexible Interpretierbarkeit der Daten an sich unbegrenzten Debatten verengen und womöglich gar zu einer konsensualen »Schließung« gebracht werden. Die *sozialen* Mechanismen, die zu einem Ende der Kontroversen führen, sind vielfältig und reichen von verschiedenen rhetorischen Strategien über die Persönlichkeit und Intelligenz der Experimentatoren bis hin zu spezifischen institutionellen Kontexten (wie dem Ruf der Universität), die manche Interpretationen plausibler erscheinen lassen als andere.

Die dritte Stufe des EPOR besteht schließlich darin, Beziehungen zwischen dem wissenschaftlichen Wissen und den weiteren politischen und sozialen Strukturen herzustellen. Als Illustration für eine solche erweiterte Kontextualisierung führte Collins selbst Ergebnisse seiner Studie über die Gravitationswellenforschung an: Auffällig war im Fall dieser Kontroverse, daß jene Partei, die »verlor« – nämlich die Befürworter des Gravitationswellen-Detektors –, über deutlich geringere Mittel verfügte als ihre Opponenten, die in der Industrieforschung angesiedelt waren. Diese hatten weitaus bessere Möglichkeiten, die wissenschaftliche Öffentlichkeit mit Gegendarstellungen zu versorgen. Die Bestätigung der Existenz von Gravitationswellen hätte darüber hinaus fatale Konsequenzen für die Grundlagen von einigen Bereichen der Industrieforschung gehabt.

5.4. Laborstudien und Konstruktivismus

> Nichts kommt von allein. Nichts ist gegeben. Alles
> ist konstruiert.
>
> *Gaston Bachelard*

In der zweiten Hälfte der siebziger Jahre wagten sich erstmals ethnologisch geschulte WissenschaftsforscherInnen wie Bruno Latour, Steve Woolgar, Karin Knorr-Cetina, Michael Lynch und Sharon Traweek an jene Orte vor, an denen die Fabrikation von Erkenntnis stattfindet, um dort monatelang WissenschaftlerInnen bei der Arbeit bzw. »*Science in Action*« zu beobachten. Das Hauptanliegen dieser ersten »Laborstudien« war es, durch detaillierte Beobachtungen Aufschlüsse über die (soziale) Konstruktion von naturwissenschaftlichen Tatsachen in Laboratorien zu erhalten. Ebenso wie in den britischen Soziologien des wissenschaftlichen Wissens ging man davon aus, daß naturwissenschaftliche Erkenntnisse und ihre Konstruktionen sozialwissenschaftlichen Analysen zugänglich sind.

Anders jedoch als etwa in den Arbeiten der *Edinburgh-School* meinte man, vor Ort den Erzeugungsprozessen nachgehen zu müssen, um im konkreten Nachvollzug der Herstellungsverläufe diese Konstruktionsaspekte sichtbar machen zu können. Das hieß also, den NaturwissenschaftlerInnen am Labortisch auf die Finger zu sehen, ihre Eintragungen in die Arbeitsbücher nachzuvollziehen, ihnen beim Informationsaustausch bzw. bei den »Fachsimpeleien« mit ihren KollegInnen zuzuhören, die Entstehungs- und Umschreibeprozesse von wissenschaftlichen Aufsätzen zu dokumentieren und anderes mehr.

Was aber ist nun das Besondere am Labor als Untersuchungseinheit? Das Labor scheint nicht nur eine besonders interessante und aufschlußreiche Untersuchungsstätte für WissenschaftsforscherInnen zu sein, sondern ist – langfristig wissenschaftshistorisch betrachtet – im Fortgang der meisten modernen Wissenschaften tatsächlich zu deren zentraler Instanz avanciert.

Anläßlich einer umfassenden Rekapitulation der bisherigen Laborstudien machte sich Karin Knorr-Cetina daran, eine »Theorie« des naturwissenschaftlichen Labors zu formulieren. Die dynamischen und folgenreichen Mechanismen und Prozesse in diesen Erzeugungsstätten wissenschaftlicher Erkenntnisse bringt sie mit dem Begriff der *Rekonfiguration* auf den Punkt. Damit soll bezeichnet werden, daß Laboratorien die Fähigkeit besitzen, die Struktur der Beziehungen, die zwischen der natürlichen und der sozialen Ordnung bzw. den Akteuren und ihren Umwelten herrscht, zu verändern. Wenn diese Neuformierung sich zunächst nur im Labor und da auch nur zeitlich begrenzt ereignet, so ist nicht ausgeschlossen, daß sie nicht auch in der Welt außerhalb der Laboratorien ihren Niederschlag findet.

Das Labor fungiert für die Naturwissenschaften also primär als ein Mittel, die Welt der Dinge für die WissenschaftlerInnen handhabbarer zu machen. Dieses Hereinholen von Objekten aus ihrer natürlichen Umwelt an einen Ort, an dem sie der menschlichen Manipulation zur Verfügung stehen, setzt die Formbarkeit dieser Objekte voraus. Die Transformation vollzieht sich – wissenschaftshistorisch betrachtet – langsam, von Wissenschaften, die vormals auf das »Feld«, die Natur »draußen« angewiesen waren, zu Laborwissenschaften.

Als Beispiele wären hier unter anderem die Agrarwissenschaften zu nennen, die sich in den letzten Jahrzehnten zur ins Labor verlegten Biotechnologie wandelten. Dadurch mußte man nicht mehr mit Pflanzen auf dem Feld hantieren, sondern konnte auf Zellkulturen zurückgreifen, um die wissenschaftlich interessanten Prozesse weitaus einfacher zu untersuchen. Die WissenschaftlerInnen waren fortan also nicht mehr von den Jahreszeiten oder bestimmten Wetterumständen abhängig, denn ihre Untersuchungsobjekte waren für sie beständig benützbar. In der Natur selten auftretende Ereignisse konnten fast beliebig reproduziert und Phänomene aus dem Mikro- und Makrobereich sichtbar gemacht werden.

Ausschlaggebend für die weitaus höhere Praktikabilität und Effektivität der Laborwissenschaften sind nach Knorr-Cetina zumindest drei parallele Rekonfigurationsprozesse: Erstens besteht keine Notwendigkeit mehr, mit den tatsächlichen Objekten der Natur zu hantieren, denn diese werden durch besonders leicht bearbeitbare »Ersatzobjekte« oder durch die eigentlich interessierenden Teile ersetzt bzw. »verbessert«. Zweitens ist es nicht mehr nötig, sich mit den natürlichen Objekten an ihren angestammten Orten zu beschäftigen: Sie werden ins Labor gebracht, wo sie in Permanenz präsent gehalten werden und sich ihre Aneignung erleichtert vollziehen läßt.

Drittens schließlich besteht keine Notwendigkeit mehr, sich den natürlichen Objekten in ihrer zeitlichen Struktur anzupassen. Natürliche Wachstumszyklen von Pflanzen etwa werden ersetzt durch künstlich beschleunigte Wachstumsphasen oder zeitversetzte Entwicklungszyklen, so daß auch eine ständige zeitliche Verfügbarkeit der Objekte gegeben ist. In diesen Rekonfigurationen der natürlichen Ordnung zur »besseren« wissenschaftlichen Forschung liegt auch die eigentliche Mächtigkeit des Labors: Die Natur wird in eine für den wissenschaftlichen Forschungsprozeß ideale Umgebung »enkulturiert«, wodurch sich günstige »epistemische« Effekte einstellen.

Diesen Ausführungen von Knorr-Cetina soll noch eine zunehmend wichtiger werdende Veränderung hinzugefügt werden. In den letzten Jahrzehnten haben immer bessere und schnellere Computer auch zu einem ausgeweiteten und besseren Einsatz dieser Technologien im Labor geführt. Sie wurden nicht mehr nur zur Kontrolle der Maschinen, zur Datenerfassung, ihrer Verwaltung und Rekonstruktion nach vorgegebenen Modellen eingesetzt, sondern immer häufiger auch zur Simulation von in der Natur vorkommenden Prozessen. Damit wurde einerseits das Repertoire des »Experimentierens« grundlegend erweitert, und andererseits wurden völlig neue Möglichkeiten der Erkenntnisproduktion eröffnet.

Die ProtagonistInnen der ersten Laborstudien bemerkten aber bald, daß es in diesen Labors ansonsten durchaus sehr »normal« zuging. Es war epistemologisch nichts Außergewöhnliches zu bemerken, keine besondere Rationalität beherrschte das Labor. Es konnte keine wesentliche Differenz festgestellt werden zwischen einer wissenschaftlichen und einer alltäglichen »Logik«, zwischen wissenschaftlichen und anderen sozialen »Verhandlungsprozessen«.

Eine andere Erkenntnis über die (sozialen) Konstruktionen von naturwissenschaftlichen Erkenntnissen, die an diese nicht-vorhandene epistemologische Differenz anschloß, war der *Verhandlungscharakter*, von dem naturwissenschaftliche Forschung in nahezu allen Dimensionen durchdrungen zu sein scheint. Kaum etwas, so hat es in den Laborstudien den Anschein, das nicht zum Gegenstand von Aushandlungsprozessen gemacht wird: Themen für Verhandlungen sind nicht nur die »Tatsachen« selbst, sondern auch alles andere, das hilft, sie zu erzeugen, zu erhärten und andere davon zu überzeugen. So steht permanent zur Diskussion, welche WissenschaftlerInnen »gut« und welche »schlecht« sind, was eine geeignete und was eine ungeeignete Methode ist, ob eine Messung genügt oder noch zusätzliche Überprüfungen nötig sind, welche die bestmöglichen Arbeitsbedingungen für erfolgreiche Forschung sind. Die meisten dieser Aushandlungsprozesse, so legen es Ergebnisse der Laborstudien nahe, spielen bei der Fabrikation von wissenschaftlichen Tatsachen zumindest eine mitbestimmende Rolle.

Der Schlüsselbegriff der *interpretativen Flexibilität*, der auf die unterschiedliche Interpretierbarkeit von wissenschaftlichen Behauptungen verweist, scheint zur Beschreibung der Laborpraxis für nahezu jede Situation Sinn zu machen. In praktisch jedem Stadium der wissenschaftlichen Erkenntnisfabrikation treten Verhandlungen regelmäßig wiederkehrend auf – wodurch die Schlußfolgerung naheliegt, daß wissenschaftliches Erkenntnishandeln keineswegs vor allem darin besteht, »Fragen direkt an die Natur« zu richten, sondern allenfalls an ihre Rekonfiguration im Labor.

Die Bedeutung von Verhandlungen und Überzeugungen erweist sich insbesondere auch in den verschiedenen mündlichen und literarischen Techniken, die bei der Durchsetzung von eigenen Erkenntnisansprüchen in Anwendung gebracht werden. Diese Analysen beschäftigten sich von Anfang an nicht nur mit mündlichen und schriftlichen Äußerungen sowie spezifischen Darstellungstechniken, sondern setzten – zumindest in der Arbeit von Latour und Woolgar – bereits am charakteristischen »Aufschreibecharakter« vieler Laborinstrumente an.

Mit dem vom französischen Philosophen Jacques Derrida eingeführten Begriff der »inscription« werden bestimmte Gerätschaften des Labors, die eine materielle Substanz in eine Figur oder ein Diagramm verwandeln können, als »inscription device«, also als »Einschreibeeinrichtung« bezeichnet. Die so gewonnenen »Inskriptionen«, deren Gelingen zumeist hohe technische Anforderungen an die beteiligten WissenschaftlerInnen stellen, werden so behandelt, als ob sie eine direkte und voraussetzungslose Repräsentation des Objekts lieferten.

Im weiteren Fortgang der Fabrikation von wissenschaftlichen Erkenntnissen verschwindet dann diese interpretative Flexibilität durch einen – oftmals unabgeschlossenen – Prozeß der Konsensbildung. Wissenschaftliche Tatsachen werden nicht mehr in Frage gestellt, und so wird aus einer ursprünglich »vorsichtig« formulierten Behauptung durch die entsprechenden Einengungsprozesse ein Faktum, das nunmehr widerlegt werden muß. Dieser Prozeß der Objektivierung könnte im Anschluß an Latour und Woolgar folgendermaßen dargestellt werden:

Prozeß der Objektivierung

I. »Der Wissenschaftler XY behauptet, er habe mit dem Apparat A der Firma F ein Experiment E durchgeführt, das die Existenz der Substanz S zeigt.«
II. »Der Wissenschaftler XY behauptet, er habe ein Experiment E durchgeführt, das die Existenz der Substanz S zeigt.«
III. »Das Experiment E behauptet, die Existenz von S zu zeigen.«
IV. »Das Experiment E zeigt die Existenz von S.«
V. »S existiert.«

Abb. 3.: »Verengung der Möglichkeiten« (Latour und Woolgar [1979] 1986; zitiert nach Hack 1988: 189)

Auf der Basis der bisherigen Ausführungen ist nun zu klären, was als »konstruiert« ausgewiesen wurde. Sowohl bei Latour und Woolgar wie auch bei Knorr-Cetina sind es im wesentlichen drei – wenn auch unterschiedliche – Arten von Konstruktionen im Prozeß der Erkenntnisgewinnung, die zu unterscheiden sind. Erstens verweist der Begriff der Konstruktion auf die Verhandlungen und Transaktionen innerhalb des Labors sowie auf die Rolle der Einschreibegeräte bei der Transformation einer Behauptung in ein stabilisiertes Objekt. An diesem Prozeß der Repräsentation einer vermeintlichen natürlichen Realität sind immer auch schon die Instrumente des Labors konstitutiv beteiligt. Ihre »Inskriptionen« sprechen aber nicht für sich, sondern müssen erst interpretiert und in ihrer Bedeutung fixiert werden, und das wiederum geschieht in Verhandlungen mit anderen WissenschaftlerInnen im Labor.

Zweitens sind damit jene Operationen gemeint, die an der »Verengung« von wissenschaftlichen Behauptungen beteiligt sind, ehe sie als »Fakten« allgemeine Akzeptanz finden. Durch die aufgezeigten Umschreibeprozesse, durch die Art der Rezeption und des »Weiterzitierens« verfestigt sich eine Tatsache und wird zur »black box«, die schwer wieder zu öffen bzw. zu widerlegen ist. Daß dieser Prozeß von den ForscherInnen in einem gewissen Ausmaß mitgestaltet werden kann, wäre eine weitere Bedeutungsdimension, auf die der Begriff »Konstruktion« in der neueren Wissenschaftsforschung verweist.

Eine dritte Form der Konstruktion ist die »Konstruiertheit« des Labors selbst, in dem WissenschaftlerInnen eine in hohem Maße »synthetische« Natur bearbeiten. Nicht nur die Laborinstrumente, sondern auch ihre Arbeitsmaterialien – von den Versuchstieren bis zu spezifischen Nährlösungen – sind vorgefertigt, was bedeutet, daß nirgends im Labor »Natur« oder »Realität« so vorzufinden ist, wie das von der traditionellen Wissenschaftstheorie gemeinhin behauptet wird. Wenn die Natur jedoch als solche nicht vorhanden ist, dann kann sie auch nicht beschrieben, sondern allenfalls »weiterkonstruiert« werden.

Im Vergleich zum »realistischen Standardbild« von Wissenschaft und wissenschaftlicher Erkenntnis, in dem »Natur« als wirklich und objektiv erfaßbar angesehen wird, leugnet die *konstruktivistische* Auffassung die determinierende Rolle einer unabhängigen Welt weitgehend. Der (empirische) Konstruktivismus verneint nicht die Existenz einer solchen Realität, er behauptet aber, daß es zu dieser »Natur« keinen Zugang außerhalb wissenschaftlicher Erzeugungspraktiken gibt. Die Wissenschaft könne daher auch keine wörtliche Beschreibung dieser Welt leisten, sondern bringe diese erst hervor.

Die konstruktivistischen Laborstudien blieben nicht unwidersprochen: Zum einen wurde kritisiert, daß sie sich allzu *internalistisch* auf das Labor beschränkten und externe Einflüsse, die ebenfalls zur Konstruktion wissenschaftlicher Tatsachen beitragen, ausgeblendet haben. »Transepistemische« Bereiche, in denen mit der »Außenwelt« die Bereitstellung von Ressourcen oder die mögliche Anwendung der neuen Erkenntnisse verhandelt werden, geraten in einer ganz auf das Labor gerichteten Perspektive nicht in den Blick. Ihr Einfluß auf die Definition von relevanten Fragestellungen bleibt daher ebenso unerörtert.

Diesem Vorwurf geht allerdings die *Aktor-Netzwerk-Theorie*, die wir noch kurz vorstellen werden, insofern aus dem Weg, als sie von einer gleichzeitigen Konstruktion der neuen wissenschaftlichen Erkenntnisse *und* ihrer »Umweltbedingungen« ausgeht, da beide Bereiche untrennbar miteinander verwoben zu sein scheinen. Dazu muß sie allerdings den Bereich des Labors als sozialen und erkenntnisproduzierenden Ort bewußt überschreiten.

Von einigen VertreterInnen der Naturwissenschaften wird der behauptete Konstruktcharakter von wissenschaftlicher Erkenntnis in z.T. heftigen Kontroversen geleugnet. Es geht damit auch um die erkenntnistheoretische Privilegiertheit der Naturwissenschaften, die von der neueren Wissenschaftsforschung erheblich untergraben wurde. Bei diesen Diskussionen wurde aber auch die Frage aufgeworfen, ob die Fallstudien von SSK und anderen Ansätzen über den untersuchten Fall hinaus generalisierbar sind, oder inwieweit sie nur Extrem- oder Ausnahmefälle von wissenschaftlicher Praxis darstellen.

Generell übersehen wird in diesen Auseinandersetzungen eine Unterscheidung, auf die der Wissenschaftshistoriker Yehuda Elkana bereits in den siebziger Jahren aufmerksam gemacht hatte. Praktizierende NaturwissenschaftlerInnen haben während ihrer wissenschaftlichen Tätigkeit (also während »*science in the making*«) gar keine andere Wahl, als »Realisten« zu sein; zugleich können sie auf einer anderen Ebene stets auch AnhängerInnen einer »relativistischen« und somit konstruktivistischen Sichtweise sein, ohne daß sich diese beiden Positionen ausschließen müssen.

Angesichts der Beschäftigung mit wissenschaftlichen Praktiken im Rahmen der Laborstudien wurde in den letzten Jahren auch verstärkt die Rolle von Repräsentation – also der Abbildung, Darstellung, Rhetorik, Visualisierung und der Narrativität, also der Erzählung der Fallstudien selbst – sowohl bei der Herstellung naturwissenschaftlicher Erkenntnis als auch in der Praxis der Wissenschaftsforschung ins Zentrum der Aufmerksamkeit gerückt.

Ausgehend von der Beobachtung, daß Forschungspraktiken im Labor zu einem überwiegenden Anteil aus Repräsentationen bestehen – sei es in Form von Inskriptionen auf Computerausdrucken, in Gesprächen mit KollegInnen, sei es im Verfassen von Texten, die diese neuen Erkenntnisse repräsentieren –, sind etliche Untersuchungen über die komplexen Beziehungen zwischen den Untersuchungsobjekten und dem »davon erzählenden Wort« bzw. »Bild« entstanden.

Von diesen neueren Arbeiten, die die Rolle der Rhetorik und die Bedeutung narrativer Konstruktionen für wissenschaftliches Wissen sichtbar machen, blieben auch die Wissenschaftsforschung selbst und die mit ihr verwandten Disziplinen nicht verschont. So begann man in der Wissenschaftsgeschichte die eigenen Erzählweisen zu hinterfragen und dekonstruierte die narrativen Strategien bzw. Rhetoriken. Ausgehend von verschiedenen Debatten in der Historiographie stellen sich nun auch WissenschaftshistorikerInnen die Frage, in welcher Weise in der Wissenschaftshistoriographie Ereignisse repräsentiert bzw. welche Geschichten wie darüber erzählt werden.

Die wissenschaftsethnographischen Laborstudien dagegen wurden von Diskussionen in der Anthropologie eingeholt, in der die Probleme der teilnehmenden Beobachtung und der ethnologischen Repräsentation untersucht wurden: Welche Rolle spielen WissenschaftsforscherInnen als teilnehmende BeobachterInnen im Laboratorium? Was haben EthnologInnen im Labor gesehen, was haben sie beschrieben, wenn es die »Wirklichkeit« des Labors gar nicht gibt? Und wenn sie nur eine bestimmte Version erzählt haben, die genauso gut auch anders hätte erzählt werden können, was folgt daraus?

Aus diesen Hauptsträngen der Kritik am Laborkonstruktivismus – der Ausblendung von externen Strukturen und den Problemen der Repräsentation – haben sich in den letzten Jahren neue Ansätze entwickelt, die diesen Problemen besser gerecht werden wollen. Von diesen unterschiedlichen theoretischen und methodologischen Strömungen wollen wir im folgenden drei herausgreifen, die für diese neueren Entwicklungen charakteristisch sind.

5.5. Weiterentwicklungen: die Repräsentation von Wissen, Reflexivismus und die Aktor-Netzwerk-Theorie

> Für andere zu sprechen heißt, die zum Schweigen
> zu bringen, in deren Namen wir sprechen.
>
> *Michel Callon*

Anknüpfend an einige Erkenntnisse der Laborstudien über die Bedeutung von Repräsentationstechniken in der wissenschaftlichen Praxis, wurden in den letzten Jahren Untersuchungen über die verschiedensten Formen der Darstellung wissenschaftlichen Wissens durchgeführt. Naturwissenschaftliche Texte wurden auf ihre literarischen Strategien hin dekonstruiert und die rhetorische Funktion von Abbildungen, Statistiken und Graphiken transparent gemacht.

Die Frage der Repräsentation von Wissen wurde im Fortgang dieser Untersuchungen als grundlegendes Problem der Erkenntnisproduktion erkannt und zu einer Herausforderung für die Theoriebildung. Unterschiedliche Repräsentationstechniken und -möglichkeiten schienen beispielsweise eine mögliche Erklärung für die Unterschiede zwischen den Natur- und Sozialwissenschaften anbieten zu können: In den Naturwissenschaften weisen die untersuchten Phänomene oft eine andere Form oder einen anderen Grad der Robustheit auf als in den Sozialwissenschaften oder gar in den Diskursen der Geisteswissenschaften.

Von dieser Repräsentationsproblematik ist nicht zuletzt auch die Wissenschaftsforschung selbst betroffen, und einige WissenschaftsforscherInnen haben aus dieser Schwierigkeit ein regelrechtes Programm gemacht: den *Reflexivismus*, der sich mit dem Problem der Anwendung der neueren (konstruktivistischen) Wissenschaftsforschung auf sich selbst beschäftigt. Als Beispiel wäre hier der britische Wissenschaftsforscher Steven Woolgar zu nennen, der den Laborstudien vorwirft, sich nach wie vor einem Diskurs zu verschreiben, der dem Objektivismus verpflichtet ist.

Diesen, seiner Meinung nach autoritären Formen wissenschaftlicher Repräsentation könnte nur dadurch gegengesteuert werden, wenn auch entsprechende literarische Formen gewählt würden, die erst gar nicht den Verdacht aufkommen lassen, daß hier wissenschaftliche »Wahrheit« (über die Wissenschaft) gesprochen wird. Texte sollten also nicht mehr als wissenschaftliche Artikel erkennbar sein, sondern sollten in Form von Kaffeehausgesprächen oder Erlebnisberichten abgefaßt sein, um erst gar nicht »wissenschaftlich« zu wirken.

Ein anderer Theorieansatz der »neueren« Wissenschaftsforschung, der sich auf seine Weise ebenfalls mit der Repräsentation von Wissen und Technik beschäftigt, ist die von der Semiotik mitinspirierte *Aktor-Netzwerk-Theorie*, die nicht nur das Zustandekommen von technischen und wissenschaftlichen Artefakten zu beschreiben versucht, sondern – in Radikalisierung des Bloorschen Symmetrieprinzips – darüber hinaus auch eine »symmetrische Anthropologie« anvisiert. Damit soll mit sämtlichen großen Trennungen zwischen Natur und Gesellschaft, dem Technischen und dem Sozialen, Internalismus und Externalismus oder menschlichen und nicht-menschlichen Aktoren aufgeräumt werden. Dieser Ansatz, der vor allem von den französischen Wissenschaftsforschern Bruno Latour und Michel Callon vertreten wird, deckt sich im großen und ganzen mit dem vierten Modell in der Klassifikation von Callon (vgl. Kap. 5.1.).

Die Aktor-Netzwerk-Theorie beruht also, stark vereinfacht dargestellt, auf drei Annahmen: Erstens geht sie von einer prinzipiellen Gleichwertigkeit von menschlichen und nicht-menschlichen Akteuren aus, die an techno-wissenschaftlichen Entwicklungen bzw. Kontroversen beteiligt sind. Zum zweiten gilt das Prinzip einer generalisierten *Symmetrie*, die auf die Entgrenzung der konventionellen Unterscheidungen zwischen dem Sozialen und der Natur bzw. der Technik, Internem und Externem oder menschlichen und nicht-menschlichen Aktoren hinausläuft. Drittens schließlich scheint die Aktor-Netzwerk-Theorie durch die methodologische Besonderheit einer »assoziativen Beschreibung« gekennzeichnet: Ein möglichst abstraktes und neutrales Vokabular sollte verwendet werden, um die sich beständig verändernden Konflikte und Interessen der unterschiedlichen Akteure adäquat rekonstruieren zu können.

In diesem theoretischen Rahmen werden WissenschaftlerInnen nicht bloß als Ausübende ihres Berufes betrachtet, sondern – ähnlich wie im Ansatz der »Großen Technischen Systeme« von Thomas

Hughes – als vielgestaltige UnternehmerInnen, die in politischen
Aktivitäten ebenso engagiert sind wie in gesellschaftlichen und wirtschaftlichen Belangen. Zumindest die erfolgreichen ForscherInnen
machen sich eine Vielfalt an Materialien, Personen und Techniken
nutzbar, um ihren Einfluß über das Labor hinaus zu erweitern, was
umgekehrt wiederum ihre Reputation vergrößert, die sich dann im
Wissenschaftssystem entsprechend umsetzen läßt. Der beste Weg,
um als WissenschaftlerIn seine bzw. ihre »Macht« zu erweitern, ist
die möglichst umfassende und wohlorganisierte Einbindung von
Verbündeten in ein Netzwerk, das bereit ist, die durchzusetzenden
Entdeckungen oder Entwicklungen mitzutragen.

Die beiden zentralen Begriffe zur Beschreibung dieses entscheidenden Prozesses sind einerseits jener der *Anwerbung* von unterschiedlichsten Verbündeten, die das Netzwerk der Durchsetzung
stabilisieren helfen sollen; der etwas abstraktere und unübersetzbare
Terminus des *interressement* verweist andererseits auf Handlungen,
mit welchen bestimmte Aktor-Entitäten – als Beispiel in Fallstudien
kommen etwa der französische Wissenschaftsheros Pasteur, die
Meeresbiologen von St. Brieuc oder die Electricité de France vor –
ihrerseits tätig werden, um die Identitäten anderer Aktoren zu stabilisieren. Bereits an diesen Beispielen wird klar, daß die Akteure, die
als Verbündete angeworben bzw. deren Interessen im Rahmen des
Netzwerkes stabilisiert werden, sehr heterogene Entitäten sein können. Dazu zählen soziale Einrichtungen, die Öffentlichkeit, aber
auch nicht-menschliche Organismen wie Bakterien und technische
Artefakte.

Ein Schlüsselbegriff bei der Netzwerkbildung ist jener der
Übersetzung. Er bezeichnet jenen Vorgang, durch den die bestimmenden Aktoren durch eine »Gleichschaltung« des Interesses von
anderen Netzwerk-Elementen diesen spezifische Rollen zuteilen.
Wenn diese Rollenidentitäten – also etwa die finanzielle Unterstützung, das Funktionieren von technischen Artefakten, die »Kooperation« der Hummer mit den Meeresbiologen, etc. – verfestigt
werden sollen, müssen noch bestimmte Engpässe (»*obligatory pas-
sage points*«) überwunden werden, um zum Erfolg zu kommen.

Trotzdem kann das ganze Netzwerk instabil bleiben. Die Entscheidung, ob eine unsichtbare Aktor-Welt sich letztendlich in ein erfolgreiches Aktor-Netzwerk verwandelt oder nicht, hängt von sehr unterschiedlichen Faktoren ab. Sämtliche Einheiten müssen mitspielen – das Netzwerk ist so schwach wie die schwächste seiner Verbindungen (bzw. »black boxes«). Es sind also nicht nur die »sozialen« Elemente, die positiv oder negativ eingreifen – auch die Elektronen, die Mikroben oder der Atlantik können die Geschicke des Netzwerkes bestimmen. Allerdings fehlen hierbei alle Elemente einer Hypothesenbildung: relative Stärke oder Schwäche und somit Erfolg oder Mißerfolg lassen sich immer erst im nachhinein feststellen.

Die sich aus einer *Common-sense*-Perspektive aufdrängende Frage ist jene nach der Gleichbehandlung von menschlichen und nichtmenschlichen Akteuren in der Konzeptualisierung: »Wie kann es sein, daß Elektronen, Bakterien, aber auch technische Artefakte handeln?« Damit wird geleugnet, daß die »Sozialität« eine Grundqualität jeglichen Arrangements unter Menschen ist. Andererseits hat die zunehmende »Technologisierung« der Laboratorien als Instrumente der Weltkonstruktion wohl auch die Praxis des Forschens konstitutiv verändert, und es wäre zweifellos unsinnig, diese Veränderungen nicht auch theoretisch zu berücksichtigen.

Die steigende Bedeutung der »Maschinerie« im Prozeß der Erzeugung wissenschaftlicher Fakten stellt jedenfalls neue Anforderungen an die Theoriebildung – ob sie jedoch ein Argument dafür abgibt, Handlungen auch Dingen zuzuschreiben, ist eine offene Frage. Ob es auf der anderen Seite auch heute noch ausreicht, Soziales nur durch Soziales zu erklären – das Begründungsprogramm der Soziologie –, wird zunehmend als unzulänglich empfunden; ein Problem, mit dem sich bereits Durkheim auseinandersetzte, als er vorschlug, technische Artefakte bzw. Kategorien menschlicher Erfahrung als soziale Entitäten zu behandeln, die aus sozialen Beziehungen hervorgehen. So steht die Soziologie mehr denn je vor dem Problem, wie sie angesichts der ökologischen Bedrohungen und angesichts einer sich scheinbar verselbständigenden Technik mit ihren Beschreibungsmodellen ihr Auskommen finden soll.

Die scheinbare Notwendigkeit, sich von der klassischen Soziologie zu emanzipieren, hat in der neueren Wissenschaftsforschung zu
Theorieansprüchen geführt, die zweifellos übertrieben sind. Auf der
anderen Seite scheint gerade die Gesellschaftstheorie mehr konzeptuelle Aufgeschlossenheit in Sachen Natur und Technik dringend
nötig zu haben. Die Vorschläge der neueren Wissenschafts- und
Technikforschung sollten als Herausforderung für einen Dialog gesehen werden.

Verwendete und weiterführende Literatur

Die Beschäftigung mit der sozialen Konstruiertheit wissenschaftlicher Erkenntnis ist in den letzten zwei Jahrzehnten seit ihrer Begründung von einem eher peripheren Thema der Wissenschaftsforschung zu einem der wichtigsten Themenfelder im sozialwissenschaftlichen Diskurs über Wissenschaft avanciert. Im Gefolge dieses
Interesses der neueren Wissenschaftsforschung an Fragen der
Erkenntnisproduktion kam es aber auch zu vielfältigen theoretischen
und methodologischen Diskussionen. Eine Überfülle an Literatur ist
die logische Folge, von der hier nur ein Bruchteil eingearbeitet
werden konnte bzw. im folgenden zitiert wird.

Begonnen haben wir unser Kapitel mit einer Übersichtsarbeit von
CALLON (1994), der einen sehr breiten Analyserahmen wählte und
in seine vier Modelle auch wissenschaftstheoretische und wissenschaftshistorische Konzepte miteinbezog. Eine andere, spezifischere
Zusammenschau der wichtigsten Ansätze in der Soziologie wissenschaftlichen Wissens bzw. der konstruktivistischen Wissenschaftsforschung bietet die zweite Hälfte des Überblicksaufsatzes von
ZUCKERMAN (1988); auf deutsch findet sich eine lesenswerte Darstellung bei HEINTZ (1993a). Weitere Überblicksdarstellungen bieten unter anderem WOOLGAR (1988) und – aus konstruktivistischer
Perspektive – SISMONDO (1993).

Die klassische Grundlegung der Wissenssoziologie stellt die Arbeit von MANNHEIM ([1929] 1985) dar; die wichtigsten Materialien zur Wissenssoziologie – auch mit Beiträgen von anderen Wissenssoziologen der Zeit und kritischen Kommentaren – finden sich zusammengefaßt im zweibändigen Sammelwerk von MEJA und STEHR (Hg.) (1982). KUHNS bahnbrechendes Hauptwerk erschien erstmals 1962; auf deutsch liegt KUHN (1976) als erweiterte Ausgabe mit dem Nachwort von 1969 vor. Die Pionierarbeit FLECKS über die Entstehung wissenschaftlicher Tatsachen wurde 1980 neu aufgelegt; seine Aufsätze wurden in FLECK (1983) publiziert. Zu anderen einflußreichen Arbeiten der neueren Wissenschaftsphilosophie zählen neben vielen anderen jene von FEYERABEND (1976) oder HESSE (1980).

Ihre erste stringente Formulierung erhielt das »Strong Programme« der Edinburgh School bei BLOOR ([1976] ²1991), eine andere frühe, eher konzeptuelle Arbeit zur Soziologisierbarkeit wissenschaftlichen Wissens stammt von BARNES (1974). Die wichtigsten Studien von Wissenschaftssoziologen aus der »Edinburgh School« und ihrem Umkreis finden sich zusammengefaßt im ausgezeichneten Überblicksaufsatz von SHAPIN (1982); zu diesen Arbeiten, die mit dem Interessenmodell arbeiten, zählen die zitierten Monographien von MACKENZIE (1981) über die Geschichte der britischen Statistik und PICKERING (1984) über die Teilchenphysik. Kritisches zu diesem Ansatz ist unter anderem in der Studie von GALISON (1987) nachzulesen. Die wichtigsten Arbeiten von Collins sind zusammengefaßt in COLLINS ([1985] ²1992); eine »popularisierende« Darstellung der wichtigsten Anliegen der SSK anhand von sieben Fallstudien findet sich in COLLINS und PINCH (1993).

Die beiden wichtigsten Laborstudien, in denen auch die Abgrenzung gegenüber anderen theoretischen Ansätzen breiten Raum einnimmt, liegen vor mit LATOUR und WOOLGAR, ([1979] ²1986) und KNORR-CETINA ([1981] 1984); weitere, methodologisch etwas anders ausgerichtete Laborstudien sind jene von LYNCH (1985) und TRAWEEK (1988). Eine erste komparatistische Monographie, in der verschiedene Labors miteinander verglichen werden und in der eine radikale Differenz wissenschaftlicher »Kulturen« behauptet wird, ist das jüngste Buch von KNORR-CETINA (1995). Ein Überblick über die verschiedenen Laborstudien und eine »Theorie von Labors« stammt von derselben Autorin (KNORR-CETINA 1995).

Die wichtigsten Beiträge zur Reflexivitätsproblematik sind die Arbeiten von ASHMORE (1989) und die Artikel im Sammelband von WOOLGAR (1988a). Einige Schlüsseltexte zur Grundlegung der *Actor-Network Theory* sind, ihrem Entstehungsdatum nach geordnet: CALLON und LATOUR (1981), CALLON (1986) und CALLON (1992). Die überzeugendste und umfassendeste Darstellung dieser Position findet sich in der programmatischen Schrift von LATOUR (1987), die ein buchlanges Konzept zur Durchsetzung wissenschaftlicher Erkenntnisansprüche vorlegt. Einen Querschnitt durch die verschiedenen Positionen und Zeugnis der mitunter recht heftigen Diskussionen zwischen den VertreterInnen dieser unterschiedlichen Ansätze, der traditionellen SSK, des Laborkonstruktivismus, des Reflexivismus und der Aktor-Netzwerk-Theorie bietet der von PICKERING (1992) herausgegebene Sammelband sowie sein Artikel von 1993. Das Spannungsverhältnis zwischen Soziologie und »neuerer« Wissenschaftsforschung behandelt der Aufsatz von LAW (1991).

Kapitel 6

Die Sozial- und Geisteswissenschaften

Die Erkenntnisse der naturwissenschaftlichen Disziplinen wurden erst in den sechziger und siebziger Jahren dieses Jahrhunderts soziologischen Analysen zugänglich gemacht. Mit jenen »Dekonstruktionen« der Naturwissenschaften, wie sie die neuere Wissenschaftsforschung seitdem leistet, wurde auch die strenge Unterscheidung zwischen den »weichen« Geistes- und Sozialwissenschaften auf der einen Seite und den »harten« Naturwissenschaften auf der anderen in Frage gestellt. Wenn sowohl human- wie auch naturwissenschaftliche »Fakten« gemacht sind und sich, wenn überhaupt, nur im Grad ihrer Robustheit unterscheiden, so scheint es nicht mehr legitim, Wissenschaftsforschung ausschließlich auf die Naturwissenschaften zu beschränken, wie das die englische Bezeichnung *Social Studies of Science* nahelegt.

Neben der Erforschung der epistemologischen Ähnlichkeit des natur- und humanwissenschaftlichen Wissens begann sich zumindest in einigen Wissenschaftsbereichen auch die traditionelle Arbeitsteilung zwischen den »zwei Kulturen« zu verändern. Lieferten die Naturwissenschaften bisher die »harten« Fakten und die Sozialwissenschaften die »weichen« Optionen, so wurde beispielsweise in Fragen der globalen Klimaveränderung und bei anderen Umweltproblemen offensichtlich, daß auch die Naturwissenschaften teilweise unter inhärenter Unsicherheit operieren müssen. Die Fakten, die sie anzubieten haben, sind nicht selten ebenso »weich« wie in den Sozialwissenschaften.

Ein gesondertes Eingehen auf die Sozial- und Geisteswissenschaften schien uns vor allem aus zwei Gründen notwendig. Zum ersten sind wir der Meinung, daß sich auch die Geistes- und Sozialwissenschaften in einer tiefgreifenden Transformationsphase befinden: Der erhöhte Rechtfertigungsdruck für öffentliche Ausgaben, dem sich Wissenschaft heute ausgesetzt sieht, hat auch vor den geistes- und sozialwissenschaftlichen Disziplinen nicht haltgemacht, die sich mit neuen Anforderungen konfrontiert sehen. Zum anderen richtet sich diese Einführung auch an Leserinnen und Leser aus den Sozial- und Geisteswissenschaften, deren besonderes Interesse sicherlich auch ihren eigenen Disziplinen gilt.

Wir beginnen mit einem historischen Überblick, in dem die Geschichte der Sozialwissenschaften in einigen ihrer Grundzüge rekonstruiert wird. Dabei richtet sich das Augenmerk auf die Institutionalisierung der Trennung zwischen den Natur- und Gesellschaftswissenschaften, die mit der Entstehung der modernen Naturwissenschaften und der Durchsetzung der naturwissenschaftlichen Methode in England etabliert wurde.

Im Anschluß daran wenden wir uns Diskussionen zu, die sich mit der aktuellen Situation der Geisteswissenschaften beschäftigen, und berichten über die wichtigsten Argumente in diesen Auseinandersetzungen. Eine Reihe von Entwicklungen – wie die Infragestellung des humanistischen Bildungsideals, die Massenuniversität oder das Sinken der AbsolventInnenzahlen – hatten ja die soziale Bedeutung und Funktion der Geisteswissenschaften verstärkt zum Gegenstand öffentlicher Debatten werden lassen.

Der dritte Abschnitt ist den verschiedenen gesellschaftlichen Funktionen der Geistes- und Sozialwissenschaften gewidmet. Insbesondere in den Sozialwissenschaften machte sich hinsichtlich ihres Anwendungspotentials eine Ernüchterung breit. Diese Entwicklung stand zum einen im Zusammenhang mit dem Zerbrechen der sogenannten »Reformkoalition«, also der Zusammenarbeit zwischen reformorientierten Kräften in der Politik und den Sozialwissenschaften, wie sie in den siebziger Jahren entstanden war. Zum anderen wurde durch einschlägige Begleituntersuchungen deutlich, daß die konkreten Prozesse der Anwendung sozialwissenschaftlicher

Erkenntnisse keineswegs reibungslos verliefen. Dabei wird auf die geänderten Produktionsbedingungen und Anwendungsverhältnisse eingegangen: Die Geistes- und Sozialwissenschaften kommen durch den besonders in den USA weit fortgeschrittenen Trend der Ökonomisierung von Wissenschaft und ihrer Ausrichtung an überwiegend wirtschaftlichen Prinzipien zunehmend unter Druck.

Im abschließenden Teil gehen wir nochmals auf die Differenzen und Ähnlichkeiten der geistes-, sozial- und naturwissenschaftlichen Disziplinen ein, was in engem Zusammenhang mit dem Phänomen der fortschreitenden *Ausdifferenzierung* der Wissenschaft in verschiedene Disziplinen und Subdisziplinen steht. Neben einem Überblick über Vergleichsmöglichkeiten und den konkret erforschten Unterschieden zwischen den Wissenschaften wird auch die These von den *zwei Kulturen* diskutiert, die die vermeintlich »harten« Naturwissenschaften der Wissenskultur der »weicheren« Sozial- und Geisteswissenschaften gegenüberstellt. Den Abschluß bildet eine Diskussion der Möglichkeiten und Hindernisse für »interkulturelle« bzw. »transdisziplinäre« Dialoge.

6.1. Zur Geschichte der Sozialwissenschaften

> Moderne Systeme sind in gewisser Weise durch die reflexive Inkorporation des sich entwickelnden sozialwissenschaftlichen Wissens mitgestaltet; zum anderen organisieren sich die Sozialwissenschaften ihrerseits als kontinuierliche Reflexion auf die Evolution dieser Systeme.
>
> *Anthony Giddens*

Nichts separiert die Sozial- und die Naturwissenschaften so sehr wie die Trennlinie, die zwischen den Untersuchungsbereichen Natur und Gesellschaft zugleich mit der Institutionalisierung der modernen Naturwissenschaft im 17. Jahrhundert errichtet wurde. Und dennoch wird am Ende des 20. Jahrhunderts nur allzu deutlich, daß diese Trennung längst subversiv unterlaufen wurde: durch die menschlichen Eingriffe in die natürliche Umwelt ebenso wie durch die

Bevölkerung der sozialen Welt mit technischen Artefakten und »Hybriden«, die zum bestimmenden Merkmal unserer wissenschaftlich-technischen Zivilisation geworden sind. Doch wie kam diese Trennung zustande? Und welche Folgen hatte sie insbesondere für die Sozialwissenschaften?

Die beiden britischen Wissenschaftshistoriker Steven Shapin und Simon Schaffer sehen in der Kontroverse zwischen Thomas Hobbes und Robert Boyle über die Experimente rund um die Vakuum-Pumpe einen Schlüsselkonflikt in der Spaltung zwischen den Natur- und Sozialwissenschaften, die damals noch kaum unterschieden waren. Ist uns Thomas Hobbes, der Autor des »*Leviathan*« (1651), heute ausschließlich als Sozialtheoretiker bekannt und Robert Boyle als einer der »Väter« der modernen Naturwissenschaften, so zählten beide zu den wichtigsten »mechanischen Philosophen« ihrer Zeit und beschäftigten sich sowohl mit naturwissenschaftlichen als auch philosophischen und gesellschaftstheoretischen Fragestellungen.

Der Sieger dieser Auseinandersetzung war Boyle. Die von ihm vertretene wissenschaftliche Methode der offiziellen Beglaubigung von neuer Naturerkenntnis in Form von öffentlichen Experimenten wurde zum anerkannten Mechanismus der Feststellung von »Wahrheit«, für den es im gesellschaftlichen Untersuchungsbereich kein Pendant gibt. Mit dieser neuen wissenschaftlichen Methode, die von uns bereits dargestellt wurde (vgl. Kap. 2.1.), verband sich aber auch die Hoffnung, ein allgemeines Modell für die Überwindung von Meinungsunterschieden und Streitigkeiten zu besitzen. In der vom Bürgerkrieg erschütterten Zeit galt sie vor allem auch als potentielles politisches Konfliktlösungsmodell: Durch die Verwendung von »rational« vorgebrachten Argumenten und bestimmten akzeptierten Beweisführungen könnte ein »Gerichtshof der Vernunft« eingesetzt werden. Dieses von Boyle vertretene Modell hatte also durchaus ähnliche Ansprüche wie die Gesellschaftstheorie von Hobbes, die einzig in autokratischer Herrschaft eine Möglichkeit sah, den Wirren der Bürgerkriege Einhalt zu gebieten.

Doch die Hoffnung, daß die neue *naturwissenschaftliche* Methode auch eine Befreiung von gesellschaftlichen bzw. politischen Auseinandersetzungen und Kriegen liefern könnte, erwies sich als trügerisch. Zu jung und zu prekär in der Schaffung ihrer privilegierten und autonomen politischen Schutzzone war die neue mechanische Naturphilosophie, um solchen Erwartungen gerecht werden zu können. Die »mechanischen Naturphilosophen« hatten genug mit ihrem eigenen Gegenstand zu tun; die Ausweitung und Anwendung auf »Gesellschaft« wurde aufgeschoben.

Für die Proto-»Sozialwissenschaftler« der damaligen Zeit, die eine Wissenschaft von der Gesellschaft analog zur neuen Naturphilosophie aufbauen wollten, lag es nahe, sich am Erfolg der Naturwissenschaften zu orientieren und deren Methoden und Begriffe, so gut es ging, zu kopieren oder in den gesellschaftlichen Bereich zu übertragen. Mit dem dezidierten Abrücken von den alten Autoritäten – von Aristoteles bis zu den »Doktoren« der Scholastik – und der Zuwendung zur Empirie und zum Experiment entstand zugleich eine neue wissenschaftliche Autorität: die »Natur« selbst, die zum höchsten Gesetzgeber erhoben wurde. Dem hatten die Gesellschaftswissenschaften nichts entgegenzusetzen. Vielmehr begannen auch sie mit der Suche nach Gesetzmäßigkeiten und dem Ergründen der »menschlichen Natur«.

Auf der Suche nach ähnlichen Quellen einer sich der systematischen menschlichen Erfahrung erschließenden Welt wandten sich diese frühen Sozialwissenschaftler einerseits mittels Reisen der vergleichenden Erforschung der Welt, ihrer Bewohner und Gebräuche zu; andererseits versuchten sie, soziale Regelmäßigkeiten in Form von Statistiken, empirischen Daten oder neuen historischen Quellen zu erschließen. Arbeiteten die politischen Arithmetiker des 17. Jahrhunderts, zu denen sozialstatistische Pioniere wie William Petty, John Graunt, Edmund Halley oder Johann Peter Süssmilch zählten, noch mit mehr oder weniger zufälligem Datenmaterial, je nach dem Vorhandensein von Bevölkerungsverzeichnissen, so etablierte sich im 19. Jahrhundert in den meisten europäischen Staaten eine amtliche Statistik, die eine Vielzahl der für die Politik und Verwaltung notwendigen Informationen bereitstellte.

Zwischen 1830 und 1880 wurde die Statistik zur ersten Anwärterin, die allgemeine »soziale« Wissenschaft zu werden. Erste, auf solidrem Datenmaterial aufbauende Arbeiten wurden ganz im Sinn einer Nachahmung der Newtonschen Mechanik durchgeführt. So trat der belgische Statistiker Adolphe Quêtelet mit dem Anspruch auf, die »Gesetze der Gesellschaft« zur Grundlage sozialreformerischer Tätigkeit zu machen. In diesen Studien, die er als »Soziale Physik« bezeichnete, suchte Quêtelet Analogien zwischen den mechanischen Gesetzen – der Bewegung der Himmelskörper – und den sozialen Gesetzmäßigkeiten, etwa den Kriminalitätsraten, herzustellen. Sein Konstrukt des »Durchschnittsmenschen« sollte dabei ein harmonisches Gleichgewicht von sozialwissenschaftlicher Expertise und einer Regierung »für« (und weniger »durch«) das Volk herstellen. Die vormalige Bezeichung *Polizeywissenschaften*, unter der solche Studien ebenfalls subsumiert wurden, bringen das Umfeld der meisten dieser Arbeiten gut auf den Begriff. Le Play dagegen erstellte für verschiedene Länder Europas Familienmonographien, um so zur Stärkung der Familienstrukturen und damit zur Sicherung des sozialen Friedens beizutragen. In England wurde 1845 eine »Royal Commission« eingesetzt, die die Lage der englischen Arbeiterschaft untersuchen sollte, um mit entsprechenden Reformen deren Lage verbessern zu können. In Deutschland spielte in der zweiten Hälfte des 19. Jahrhunderts der *Verein für Sozialpolitik* eine ähnliche Rolle.

Der Begriff »Sozialwissenschaft« entstand gegen Ende des 18. Jahrhunderts im Kreis rund um Antoine Condorcet, und der Begriff »Soziologie« wurde bekanntlich erst im frühen 19. Jahrhundert von Auguste Comte eingeführt. Während das 18. Jahrhundert noch Zeugnis abgelegt hatte von der engen Verknüpfung »moralischer« Ansprüche mit den wissenschaftlichen Ambitionen der Sozial- und Geisteswissenschaften (so war etwa die Verknüpfung von menschlichen Leidenschaften und Interessen ein bestimmender Topos), wurde die Trennung zwischen Natur-, Sozial- und Geisteswissenschaften im wesentlichen mit der Herausbildung wissenschaftlicher Fachdisziplinen im Zuge ihrer universitären Institutionalisierung im 19. Jahrhundert vollzogen. Trotz der gleichzeitig einsetzenden Spezialisierung fand jedoch immer eine (später oft verleugnete oder vergessene) gegenseitige intellektuelle Befruchtung statt. Begriffe, Methoden und Metaphern »wanderten« wiederholt von einer Disziplin in eine andere. Leitwissenschaften entstanden und wurden durch neue abgelöst, die wiederum eine Welle von Nachahmungen von seiten der »statusniedrigeren« Disziplinen nach sich zogen.

Auch wenn die Sozialwissenschaften sich lange an der vermeintlich größeren »Wissenschaftlichkeit« von selektiv aus den Naturwissenschaften entlehnten Methoden orientierten, so haben dennoch Bilder, Analogien, Metaphern und andere aus der sozialen Welt entlehnte Begriffe auch die Naturwissenschaften beeinflußt. Dabei wurden aber immer wieder verzerrte oder schlicht zeitlich nachhinkende wissenschaftliche Standards oder Vorstellungen mit übernommen, denen in der imitierten Disziplin längst nicht mehr aktuelle Geltung zukam.

Die historische Entwicklung der Sozialwissenschaften wird häufig als ein gradueller, emanzipatorischer Prozeß gedeutet, in dem eine allmählich institutionalisierte Autonomie zu einem epistemologischen und methodologischen Reifungsprozeß führte. In diesem Stadium ließen die Sozialwissenschaften, so eine gängige Annahme, ihre ideologischen Altlasten hinter sich und begannen ihr Potential zu verwirklichen, indem sie ein möglichst unverzerrtes Wissen über die Gesellschaft produzierten. Die neuere empirisch-historische Erforschung der Entstehungs- und Institutionalisierungsgeschichten der modernen Sozialwissenschaften ist mit dem expliziten Anspruch des Infragestellens solcher naiven fortschrittsgläubigen Ansichten angetreten.

Insbesondere Peter Wagner und Björn Wittrock, die eine Wissenschaftsforschung der Sozialwissenschaften maßgeblich vorantreiben, haben gemeinsam mit ihren KollegInnen ein Forschungsfeld eröffnet, in dem gezeigt wird, daß Institutionalisierung der Sozialwissenschaften nicht automatisch gleichzusetzen ist mit dem Erringen größerer Autonomie. Was sich jedoch durch die Institutionalisierung verändert, sind jeweils spezifische Beziehungen und Bezüge der Sozialwissenschaften zu unterschiedlichen Bereichen der Gesellschaft. Die Institutionalisierung der Sozialwissenschaften fand und findet dabei nicht notwendigerweise in akademischen Formen statt. Stattdessen prägten Verbindungen zwischen sozialem Wissen und sozialreformerischer Tätigkeit fast überall in Europa die Sozialwissenschaften des ausgehenden 19. Jahrhunderts. Die politisch-

gesellschaftlichen Diskurse, die vielen – später »akademisierten« –
sozialwissenschaftlichen Fragestellungen zugrunde lagen, hatten sich
an akuten gesellschaftlichen Problemen entzündet. Sie wurden von
Reformern, Erziehern, Politikern, Ärzten und Beamten und nicht
zuletzt durch soziale Bewegungen geprägt, bevor sie meist mit
großer Verspätung an den Universitäten behandelt wurden.
Die sozialwissenschaftlichen Disziplinen hatten entweder vage
oder sehr divergente Vorstellungen davon, was eine Wissenschaft
von der Gesellschaft im konkreten Fall beinhalten sollte, welche
Fragestellungen vorrangig waren und welche theoretischen und methodologischen Ansprüche gestellt werden sollten. Noch wurden die
großen Fragen und Probleme, die durch die Industrialisierung und
ihre Folgewirkungen das 19. Jahrhundert prägten, so gestellt, daß sie
in einer disziplinär aufgesplitterten Form behandelt wurden. Der
Rückblick zeigt eine sozialwissenschaftliche Forschungslandschaft,
die sich noch an umfassenden und historisch geprägten Problemstellungen orientierte, die in starkem Kontrast zum später einsetzenden Denken in engen spezialisierten und disziplinären Kategorien steht.
In jüngster Zeit rückte auch die enge Verbindung zwischen den
Sozialwissenschaften und dem Nationalstaat vorrangig in den
Blickpunkt. Die Entwicklung der Sozialwissenschaften in Europa ist
zutiefst durch Diskontinuitäten geprägt. Über die Zeit betrachtet gab
es kaum Stabilität und nur wenig geradlinigen »Fortschritt« in der
intellektuellen und institutionellen Entwicklung, die auf ihre auch
nationalstaatlich sehr unterschiedliche Gründungsphase folgte. Die
politisch-tragischen Unterbrechungen durch zwei Weltkriege,
Faschismus und Totalitarismus, die in diesem Jahrhundert Europa
prägten, haben tiefe Spuren sowohl in der intellektuellen als auch in
der institutionellen Geschichte der Sozialwissenschaften hinterlas-
sen.
Viele der Arbeiten, die sich einer »Soziologie« oder Wissenschaftsforschung der Sozialwissenschaften widmen, stehen theoretisch unter dem Anspruch, es nicht bei einer »Dekonstruktion« der
selbstverkündeten Wissensansprüche bewenden zu lassen. Die Notwendigkeit einer kritisch-dekonstruktiven Haltung, wie sie am Bei-

spiel der Naturwissenschaften entwickelt wurde, wird nicht in Frage gestellt. Es wird jedoch dezidiert der Anspruch erhoben, über eine solche Dekonstruktion hinauszugehen und die Sozialwissenschaften zu »*re*konstruieren«. Dazu gehört die Sichtbarmachung von Akteuren, d.h. von handelnden Menschen, die selbst an den Diskursen teilnehmen und nicht hinter irgendwelchen anonymen »Interessen« oder »Strukturen« verschwinden dürfen, sowie der Blick auf ein größeres gesellschaftliches Ganzes und seine Teile.

So betonen Wagner und Wittrock, daß die Entstehung und Entwicklung der Sozialwissenschaften nur unter Berücksichtigung anderer formativer Prozesse, die das veränderte Verhältnis von Staat und Universität betreffen, verstanden werden können. Die folgenreiche Spaltung in einen akademisch-wissenschaftlichen Diskurs und einen politisch- oder populär-laienhaften ist eines von vielen Beispielen. Auch der Inhalt von Studienplänen und die zukünftigen Berufsfelder von angehenden AbsolventInnen der Sozialwissenschaften spielten eine entscheidende Rolle in der Art und Weise, wie und welche Disziplinen Fuß fassen konnten: Staat, Industrie, Interessenverbände und die beruflichen Interessen der diversen Eliten waren daran ebenso beteiligt wie die Anstrengungen der Sozialwissenschaften selbst.

Auch wenn die meisten der Arbeiten, auf die hier Bezug genommen wird, historisch sind, so verweisen sie dennoch auf die zumindest ebenso dramatischen Veränderungen, die heute im Gange sind: Mit der Zurückdrängung des Staates gegenüber einem immer präsenter werdenden Markt einerseits und dem Prozeß der Regionalisierung, Internationalisierung und Globalisierung andererseits sind die Sozialwissenschaften dabei, einen ihrer wichtigsten Ansprechpartner (und Auftraggeber) zu verlieren. Dieser war zwar nicht beliebt, doch in mancherlei Hinsicht vertraut und verläßlich. Selbst der »kritischen« Strömung innerhalb der Sozialwissenschaften, die sich einer Dienstleistungsfunktion verweigerte, geht mit dem Rückzug des Staates die konkrete Angriffsfläche verloren.

6.2. Die Diskussion über die Funktion der Geisteswissenschaften

> Der Streit um Wesen, Aufgabe und Bedeutung der
> Geisteswissenschaften spiegelt sich schon im Streit
> um das richtige Wort (...). Denn der Term *Geistes-*
> *wissenschaften* zeigt für viele die Problematik der
> Sache an oder gar ihre Unmöglichkeit.
>
> *Günter Scholz*

Ähnlich wie die Sozialwissenschaften sind die Geistes- und Kulturwissenschaften im letzten Jahrzehnt ebenfalls unter Druck geraten:
Auch von deren »Krise« war in den letzten Jahren sowohl in den
USA als auch in einigen europäischen Ländern die Rede. Während
in den USA die Debatte zentral um »politische Korrektheit« läuft,
hat sie in Deutschland, auf das wir uns im folgenden beschränken
werden, wesentlich »klassischere« Züge angenommen. Auffallend
bei dieser wissenschaftspolitischen Diskussion ist die Dominanz
»naturwissenschaftlicher« Standards – und zwar nicht nur in den
Stellungnahmen der Politiker, sondern auch bei zahlreichen Fach-
vertretern. Dieser Umstand liegt zu einem guten Teil darin begründet, daß die nun von der »Krise« befallenen Fächer – anders als
der naturwissenschaftlich-technische Bereich – noch bis vor einigen
Jahren kaum jemals Gegenstand systematischer wissenschaftspolitischer Überlegungen gewesen waren.

Dem gesellschaftlichen Legitimationsdruck, der sich an derartigen
Standards orientiert, wird von seiten der GeisteswissenschaftlerInnen
mit unterschiedlichen Strategien begegnet. Es lassen sich im wesentlichen drei Argumentationslinien unterscheiden, die im Verlauf der
Diskussion zur Rechtfertigung des eigenen Fachbereichs vorgebracht
wurden. Die erste findet ihren Ausdruck in der Behauptung von der
Kompensationsfunktion der Geisteswissenschaften. Bedeutend war
dabei die Stellungnahme des Gießener Philosophen Odo Marquard
auf der Westdeutschen Rektorenkonferenz 1985, in der eine
»Unvermeidlichkeit der Geisteswissenschaften« behauptet wurde:
Angesichts lebensweltlicher Verluste durch voranschreitende Tech-
nisierungen liege die gesellschaftsrelevante Bedeutung der Geisteswissenschaften in deren Kompensationsfunktion. Diese besteht laut
Marquard darin, daß die Geisteswissenschaften, indem sie »Sensi-

bilisierungs-, Bewahrungs- und Orientierungsgeschichten« erzählten, den neuen Sinnbedarf in der undurchschaubar und kalt gewordenen Welt der Moderne auffüllen könnten.

Diese Argumentationslinie blieb jedoch nicht unwidersprochen und erhielt bald ihren Widerpart im Ruf nach der *Orientierungsfunktion* geisteswissenschaftlichen Wissens. Doch auch dieses Schlagwort, das vor allem in den Reihen der Wissenschaftspolitiker auftauchte, scheint von der tatsächlichen Forschungspraxis eher abzulenken: In dieser Perspektive, die ebenfalls vom unauflösbaren Gegensatz zwischen den »zwei Kulturen« ausgeht, werden den Geisteswissenschaften *handlungsanleitende Orientierungen* abverlangt, die unter anderem eine rationalere Handhabung naturwissenschaftlichen Wissens gewährleisten sollen. Haben die Geisteswissenschaften in der Kompensationsthese die negativen Folgen der naturwissenschaftlichen Modernisierung mit positivem Sinngehalt zu versehen, so kommt ihnen in der Orientierungsthese die (sie wohl etwas überfordernde) Aufgabe zu, das naturwissenschaftlich-technische Verfügungswissen rechtzeitig rational zu bewältigen.

Diese beiden Positionen wurden durch eine dritte ergänzt, die die relative Autonomie der geisteswissenschaftlichen Fächer sowie ihre *Aufklärungsfunktion* stärker betont. Mittels eines erweiterten Kulturbegriffs wird die Behauptung vertreten, daß die Geisteswissenschaften die Moderne nicht kompensieren, sondern sie *vollziehen*. In diesem Sinne seien auch sie Teile eines Prozesses, den man seit dem Beginn der Moderne als Aufklärung versteht. Die große fachliche Zersplitterung der als »Geisteswissenschaften« verstandenen Bereiche biete unter der weiträumigeren Bezeichnung »*Kulturwissenschaften*« Chancen für einen größeren, transdisziplinären Diskurs, der die Barrieren der zwei bzw. drei Kulturen überwinden könnte.

Die realen Hindernisse, die einer derartigen, weitgehend autonomen Neubestimmung der deutschen Geisteswissenschaften noch im Wege stehen, sind allerdings weitaus größer, als die kritisch-aufklärerischen Stimmen wahrhaben wollen – während die Forderung nach einer Legitimation durch ökonomische Verwertbarkeit inzwischen neue Formen annimmt: So wird in letzter Zeit die Nützlichkeit des kommunikativen und kreativen Kapitals von GeisteswissenschaftlerInnen für die Privatwirtschaft besonders hervorgehoben. Außerdem kann gezeigt werden, daß die Geistes- bzw. Kulturwissenschaften längst in weitaus größerem Maße in den Markt eingebunden sind, als sie selbst vielleicht vermuten.

Im Zusammenhang mit den Diskussionen um die Funktion der Geistes- und Kulturwissenschaften hat aber auch ihre empirische Erforschung Auftrieb erhalten. Für die Bundesrepublik Deutschland wurden sie in Form von »Außen-« bzw. »Innenansichten« zum Teil von WissenschaftsforscherInnen, zum Teil aber auch von GeisteswissenschaftlerInnen selbst durchgeführt. Bei der Außenansicht zeigte sich dabei vor allem, wie stark die Expansion der Hochschulen in den siebziger Jahren die Geisteswissenschaften prägte, indem sie ihnen Chancen einer beispiellosen Erweiterung bot. Sie hat zugleich aber auch ihre Selbstzweifel, ihr Unbehagen und ihre »Krise« in gewisser Weise mitbedingt.

Die Innenansichten bieten ein facettenreiches und differenziertes Bild der verschiedenen Disziplinen und Forschungsfelder. In den immer wieder geführten Auseinandersetzungen um die Sinnhaftigkeit disziplinärer Grenzziehungen – welche Fächer zu wem gehören und welche Verwandtschaftsverhältnisse der Fächer vorherrschen oder vorherrschen sollten – reflektiert sich nicht nur inneruniversitäres oder innerdisziplinäres Macht- oder Wunschdenken. Vielmehr wird klar, wie die stark veränderten Ansprüche einer komplexer gewordenen Welt in überwiegend subtiler Weise die Geisteswissenschaften in ihrem Kern, in ihrem immer wieder beschworenen »Wesen« herausfordern. Die Spannbreite der Herausforderungen reicht vom Vordringen von Naturwissenschaft und Technik (die selbst vor der Arbeitsweise der Geisteswissenschaften nicht halt machen) über die stark zunehmende internationale Verflechtung und der damit bedingten Konfrontation mit anderen, fremden Kulturen bis hin zur Auseinandersetzung mit sozialwissenschaftlichen Sichtweisen und der Versuchung der Selbstaufgabe in »postmodernen« Diskursen.

6.3. Die Verwendungskontexte der Sozial- und Geisteswissenschaften

> Regel Nummer eins: Die Verwendung der Ergebnisse hat nichts mit den Ergebnissen zu tun, die verwendet werden.
>
> *Ulrich Beck/Wolfgang Bonß*

Die Frage nach ihrer Verwertbarkeit hat die Sozialwissenschaften – mit Ausnahme der Nationalökonomie in deren »selbstverschuldeter Nützlichkeit« (Schumpeter) – seit jeher bewegt und sie in den vergangenen Jahrzehnten zwischen übertrieben optimistischen und selbstkritischen Einschätzungen ihrer Anwendungsmöglichkeiten schwanken lassen. Ein Überblick über realistischere Einschätzungen der Bedeutung von Sozialwissenschaften soll hier im Kontext der Diskussion um »reflexive Modernisierung« versucht werden.

Wie die Arbeiten von Wagner, Wittrock und anderen deutlich gemacht haben, waren und sind die europäischen Sozialwissenschaften untrennbar mit der Entwicklung der modernen Nationalstaaten verbunden. Neben den Versuchen zur theoretischen Beschreibung von Gesellschaft, die bis in die griechische Antike zurückreichen, kam es im 18. und verstärkt im 19. Jahrhundert zu quantifizierenden Analysen von gesellschaftlichen Tatbeständen. Zum einen stieg in den sich allmählich herausbildenden Nationalstaaten der Bedarf an Information über Umfang und Beschaffenheit der wirtschaftlichen Ressourcen und über die Strukturierung der Gesellschaft stark an. Zum anderen benötigten die expandierenden Nationalstaaten in steigendem Maße administrative Kompetenz und Expertise – einschließlich jener, über die die jungen und aufstrebenden Sozialwissenschaften verfügten, die den einsetzenden Kollektivisierungsprozeß »in care of the state« (de Swaan) begleiteten.

Unter den in letzter Zeit entstandenen Arbeiten, die die Ursprünge und weitere Entwicklung der Sozialwissenschaften im Kontext ihrer engen Abhängigkeit von den modernen Nationalstaaten zeigen, findet sich auch eine Studie von Alain Desrosières, in der die Frage nach der Beziehung von Sozialwissenschaft und Statistik gestellt wird. Dabei wird gezeigt, wie die Entwicklung und Anwendung bestimmter statistischer Methoden und Erhebungstechniken, aber auch die Einführung neuer oder das Verschwinden alter Kategorien (wie z.b. Berufsbezeichnungen) mit bestimmten Phasen der Staatenwerdung und gesellschaftspolitischen Veränderungen aufs engste zusammenhängen. Soziale Phänomene sind nicht nur Dinge im Sinn von Durkheims »sozialen Tatsachen«, sondern sie sind vor allem »gemachte Tatsachen«. Die Statistik erweist sich so betrachtet als eine sowohl politische als auch wissenschaftliche Tätigkeit.

Diese und andere Forschungsergebnisse lassen den heute stark zurückgenommen Anspruch der gesellschaftlichen Verwertbarkeit sozialwissenschaftlichen Wissens in einem neuen Licht erscheinen. Der Leitgedanke dabei ist, daß moderne Gesellschaftssysteme sich nur durch die reflexive Eingliederung des sich entfaltenden sozialwissenschaftlichen Wissens konstituieren können, während umgekehrt sich die Sozialwissenschaften so organisieren, daß ihre Entwicklung eine Reflexion auf die Evolution dieser Systeme darstellt. So schuf erst die längst fällige Expansion des Hochschulsystems in Europa in den sechziger und siebziger Jahren die institutionellen und organisatorisch-ökonomischen Voraussetzungen für eine breitere Etablierung des modernen sozialwissenschaftlichen Wissens an den Hochschulen. Darüber hinaus fand auch eine verstärkte Verbreitung dieses Wissens in der Gesellschaft statt: in den Planungsabteilungen von Ministerien und Industrie ebenso wie in der Politik, in den Medien und schließlich, vermittelt durch die rasch ansteigende Zahl von AbsolventInnen, in der Öffentlichkeit.

Zugleich mit diesem Boom der Sozialwissenschaften (»Modestudium Soziologie«) kam es zu heftigen Disputen darüber, ob der Einsatz von Sozialwissenschaften als »Sozialtechnologie«, also als technokratisches Planungswissen, zu rechtfertigen sei oder ob es nicht eher ihre Aufgabe wäre, als gesellschaftsverändernde und kritisch-emanzipative Kräfte im Sinne der (Dialektik der) Aufklärung zu wirken. Diese Diskussion wurde in den achtziger Jahren durch einen gewissen Pragmatismus abgelöst. So manche utopische Vorstellung einer durch die Sozialwissenschaften reformierten Gesellschaft wich realistischeren Einschätzungen ihrer gesellschaftlichen Rolle sowie ihrer spezifischen Anwendungsmöglichkeiten.

So betonen Ulrich Beck und Wolfgang Bonß vor dem Hintergrund eines umfangreichen Forschungschwerpunkts, der sich mit den Verwendungszusammenhängen sozialwissenschaftlicher Ergebnisse empirisch auseinandersetzte, daß wie selbstverständlich lange Zeit von einer Überlegenheit des wissenschaftlichen Wissens ausgegangen wurde. Die konkreten Analysen hingegen zeigten, daß von den Wissenschaften nicht notwendigerweise besseres, sondern zunächst anderes Wissen geliefert wird. Die Sozialwissenschaften können ungewohnte Zusammenhänge herstellen und die Wirklichkeit als »auch anders möglich« beschreiben. Doch eine solche Sichtweise kann von der Praxis nicht ohne weiteres übernommen werden. Die wissenschaftlich erarbeiteten Informationen müssen zunächst für eine praktische Umsetzung »anschlußfähig« gemacht werden.

Die oft beobachtbaren Mißverständnisse und wechselseitigen Irrelevanzklagen zwischen Theorie und Praxis ergeben sich aber auch aus der Unkenntnis der Differenz der Regeln, die die Produktion und den Gebrauch von Wissen bestimmen. Wissenschaftliches Wissen kann Anerkennung nur durch Abgrenzung zum praktischen Wissen erreichen. Umgekehrt kann die Praxis sich Wissenschaft nur aneignen, indem sie deren Interpretationsangebote ihrer wissenschaftlichen Identität entkleidet. »Verwendung« sozialwissenschaftlichen Wissens kann daher nicht einfach »Anwendung« bedeuten. Es handelt sich vielmehr immer um ein aktives Mit- und Neuproduzieren der Ergebnisse, die dadurch ihren Ergebnischarakter verlieren und im Handlungs-, Sprach-, Erwartungs- und Wertkontext des jeweiligen Praxiszusammenhangs nach eigenen Regeln in ihrer praktischen Bedeutung überhaupt erst geschaffen werden.

Doch auch im größeren gesellschaftlichen Kontext hat sich einiges verändert. Ging man in den siebziger Jahren, als sich in einigen europäischen Ländern eine sogenannte »Reformkoalition« zwischen reformorientierten Politikern und den Sozialwissenschaften etabliert hatte, davon aus, daß sozialwissenschaftliche Erkenntnisse in beinahe beliebigem Ausmaß zur Verfügung standen und als durch ExpertInnen gesichertes Wissen gelten konnten, so machten die bald danach einsetzenden öffentlichen Kontroversen besonders um technische Risiken klar, daß beide Annahmen unbegründet waren. Vor allem erlitt der Status von ExpertInnen – und zwar sowohl von den naturwissenschaftlich-technischen als auch den sozialwissenschaftlichen – einen markanten Vertrauenseinbruch.

Adalbert Evers und Helga Nowotny zeigten in ihrer Untersuchung über zwei gesellschaftspolitische Kontroversen – die Armutsdebatte im 19. Jahrhundert und die aktuelle Debatte um großtechnische Risiken –, daß die tatsächliche Verwendung von Expertenwissen vom unterschiedlichen Ausmaß der in der Gesellschaft vorhandenen Unsicherheit und von den zur Verfügung stehenden Bewältigungsstrategien abhängig ist. In Situationen, in denen ausreichende Sicherheiten vorhanden sind, die durch institutionelle Lösungen und gemeinsam getragene Zukunftszuversicht abgestützt sind, hat Expertenwissen einen festen Platz, zum Aufbau und zur Erhaltung bestehender Sicherheiten.

In solchen Phasen dominiert der Anwendungswert von »(sozial)-technischem« Wissen, das zum Erreichen gesetzter Ziele und zur Verbesserung von Funktionstüchtigkeit eingesetzt werden kann. In Phasen gesellschaftlicher Verunsicherung jedoch zerfallen die bestehenden Sicherheitsgarantien. Die Grundlagen selbst, auf denen Ziele und Mittel zu deren Erreichung aufbauen, werden in Frage gestellt. Expertenwissen wird entweder auf einen relativ engen, (sozial)technischen Bereich zurückgedrängt, oder eine Kontroverse bricht aus. In diesen Phasen ist nicht mehr »(sozial)technisches« Expertenwissen, sondern »Orientierungswissen« gefragt.

Was wird nun aus sozialwissenschaftlichem Wissen, wenn es angewendet und »praktisch« wird? Eine ernüchternde Einsicht von Studien über Verwendungen sozialwissenschaftlicher Resultate zeigt, daß die tatsächlich verwendeten Ergebnisse wenig mit dem zu tun haben, was sich die ForscherInnen davon erhofft hatten, aber auch wenig mit dem, was von ihnen erhoben worden war. Die »direkte« Anwendung bleibt ein absoluter Ausnahme- bzw. ein bisweilen demokratiepolitisch gefährlicher Grenzfall. Die Wirkungskontexte werden umso diffuser, je mehr sie den Umweg über die Öffentlichkeit und die Medien nehmen. Die Ursache für diese oft verschlungenen Verwendungswege liegt auch darin, daß die Sozialwissenschaften in der Regel keine unumstößlichen Ergebnisse offerieren können, sondern vor allem *Interpretationen*. Diese wiederum sind an das Medium der Sprache gebunden, genauer: an das der Wissenschaftssprache. Verwendungsprozesse müssen folglich immer *Übersetzungen* aus dieser Wissenschaftssprache in eine Alltagssprache oder entsprechende andere »Spezialsprachen« beinhalten. Gehen sozialwissenschaftliche Erkenntnisse in Gesetzestexte ein oder führen zu anderweitiger Verwendung, so ist ihnen ihr Ursprung kaum mehr anzusehen. Sozialwissenschaftliche Interpretationsangebote sind besonders »erfolgreich«, wenn sie gleichsam ins öffentliche Bewußtsein eingehen und dort »verschwinden«.

Der wachsende Druck der wirtschaftlichen Verwertbarkeit und Ansätze von marktähnlichen Strukturen machen sich auch in den subtilen Zusammenhängen bemerkbar, die Wissenschaft und Technik mit der Politik verbinden. So hat der israelische Politikwissenschaftler Yaron Ezrahi anschaulich einen neuen Trend zur »Privatisierung« der Wissenschaft herausgearbeitet. So wie in früheren Jahrhunderten Kunst und dann Religion zur »Privatsache« wurden, so hat sich heute der Platz, den Wissenschaft in einem liberaldemokratischen politischen System einnimmt, dramatisch verengt, und zwar unabhängig von den Veränderungen der Praktiken und der Kultur innerhalb des Wissenschaftssystems selbst. Ezrahi sieht vor allem einen Rückgang der Bedeutung, die Wissenschaft im kulturellen Legitimationsgefüge für eine auf Verbesserung ausgerichtete, demokratische Politik spielt.

Der Glaube, daß Wissenschaft die »Welt« als einen beobachtbaren Gegenstandsbereich abbilden kann, daß wissenschaftliches Wissen unbeeinflußt von Interessen sei und daß wissenschaftliche Beobachtung einem öffentlichen Akt der Erkenntnis gleichkomme, waren tiefverwurzelte Begründungen, auf denen auch die demokratische Politik mit ihrem instrumentellen Ansatz aufbaute. Die »Maschine« als Metapher für effizientes Funktionieren waren der Wissenschaft und Technik ebenso eigen wie der liberalen Demokratie. Ezrahi sieht in der gegenwärtigen Situation einen Rückzug jeder öffentlichen Unternehmung im kulturellen Sinn. Dabei läuft die Wissenschaft besonders Gefahr, durch ihre Abdrängung in die Privatsphäre delegitimiert und zu einem esoterischen Wissen reduziert zu werden, das jede Autorität als normatives Modell der Welterkenntnis verliert.

Eine solche Situation beeinflußt nicht notwendigerweise die Praxis der Wissenschaft selbst, hat aber weitreichende Auswirkungen auf die Rhetorik und Wirkungskraft der Wissenschaft in der Öffentlichkeit und damit in ihrer Beziehung zum politischen Diskurs und Handeln. Privatisierung der Wissenschaft bedeutet nicht notwendigerweise, daß wissenschaftliches Wissen ausschließlich Sache des persönlichen Geschmacks wird. Es bedeutet aber sehr wohl, daß Wissenschaft ihren privilegierten Platz im öffentlichen politischen Diskurs als Referenz für Wissensstandards, für »Wahrheit« und für öffentliches Handeln verliert. Mit dem Verlust der Instrumentalität des politischen Handelns, das eng mit dem Glauben an die Effizienz und Effektivität wissenschaftlich-technischen rationalen Handelns verknüpft war, wird Politik zum öffentlichen Spektakel. Religiös fundamentalistische, moralistische und ästhetische Einstellungen verdrängen materialistische, rationalistische und instrumenalistische in der Politik. »*Stagecraft*«, also die Kunst der geschickten Inszenierung und der politisch wirkungsvollen Gesten, tritt an die Stelle von »*statecraft*«, also der Technik des Regierens, die Ezrahi zufolge eng mit der Rolle von Wissenschaft und Technik bei der Konstituierung einer liberal-demokratischen Gesellschaftsordnung verknüpft war. Die gegenwärtige Delegitimierung instrumenteller Rationalität signalisiert den Beginn sowohl einer postmodernen Wissenschaft und Technik als auch einer postmodernen Politik, die ihre eigenen Grenzen erst werden kennenlernen müssen.

Ein anderer Druck, der sich bemerkbar macht, geht von der Wahrnehmung der komplexen Natur gesellschaftlicher Probleme aus. Insbesondere die disziplinäre Spezialisierung innerhalb der Wissenschaften, so erfolgreich sie auch bisher gewesen sein mag, scheint angesichts neuer und komplexer Probleme wie jener im Umweltbereich, herausgefordert. Und tatsächlich beginnt sich in innovativen Bereichen der Forschung ein Umdenken in Richtung Inter- oder Transdisziplinarität durchzusetzen, was jüngst in einer Gemeinschaftsarbeit von Michael Gibbons, Camille Limoges, Helga Nowotny, Peter Scott, Simon Schwartzman und Martin Trow analysiert wurde. In einer idealtypischen Gegenüberstellung wird in dieser Studie die traditionelle, disziplinär strukturierte Wissensproduktion – Modus 1 – mit einer neuen, transdisziplinären – Modus 2 – verglichen. Dabei wird klargemacht, daß sich dieser neue Modus der Erkenntnisproduktion von traditionellen Formen der Wissenserzeugung in vielerlei Hinsicht unterscheidet – diese aber keineswegs ersetzt, sondern allenfalls ergänzt.

Diese neue Form der transdisziplinären Forschung vollzieht sich in heterogenen Kontexten von Anwendungen, in denen Probleme nicht mehr in einer monodisziplinären Weise definiert werden; ihre typischen Organisationsformen sind nicht-hierarchisch und oft von zeitlich begrenzter Dauer. Die veränderte Wissensproduktion ist entsprechend nicht primär an den Universitäten institutionalisiert, sondern operiert quer über institutionelle Grenzen hinweg und besteht aus der Zusammenarbeit von vielen, zum Teil auch sehr unterschiedlichen Akteuren, was dazu führt, daß eine größere Offenheit gegenüber gesellschaftlichen Problemdefinitionen, aber auch ein größerer Druck zur öffentlichen Rechtfertigung vorhanden sind.

Es liegt in der Natur dieser neuen Form der Wissensproduktion, daß sie in den unterschiedlichsten Formen aufzufinden ist und sich das neue Phänomen in erster Linie im naturwissenschaftlich-technischen Bereich manifestiert. Viele der genannten Charakteristika scheinen auf den ersten Blick mit dem Selbstverständnis, den traditionellen Werten und sozialen Praktiken der Geisteswissenschaften nichts gemein zu haben. Sie gelten weithin als vorindustriell. Eine nähere Analyse zeigt jedoch, daß deren Verwertungskontext eine Reihe von Gemeinsamkeiten mit der Entwicklung der naturwissenschaftlichen und technischen Wissensproduktion aufweist. So wird beispielsweise der stark gestiegene quantitative Output geistes- und kulturwissenschaftlichen Wissens oft nicht wahrgenommen. In der Regel wird ihm nicht dieselbe Aufmerksamkeit zuteil wie den technisch-naturwissenschaftlichen Innovationen. Die Gründe für diese Nichtbeachtung liegen in der – unrichtigen – Annahme, daß der Zusammenhang zwischen kultureller und ökonomischer Produktion ein schwächerer sei und daß Kulturproduktion wenig koste. Eine differenziertere Analyse zeigt jedoch die enge Verflechtung zumindest zwischen gewissen Formen der Kulturproduktion und der medialen, »Image«- produzierenden Industrie und deren Ökonomie auf.

Die Wissensexplosion in den Naturwissenschaften und in der Technik läßt sich an der Zunahme neuer technischer Produkte und Dienstleistungen, ihrer Qualitätssteigerung und ihrem Preisverfall ablesen, wie am Beispiel des Computers zu sehen ist. Dahinter steht eine ebenso meßbare Zunahme an Forschungsausgaben und an der Zahl der beschäftigten WissenschaftlerInnen. Ähnliches läßt sich anhand von UNESCO-Statistiken über das wachsende Ausmaß intellektueller Tätigkeiten – etwa am Beispiel der Buchproduktion oder mit dem explosiven Wachstum des höheren Bildungssektors für die letzten zwei Jahrzehnte – belegen.

Die Expansion des Outputs an Wissen ist also ein Phänomen, das ebenso in den Geistes- bzw. Kulturwissenschaften wie im Bereich der Naturwissenschaften und Technik zu beobachten ist. Die Steigerungsraten der kulturellen Produktion sind ebenso stark wie jene der naturwissenschaftlichen Publikationen, und zwar sowohl innerhalb der Universitäten als auch durch die Massenmedien und in der diffusen, weit gestreuten Kultur- oder besser, »Image«-produzierenden Industrie. Mehr ProfessorInnen schreiben mehr Bücher. Seit dem Ende des 18. Jahrhunderts sind mehr als 25.000 Bücher, Essays, Artikel und Kommentare allein über Shakespeares *Hamlet* verfaßt worden. Jedes Jahr entstehen ca. 30.000 literaturwissenschaftliche Dissertationen in europäischen und amerikanischen Universitäten. Und mehr Studierende und AbsolventInnen schaffen die Voraussetzungen für einen florierenden Büchermarkt.

Auch im erweiterten kulturellen Umfeld ist quantitatives Wachstum ein ebenso bemerkenswertes wie weitverbreitetes Phänomen. In New York gab es beispielsweise im Jahr 1945 bloß eine kleine Anzahl von Galerien, und wenige KünstlerInnen lebten dort. 40 Jahre später gab es 700 Galerien, und die Anzahl der professionellen KünstlerInnen war auf 150.000 gestiegen. Jährlich werden ca. 15 Millionen Kunstwerke produziert – im Vergleich zu 200.000 im Paris des ausgehenden 19. Jahrhunderts. Die KulturproduzentInnen scheinen die KulturvermittlerInnen überrundet zu haben – doch in Wirklichkeit sind die KulturvermittlerInnen ebenso zu ProduzentInnen geworden. In den Geisteswissenschaften haben sich die Grenzen zwischen den beiden seit langem verwischt.

Auch in der *Kontextualisierung* des Wissens, in diesem Fall: seiner Einbettung in Verwendungszusammenhänge, sind die Geistes- und Kulturwissenschaften längst den Naturwissenschaften ebenbürtig. Kommerzialisierung als Teil dieses Prozesses ist ein Bestandteil der Kulturindustrie, vielleicht mit Ausnahme bestimmter Formen einer elitären Kulturproduktion. Die Geisteswissenschaften sind in einem diffusen und pluralistischen Sinn mit dem Markt verbunden, nicht zuletzt deshalb, weil ihre intellektuellen Werte durch den sozialen Kontext und über ihre Anwendung mitgeformt werden. In Analogie zur Güterproduktion könnte man sagen, daß die Geistes- und Kulturwissenschaften die symbolische Währung auf dem Markt der Lebenschancen in ähnlicher Weise bereitstellen, wie neue Produkte und Güter die harte Währung auf den Industriemärkten abgeben. Zusammen mit der gesellschaftlichen Differenzierung wächst in beschleunigtem Maße auch die kulturelle Diversifikation.

Es gibt allerdings verbleibende Unterschiede zwischen den Geistes- und Kulturwissenschaften, den Sozialwissenschaften und den Naturwissenschaften, die durch die veränderte Wissensproduktion nicht aufgehoben, sondern akzentuiert werden. Sie betreffen vor allem die in der veränderten Wissensproduktion stärker angelegte Reflexivität. Diese war immer ein integraler Bestandteil der Humanwissenschaften, die ihre intellektuellen Energien darauf verwenden, die Vergangenheit unermüdlich im Namen der Gegenwart zu befragen. Während es den Naturwissenschaften gelang, eine relative gesellschaftliche Autonomie zu erreichen und zu einem relativ unabhängigen Subsystem zu werden, ist die Grenze zwischen Wissenschaft und Gesellschaft heute durchlässiger geworden als je zuvor.

Für die Geisteswissenschaften hat es diese relative Autonomie nie gegeben; sie sind niemals als ein gesellschaftliches Subsystem angesehen worden, das isoliert von der übrigen Gesellschaft funktioniert. Im Gegenteil, ihre Funktion liegt darin, Verständnis für jede Art von menschlicher und gesellschaftlicher Erfahrung zu schaffen, und sie werden wegen der Einsichten und Orientierung geschätzt, die wir von ihnen erwarten. Es ist nicht primär die größere Radikalität ihrer

Reflexivität noch die Art der Kontextualisierung, die sie von den Naturwissenschaften unterscheidet. Ihre Reflexivität steht vielmehr für die menschliche Erfahrung schlechthin. In dem bisher Gesagten nehmen die Sozialwissenschaften eine mittlere Position ein. Mit den Geisteswissenschaften teilen sie das gemeinsame Interesse daran, das Funktionieren von Gesellschaft und das Herstellen von Kultur und Sinnproduktion zu verstehen. Doch der Blickwinkel der Sozialwissenschaften ist im allgemeinen analytischer; ihre explizite Funktion richtet sich weitaus stärker auf die Konstruktion praktischer und technischer Hilfsmittel, mit denen ein besseres Verständnis von Gesellschaft erreicht werden soll und durch die jene zunehmend enzauberte Welt, die ihre Analyse offenbart, bewältigt werden kann. Um ihre analytische und technische Grundeinstellung zu bewahren, haben die Sozialwissenschaften versucht, eine wissenschaftliche Reflexivität zu pflegen, durch die sie die Kontextualisierung (und teilweise Instrumentalisierung) ihres Wissens in einer bewußt distanzierten und selbst-reflexiven Weise betrachten. Im Gegensatz zu den Geisteswissenschaften bemühen sich die Sozialwissenschaften um intellektuelle Distanz von der Schaffung von Werten und von Sinn, die der kulturellen Produktion innewohnt.

6.4. Die zwei (drei) Kulturen: Möglichkeiten transdisziplinärer Dialoge

> Bei interdisziplinärer Arbeit geht es nicht um eine Konfrontation bereits bestehender Disziplinen (...). Um etwas Interdisziplinäres zu tun, genügt es auch nicht, ein Thema zu wählen und um es herum zwei oder drei Wissenschaften anzusiedeln. Interdisziplinarität besteht darin, ein völlig neues Objekt zu erschaffen, das zu niemandem gehört.
>
> *Roland Barthes*

1959 hielt der englische Chemiker und Romancier C.P. Snow eine folgenreiche Rede mit dem Titel »*The Two Cultures and the Scientific Revolution*«, in der er besorgt feststellte, daß das geistige

Leben der westlichen Gesellschaften sich zunehmend in zwei diametrale Gruppen aufspalte: die literarisch gebildete geisteswissenschaftliche Intelligenz auf der einen Seite – und auf der anderen die NaturwissenschaftlerInnen. Die kulturelle Einheit dieser beiden Pole, die jeweils eine Vielzahl heterogener Gruppen zusammenfassen, sah Snow in prinzipiellen Weltanschauungen und Werthaltungen: Während die Gemeinsamkeit der technisch-naturwissenschaftlich Gebildeten darin bestehe, daß sie »die Zukunft im Blut« hätten, würden Literaten und GeisteswissenschaftlerInnen an den Werten der Tradition, der inzwischen »überkommenen« Kultur festhalten: Als Feinde des Fortschritts der Zivilisation seien sie die »geborenen Maschinenstürmer«. Diese Festschreibung von Feindbildern und Ängsten, die im wesentlichen aus dem 19. Jahrhundert stammen, und besonders die ausschließlich *negative* Definition der eigenen Zunft, empörte die GeisteswissenschaftlerInnen, die sich nicht als konservative Traditionalisten behandelt wissen wollten. Die Bestandsaufnahme Snows und die darauf folgenden heftigen Debatten führten somit nicht zum Dialog, sondern zum genauen Gegenteil: Sie trugen weiter zur Zementierung alter Vorurteile und somit zur Verhärtung der Fronten bei.

Erst in den letzten Jahren kam es von wissenschaftssoziologischer Seite zu differenzierteren Einschätzungen der von Snow aufgeworfenen und unzulänglich beantworteten Fragen. So wies der deutsche Soziologe Wolf Lepenies darauf hin, daß gerade für die hier thematisierte Problemstellung eine *dritte* »Kultur« eine entscheidende Rolle spiele: nämlich die Sozialwissenschaften. In seiner Arbeit, der er bezeichnenderweise den Titel »Die drei Kulturen« gab, geht er von einer im Vergleich zu Snow reformulierten Prämisse aus, da für ihn vor allem die Soziologie und die Literatur seit der Mitte des 19. Jahrhunderts darum streiten, welche der beiden Fraktionen Schlüsselorientierungen für die moderne Zivilisation liefere. Lepenies hat dabei ein historisches und immer noch aktuelles Dilemma seiner eigenen Disziplin vor Augen, nämlich das des Schwankens zwischen einer eher *szientifischen* Orientierung, die auf eine Nachahmung der Naturwissenschaften hinausläuft, und einer *hermeneutischen* Einstellung, die das Fach in die Nähe der Literatur rückt.

Die Entstehung disziplinärer Identitäten führt Lepenies auf drei Teilidentitäten zurück, die auch für das Image eines Faches konstitutiv sind. Unter der *kognitiven* Identität ist die Kohärenz von spezifischen theoretischen und methodologischen Orientierungen, von gemeinsamen Paradigmen, Problemfeldern und Forschungswerkzeugen, die eine »inhaltliche« Abgrenzung von anderen Disziplinen ermöglichen, zu verstehen. Daneben muß aber auch eine *soziale* Identität gestiftet werden, die mit den Institutionalisierungsprozessen der Fächer gleichzusetzen ist, also die Art ihrer Etablierung innerhalb oder außerhalb der Universitäten, aber auch andere organisatorische Verankerungen, wie etwa die Gründung von Zeitschriften, das Abhalten von Konferenzen oder die Verleihung von Auszeichnungen. Zumeist am Ende solcher »Identitätsfindungen« wissenschaftlicher Disziplinen steht schließlich die Herausbildung einer *historischen* Identität. Diese kommt vor allem durch die geschichtliche Rekonstruktion des Faches zustande – etwa durch die Kanonbildung und Disziplinengeschichten – und geht dabei nicht selten mit Krisen im disziplinären Selbstverständnis einher.

Die jeweiligen sozialen Identitäten der unterschiedlichen geistes-, natur- und sozialwissenschaftlichen Disziplinen werden aber auch durch eine bestimmte Form von institutionalisierter Arbeitspraxis geschaffen, die in einem erheblichen Ausmaß zum Selbstbild einer Disziplin beitragen. Der englische Wissenschaftsforscher Richard Whitley hat versucht, diese spezifischen Organisationsstrukturen von verschiedenen spezialisierten Wissenschaftskulturen in einer Typologie von wissenschaftlichen Praxisfeldern systematisch zu vergleichen. Der hier verwendete Begriff des Feldes geht über die herkömmlichen disziplinären Grenzen hinaus und berücksichtigt auch den Beitrag identitätsstiftender Praxisformen.

Whitley erstellte seine Typologie auf der Grundlage von zwei Dimensionen, die zusammengenommen den Grad an Autonomie des jeweiligen Teilbereiches messen: zum ersten wird nach dem Ausmaß der *wechselseitigen Abhängigkeit* der WissenschaftlerInnen voneinander gefragt, also etwa danach, inwieweit es beim Publizieren in angesehenen Fachzeitschriften bestimmte Standards gibt, die einzuhalten sind. Dabei wird auch erhoben, wie sehr die ForscherInnen in einem Feld miteinander kooperieren, oder ob es notwendig ist, daß das erzeugte Wissen in einer für KollegInnen »brauchbaren« Form hergestellt wird. Zum zweiten wird bestimmt, ob ein Feld über *standardisierte Methoden* und damit auch relativ »*sichere*« *Ergebnisse* bzw. über einen bestimmten kanonisierten Problembereich verfügt oder nicht. Bei dem Aufbau des Felderschemas anhand verschiedener Disziplinen zeigt sich, daß ein hierarchisches Gefälle zwischen den humanwissenschaftlichen Disziplinen und den extrem »dichten«, organisatorisch hoch zentralisierten Feldern (wie etwa der Physik) besteht.

Während die sozial- und geisteswissenschaftlichen Fächer aufgrund weniger stark ausgeprägter inhaltlicher Verbindlichkeiten und Kompetenzstandards bzw. der Abwesenheit formalisierter Fachsprachen viel stärker durch äußere Einflüsse geprägt sind, sind die inhaltliche Unsicherheit und die Außenabhängigkeit in den Naturwissenschaften kaum ausgeprägt. Eine Schwäche des Whitleyschen Schemas besteht allerdings darin, daß hier die rigide Dichotomie der zwei Kulturen in ein Kontinuum aufgelöst wurde, ohne aber die *tatsächliche Praxis* in den verschiedenen akademischen »Stammesgemeinschaften« zu untersuchen.

Diesen Fragestellungen wendet sich eine Studie von Tony Becher zu, die den bezeichnenden Titel »*Academic Tribes and Territories*« trägt. Zwar hält auch er im wesentlichen an den »großen« Dichotomien fest, ist jedoch darum bemüht, aus den bestehenden Differenzen das Bild einer vielfältigen »Forschungslandschaft« zu zeichnen. Als Meßgröße für die Struktur eines Forschungsgebietes führt er den Terminus der »*people-to-problem ratio*« ein, mit dem das Verhältnis der Zahl der auf einem Gebiet arbeitenden ForscherInnen zu den relevanten Forschungsfragen auf den Begriff gebracht werden soll. Tatsächlich gibt es Forschungsfelder, in denen die Zahl der zu bearbeitenden Forschungsfragen relativ klein ist, während gleichzeitig sehr viele WissenschaftlerInnen daran arbeiten. Auf dem anderen Ende der Skala finden wir Wissensgebiete, in denen die Fragen schier unerschöpflich zu sein scheinen, wobei die Zahl der damit beschäftigten WissenschaftlerInnen gering ist.

Becher veranschaulicht diese Unterschiede durch die Metapher von städtischen und ländlichen Forschungsbereichen, denen auch jeweils eine hohe bzw. niedrige »*people-to-problem ratio*« entspricht. Diese Bereiche unterscheiden sich nun in einer Vielzahl von Facetten, so etwa im Kommunikationsverhalten, in Art und Größe der wissenschaftlichen Fragestellungen, in der Beziehung zwischen den »BewohnerInnen« und in ihren Möglichkeiten, finanzielle Mittel aufzutreiben. Eine »städtische Forschungslandschaft« umfaßt zumeist ein relativ schmales Forschungsgebiet, das klar abgegrenzte Fragen um einige wesentliche Themen umfaßt. Der enge, kostspielige Raum zwingt gewissermaßen zur Arbeit an einigen wenigen, gemeinsamen Themen. Eine angespannte Wettbewerbssituation herrscht vor, und aus Angst vor geistigem Diebstahl und Plagiaten neigt man eher zu schnellerer Publikation von Ergebnissen. Trotzdem wird Teamwork bevorzugt. Außerdem zeichnen sich diese urbanen Regionen der Forschungslandschaft durch beträchtlichen finanziellen Ressourcenaufwand und einen hohen Grad an Technologisierung aus. Dieses »städtische Bild« steht natürlich eher für die Naturwissenschaften, allerdings mit der Einschränkung auf Grundlagenforschung. Der Gegensatz, die »ländliche« Forschungssituation, trifft eher auf die »soft sciences« zu, aber auch auf den Bereich vieler angewandter Wissenschaften. Hier können die ForscherInnen dem Wettbewerbsdruck u.a. dadurch entgehen, daß sie sich im nächsten »Forschungstal« niederlassen.

Disziplinäre Selbst- und Fremdbilder entstehen vor allem aber auch durch unterschiedliche kulturelle Praxisformen, wozu unter anderem auch die Initiation der neu hinzukommenden Mitglieder zählt, die durch Erzählungen über »Gründungsmythen«, durch die Einweihung in die Riten der »Kultur« und das Vertrautmachen mit den »stammesüblichen« Standards, Erwartungen und Verhaltensnormen erreicht wird. Eine wesentliche Rolle spielt dabei die *Sprache*: Nicht nur die Art und Weise, wie über andere Fachvertreter geurteilt wird bzw. wie man sich selbst und seine eigenen Kollegen klassifiziert, gibt Aufschluß über Differenzen zwischen den unterschiedlichen Wissenschaftskulturen – auch bei einer vergleichenden Analyse geistes-, natur- und sozialwissenschaftlicher *Texte* springen interessante Ähnlichkeiten und Unterschiede ins Auge.

An drei ausgewählten Beispielen hat Charles Bazerman zu zeigen versucht, wieviel sich an einem wissenschaftlichen Text über einen bestimmten Fachbereich »ablesen« läßt. Bazerman fand durch seine vergleichende Lektüre einige charakteristische Unterschiede heraus. Im Hinblick auf die *naturwissenschaftlichen* Forschungsbereiche scheint auffällig, daß die Sprache des Textes eine fest umrissene, eingeschränkte Bedeutung hat: Im Unterschied zu den sozial- und geisteswissenschaftlichen Disziplinen kann von einem breiten gemeinsamen Wissensbestand der Spezialistengemeinde ausgegangen werden, da die meisten Fachbegriffe längst bekannt bzw. hinreichend klar definiert sind.

Ganz anders dagegen *sozialwissenschaftliche* Texte: Hier muß laut Bazerman der Autor der Publikation erst einmal die von ihm verwendete Begrifflichkeit erklären und legitimieren, was zumeist mit einer expliziten Zurückweisung vieler früherer Begriffe und Definitionen einhergeht. Neue Begriffe werden eingeführt oder alte werden neu definiert oder spezifiziert, zumal es in den Sozialwissenschaften kaum Theorien oder Methoden gibt, die allgemein verbindlich sind. Wie auch am *geisteswissenschaftlichen* Beispiel zeigt sich dabei deutlich, wie sehr die entwickelten Begriffe an den konkreten Gebrauch gebunden sind. Auch wenn es, wie in der Literaturwissenschaft, eine esoterische Fachsprache gibt, so liegt die angemessene Verwendung in diesem Fall in einem *distinktiven* Gebrauch: Die Leserschaft ist mit einer beinahe künstlerischen Kompetenz und durch bestimmte »Verzauberungstechniken« zu überzeugen, daß der oder die Schreibende der Vielschichtigkeit des untersuchten Objekts gerecht wird.

Die angedeutete disziplinäre Verschiedenheit auf mehreren Ebenen – der Organisation, der institutionellen Einbettung, der Arbeitspraktiken, des Selbst- und Fremdbildes, der Textproduktion etc. –, die die wissenschaftlichen Kulturen kennzeichnet, stellt zweifellos ein Hindernis dar für den immer wieder emphatisch eingeklagten *inter-* bzw. *transdisziplinären Diskurs*. Diese Forderung nach einer stärkeren Kooperationsbereitschaft der wissenschaftlichen Disziplinen ist trotz ihrer erneuten Aktualität nicht eine Erfindung unserer Tage. Der Begriff der Interdisziplinarität läßt sich bis in die zwanziger und dreißiger Jahre dieses Jahrhunderts zurückverfolgen, als die Vertreter des »Wiener Kreises« im Rahmen des Konzepts der »Einheitswissenschaft« mit interdisziplinärer Forschung noch die weißen Flecken auf der Landkarte zwischen den Disziplinen auffüllen wollten – ein Programm, das allerdings nicht nur wegen der Katastrophe des Zweiten Weltkriegs zum Scheitern verurteilt war. In einigen Wissensgebieten, wie in der theoretischen Physik, ist der »Dream of a Final Theory« auch heute nicht ausgeträumt. Er verdankt sich dem verständlichen Anliegen, sich den allgegenwärtigen Tendenzen zur weiteren Spezialisierung und Fragmentierung des Wissens entgegenzustellen, und einem lebendig gebliebenen Wunsch nach Gemeinschaft unter den Wissenschaften.

Doch die Erfahrung zeigt, daß dieser Wunsch allein nicht ausreicht, um von sich aus Inter- oder Transdisziplinarität herzustellen. Obwohl die Forderung nach mehr Interdisziplinarität besonders auf den Universitäten immer wieder erhoben wird, sind es gerade sie, die rigide und oft auch willkürlich gezogene disziplinäre Abgrenzungen mit erstaunlichem Aufwand weiter konservieren und tradieren. Studienpläne sind überwiegend disziplinär ausgerichtet, und es läßt sich in der Tat argumentieren, daß eine kognitive Identität zunächst in Form einer disziplinären Identität erworben werden muß.

Rückt man jedoch davon ab, der Transdisziplinarität per se einen höheren Wert einzuräumen – etwa im Sinn der Wiederherstellung einer verloren gegangenen Einheit oder Gemeinschaft –, und beginnt man, sie vielmehr als Antwort auf den wachsenden Problemdruck zu verstehen, der von seiten der Gesellschaft an die Wissenschaften herangetragen wird (»society has problems, the university has departments«), so können auch die Möglichkeiten des transdisziplinären Dialogs realistischere Konturen annehmen.

Die veränderte Art der Wissensproduktion, die als Modus 2 bereits vorgestellt wurde, ermöglicht eine solche Einschätzung. Die dort beobachtete Transdisziplinarität ist weder generell als Vorform einer späteren Etablierung einer eigenständigen Disziplin anzusehen, noch hat sie mit dem Wunsch nach Einheit zu tun. Im Vordergrund steht vielmehr die kontinuierliche, jedoch nur auf Zeit angelegte Figuration, Konfiguration und Rekonfiguration von Wissen, das auf die Lösung eines gemeinsam definierten Problems abzielt und in sehr unterschiedlichen und heterogenen Anwendungskontexten stattfindet. Der theoretisch-methodische Kern, der quer durch mehrere Disziplinen oder Subdisziplinen verläuft, wird häufig von lokalen Problemsichten und -definitionen vorangetrieben und somit lokal begründet. Das führt dazu, daß eine solcherart verstandene transdisziplinäre Praxis ihrerseits in hohem Grad sensitiv bleibt gegenüber weiteren lokalen Veränderungen – und zwar sowohl in der Problemdefinition als auch in den möglichen Lösungen, die beide in starker Abhängigkeit vom Anwendungskontext gesehen werden müssen. Es handelt sich daher um eine temporäre Konfiguration von Wissenselementen, Praktiken, Fähigkeiten und Erfahrungen, die durch ihre starke lokale und anwendungskontextuelle Abhängigkeit in hohem Grade wandlungsfähig ist. Dies wäre, für sich betrachtet, eine hochgradig instabile »Lösung« für transdisziplinäre Probleme.

Das Besondere an dieser neuen Art der Wissensproduktion ist jedoch, daß die Anwendungskontexte selbst vielfältig und hochgradig verteilt sind. Durch die meist auf Zeit angelegten Organisationsformen, die quer zu den herkömmlichen institutionellen und disziplinären Grenzen verlaufen, wird das lokal erlangte Wissen ständig weiter transportiert. Dadurch kann es in anderen Anwendungskontexten neue personelle und institutionelle Konstellationen eingehen. Das Spektrum der Probleme, für die Lösungen gesucht werden, ist ein weites: Es beginnt beim Umweltbereich, in dem natürliche, aber häufig nicht-lineare Prozesse mit solchen, die von Menschen initiiert oder verstärkt werden, in einem nicht völlig verstandenen Ausmaß zusammenwirken. Dieses Problemspektrum umfaßt aber auch die »klassischen« Schwierigkeiten der Sozialwissenschaften, wenn es etwa darum geht, dem Phänomen der Gewalt in einer veränderten urbanen und medialen Umgebung mit wirkungsvollen Maßnahmen zu begegnen.

Im Umweltbereich, aber nicht nur dort, wird zudem deutlich, wie sehr sich das Zusammenspiel zwischen Wissenschaft und Politik gewandelt hat und zu einer für die (Natur-)Wissenschaft neuen Art von

Unsicherheit geführt hat. Auch hier gibt es transdisziplinäre Herausforderungen, in die die Sozialwissenschaften ihre Erfahrungen mit Unsicherheit einzubringen imstande wären. Manche sehen in den sogenannten Komplexitätswissenschaften, die sich vorwiegend mit nicht-linearen Phänomenen in sehr unterschiedlichen, jedoch auch gesellschaftlichen oder ökonomischen Bereichen befassen, eines der Hauptfelder von Transdisziplinarität. Doch gerade auch die traditionellen Grenzlinien zwischen Geistes- und Sozialwissenschaften sind in heftige Bewegung geraten. Nach einer Phase, in der die Sozialwissenschaften sich eher am naturwissenschaftlichen Ende des Drei-Kulturen-Kontinuums orientiert hatten, hat das Pendel nun in die andere Richtung ausgeschlagen. Durch die kognitive und die narrative Wende und die Hinwendung zu qualitativen Methoden haben sich die Sozialwissenschaften wieder stärker den Geisteswissenschaften anzunähern begonnen. Es wird sich zeigen, ob dies zu ihrem Vorteil geschehen ist.

Verwendete und weiterführende Literatur

Arbeiten zur Geschichte und Soziologie der Sozial- und Geisteswissenschaften sind gerade in der letzten Zeit stark angewachsen, wohl auch aufgrund von Identitätskrisen in den Disziplinen. Den Zusammenhang zwischen diesen Krisen und der historischen Selbstreflexion stellt unter anderem auch LEPENIES (Hg.) (1981) in seiner Einleitung zu einer vierbändigen Soziologiegeschichte aus wissenschaftssoziologischer Perspektive her. Die wissenschaftshistorisch so bedeutsame Kontroverse zwischen Boyle und Hobbes ist bei SHAPIN und SCHAFFER (1985) in ihrer ganzen Komplexität nachzulesen. Einen guten Überblick über die Geschichte der Sozialstatistik bzw. der Sozialforschung bietet KERN (1983), für die deutsche Sozialforschung zwischen 1872 und 1914 GORGES (1980). LEPENIES (1985) versucht in seiner Arbeit über die drei Kulturen, die Entstehung der Soziologie im Spannungsverhältnis zwischen den Naturwissenschaften und der Literatur zu verorten.

Neuere wissenschaftssoziologische Perspektiven zu den Entste-
hungsbedingungen der Sozialwissenschaften legt die umfangeiche
Monographie von WAGNER (1990) ebenso vor wie die Arbeit von
MANICAS (1987) und die Beiträge in WAGNER, WITTROCK und
WHITLEY (Hg.) (1991). Die zuletzt genannten Arbeiten wie auch
jene von DE SWAAN (1988) gehen insbesondere auch auf die enge
Beziehung zwischen den Sozialwissenschaften und dem Staat ein.
Für eine neue Geschichte der Statistik siehe unter anderem
HACKING (1990) und weniger umfangreich DESROSIÈRES (1992).

Analysen der Innenstrukturen der Geisteswissenschaften aus der
Perspektive ihrer eigenen Vertreterinnen und Vertreter sind im
Sammelband von PRINZ und WEINGART (Hg.) (1990) enthalten;
eher externe Blickwinkel legt der von WEINGART et al. (1991) her-
ausgegebene Band an. Ein weiterer monographischer Beitrag zum
Stellenwert der Geisteswissenschaften und seinen Wandlungen
stammt von SCHOLZ (1991). Wissenschafts- und universitätspoliti-
sche Argumente zur Situation der Geisteswissenschaften heute und
Vorschläge für ihre weitere Entwicklung finden sich im Band von
FRÜHWALD et al. (1991). Einen Beitrag zu den Produktions- und
Anwendungsbedindungen des heutigen geisteswissenschaftlichen
Wissens bietet das vierte Kapitel von GIBBONS et al. (1994) –
durchaus auch unter Berücksichtigung nicht-universitärer Erkennt-
nisproduktionen.

Einen Vergleich der Anwendungsbedingungen sozialwissenschaftlichen Wissens im Zusammenhang mit verschiedenen gesellschaftlichen Problemen zu unterschiedlichen Zeiten (Armut im 19. und riskante Technologien im 20. Jahrhundert) ziehen EVERS und
NOWOTNY (1987) in ihrer Monographie. Ein Sammelband mit –
auch mißbräuchlichen – klassischen Anwendungsfällen von Sozialwissenschaft im 20. Jahrhundert liegt mit HELLER (Hg.) (1986) vor.
In den letzten Jahren kam einige Skepsis bzw. Nüchternheit auf im
Hinblick auf die Verwendbarkeit und den Gebrauch sozialwissen-
schaftlichen Wissens: Dafür steht unter anderem der von BECK und
BONSZ (1989) herausgegebene Sammelband; eine andere, nüchtern-
realistische Überblicksstudie ist jene von STEHR (1991), die auch die
Verwendungskontexte der Ökonomie mitberücksichtigt. Auf neuere
Tendenzen in der Anwendung sozialwissenschaftllichen Wissens –
Stichwort: Privatisierung – weist EZRAHI (1990) hin.

Für Konzeptualisierungen der organisatorischen und kognitiven Differenzen zwischen Disziplinen siehe die zitierten Arbeiten von WHITLEY (1984) und BECHER (1989). Der Vergleich unterschiedlicher Schreibpraktiken bzw. Rhetoriken in den Geistes-, Sozial- und Naturwissenschaften stammt von BAZERMAN ([1981] 1989; vgl. Kap. 2.). Der Reader von I.B. COHEN (Hg.) (1994) beschäftigt sich mit den Wechselwirkungen zwischen natur- und sozialwissenschaftlichem Wissen. Die klassische Formulierung der zwei Kulturen von C.P. SNOW liegt auf deutsch vor in Helmut KREUZER (Hg.) (1987). Verschiedene Aufsätze zum Thema Interdisziplinarität – von den Ansprüchen über Realisierungsversuche bis hin zur Einschätzung ihrer Chancen – findet sich im von KOCKA herausgegebenen Band (1990); im Sammelband von ZIMMERLI (Hg.) (1990) werden praktische Vorschläge zur Überwindung disziplinärer Segregationen geleistet .

Kapitel 7

Wissenschaft und Technik: die soziale Formbarkeit von Technik

Durch ihre fortschreitende Vergesellschaftlichung ist Wissenschaft Teil eines *nahtlosen Gewebes* politischer und ökonomischer Institutionen geworden, was sowohl die Rahmenbedingungen von Forschung als auch die wissenschaftsinternen Entwicklungsmöglichkeiten verändert hat. Statt die immer deutlicher werdende Abhängigkeit von Wissenschaft zu beklagen, müssen wir uns der Tatsache stellen, daß wissenschaftlicher Erkenntnisfortschritt in seiner zeitgenössischen Form erst durch die Einbettung in politische und wirtschaftliche Strukturen möglich wurde. Dabei ist allerdings nicht aus den Augen zu verlieren, daß eine weitere Verschiebung des Gleichgewichts zwischen Wissenschaft, Politik und Wirtschaft durch Kosten-Nutzen-Erwägungen oder Privatisierung von Wissenschaft langfristig negative Folgen mit sich bringen kann – insbesondere für die Wissenschaft selbst.

Die Auseinandersetzung mit den gesamtgesellschaftlichen Verflechtungen von Wissenschaft führt uns zunächst zu jenem Bereich, der mit Wissenschaft stets in enger Beziehung stand, nämlich der Technik. Zahlreiche AutorInnen sind sich einig, daß diese Bereiche kaum noch sinnvoll abgegrenzt werden können, und schlagen daher vor, von einer vereinheitlichten *Technowissenschaft* zu sprechen. Tatsächlich findet diese Annäherung der beiden Bereiche auch in einer wachsenden sozialwissenschaftlichen Auseinandersetzung mit Technik, die sich zum Gutteil in großer Nähe zur länger etablierten Wissenschaftsforschung befindet, ihren Niederschlag. Einige der wichtigsten Untersuchungsbereiche der Technikforschung (Technikgenese, technische Risiken und Folgenabschätzung) werden dabei im folgenden zumindest gestreift werden.

Denken wir die Beziehung von Wissenschaft und Technik weiter, so drängen sich unwillkürlich die wirtschaftlichen Verwendungen von Wissenschaft mitsamt ihren Voraussetzungen und Konsequenzen auf. Wie sieht nun dieses Verhältnis von wissenschaftlichem Fortschritt, technischer Innovation und ökonomischer Entwicklung tatsächlich aus? Gibt es diese »logische«, idealtypisch lineare Entwicklung wirklich, die von einer wissenschaftlichen Entdeckung über eine technische Erfindung bis zur wirtschaftlichen Verbreitung führt? Und welcher Stellenwert kommt den wissenschaftlich-technischen Entwicklungen im wirtschaftlichen Wettbewerb zu?

Nach einem kurzen Abriß über die historischen Veränderungen in den jeweiligen »Institutionalisierungsformen« der heute vielfach verschmolzenen Bereiche von Wissenschaft und Technik werden einflußreiche Modelle vorgestellt, die die Entwicklung von wissenschaftlichen Erkenntnissen über technische Anwendungen bis zur wirtschaftlichen Produktion auf unterschiedliche Weise beschreiben. Gemeinsam haben all diese Ansätze, daß sie von der traditionellen Sichtweise abweichen, daß technologische Entwicklungen ihrer eigenen internen Logik folgen und sich entlang vorgegebener Bahnen bewegen. Einer dieser Ansätze ist jener der *technologischen Innovation*, der von Ökonomen wie Giovanni Dosi und anderen entwikkelt wurde. Daß technologische Entwicklung nicht nur ökonomischen, sondern auch einer Fülle sozialer Einflüsse ausgesetzt ist, die sowohl die Geschwindigkeit als auch die Richtung der Veränderung beeinflussen, ist dann in dem alternativen Programm des »*Social Shaping of Technology*« (SST) zusammengefaßt. Eine anderer unter diesem Banner entstandener und weiterentwickelter Ansatz trägt die Sammelbezeichnung »*Social Construction of Technology*« (SCOT). Beide führten in den letzten Jahren zu zahlreichen interessanten Fallstudien zur Technikgenese und -entwicklung.

Ebenso wie die Studien von SCOT sind die Arbeiten des amerikanischen Technikhistorikers Thomas P. Hughes auf das Studium sogenannter »soziotechnischer Ensembles« ausgerichtet; bei ihm werden allerdings »*Groß*technische Systeme« wie das Strom-, Telephon- oder Eisenbahnnetz als eigene komplexe Einheiten untersucht. Hughes und die empirischen Arbeiten von SCOT weisen sowohl auf die *gesellschaftliche* Konstruktion von technischen Systemen als auch auf die (Um-)Gestaltung der Gesellschaft durch eben solche neuen Großtechnologien hin.

Als letzter bisher ausgeblendeter Aspekt bleibt noch die diffizile Diskussion um die Rolle des Militärs als Akteur im Komplex Wissenschaft-Technik-Industrie. Vor allem die Frage nach Machtverhältnissen und der immer undeutlicher werdenden Grenze zwischen Grundlagenforschung und militärisch verwertbarer Forschung werden hier diskutiert, wobei die Aufmerksamkeit den Auswirkungen auf wissenschaftsinterne Entwicklungen gilt.

7.1. Wissenschaft und Technik: unscharfe Grenzen

> Es bedurfte erst des Heraustretens der Wissenschaft in das öffentliche Leben, es musste erst die rein empirische Technik von dem Geiste der modernen Naturwissenschaften durchdrungen werden, um sie vom Banne des Hergebrachten und Handwerksmässigen zu erlösen und sie zur Höhe der naturwissenschaftlichen Technik zu erheben.
>
> *Werner von Siemens (1886)*

Beim Versuch der Klärung des Begriffes Technik stoßen wir auf ähnliche Schwierigkeiten und unterschiedliche Bedeutungsdimensionen wie beim Begriff Wissenschaft. Technik kann im alltäglichen Gebrauch des Wortes zumindest dreierlei bedeuten: zum ersten weist der Begriff auf physische *Objekte* oder Artefakte hin, zum zweiten kann Technik aber auch eine bestimmte Form von *Tätigkeit* oder eines Prozesses bedeuten, wie etwa die Technik der Stahlveredelung etc. Zum dritten kann Technik auch für ein bestimmtes *Wissen* stehen, für ein Know-how, das man braucht, um bestimmte Artefakte »erfinden« oder herstellen zu können. Noch diffiziler wird das Problem der Definition durch den Begriff der Technologie – der Einfachheit halber werden wir diesen Begriff (analog zu seiner englischen Verwendung) bedeutungsgleich mit »Technik« gebrauchen.

Kommen wir zurück zur Ausgangsfrage: Wie sieht das Verhältnis zwischen Wissenschaft und Technik aus? Und ist es heute überhaupt noch angebracht, an einer klaren Unterscheidung festzuhalten? Wenn sich Wissenschaft und Technik recht ähnlich geworden sind, hat dies auch für die historischen Beziehungen von Wissenschaft und Technik unter besonderer Berücksichtigung ihrer unterschiedlichen Institutionalisierungsformen und Ausbildungsstätten Geltung?

Wie bereits im zweiten Kapitel ausgeführt, stellte die Gründung der ersten wissenschaftlichen Akademien im 17. Jahrhundert *die* wesentliche organisatorische Innovation für die Entstehung der neuzeitlichen Wissenschaft dar. Diese zentralen Institutionen für die »Neue Wissenschaft«, die sich zuerst in Florenz, London und Paris, gefolgt von Stockholm und Berlin, etablierten, waren aus heutiger Perspektive insbesondere auch dadurch gekennzeichnet, daß sie in Sachen Wissenschaft *und Technik* »Allzuständigkeit« besaßen: wissenschaftlich-theoretische und technisch-instrumentelle Tätigkeiten sowie die jeweiligen Wissensbestände waren damals keineswegs getrennt. Insbesondere die *Royal Society* und die *Académie des Sciences* waren Institutionen, die sich ihrer Programmatik nach auch praktischen Fragen – etwa in Sachen Handel und Fabrikation – widmeten und nicht zuletzt dadurch vom Souverän ihre Anerkennung erfuhren.

So beschäftigte man sich in England neben den eigentlichen naturwissenschaftlichen Experimenten und Theorien auch mit systematischen Beschreibungen der handwerklichen Techniken der Zeit (vom Bierbrauen bis zum Walfang) oder mit der Instrumentenkunde und dem Instrumentenbau. Ein weiteres charakteristisches Merkmal für dieses selbstverständliche Nebeneinander von rein wissenschaftlichen und technisch-utilitaristischen Aufgabenstellungen in den ersten wissenschaftlichen Akademien war ihr Patentmonopol, das von den Mitgliedern auch »technisches« Wissen voraussetzte. Zusammengefaßt ließe sich also für diese erste Phase der neuzeitlichen Wissenschaft festhalten, daß es kaum eine institutionalisierte Trennung zwischen reiner Forschung und angewandter technischer Entwicklung gab – (wissenschaftliche) Wahrheit und (technische)

Brauchbarkeit von Erkenntnissen galten entsprechend auch als annähernd gleichbedeutend.

Diese bereits von Francis Bacon propagierte Idee der Einheit von Wahrheit und Nützlichkeit löste sich im Laufe des 18. Jahrhunderts durch die Ausdifferenzierung von wissenschaftlichen Gesellschaften sowie von Ausbildungsinstitutionen allmählich auf. Zuerst kam es in Frankreich zur Gründung verschiedener spezialisierter Institutionen, in welchen entweder eher wissenschaftlich oder eher anwendungsorientiert geforscht wurde. Eine noch striktere Trennung zwischen Wissenschaft und Technik wurde dann in Deutschland im Zuge der Humboldtschen Universitätsreform eingeführt. Den Prinzipien des deutschen Idealismus folgend, wurde in diesem neuen Wissenschaftskonzept streng zwischen »reiner« Wissenschaft und ihrer Anwendung unterschieden – den institutionellen Niederschlag fand diese Idee der »philosophischen Universität« in der Ansiedlung von Grundlagenforschung an der Universität. Dort konnte nun »reine« akademische Wisenschaft sowohl studiert, praktisch betrieben und auch zum Beruf werden – ohne störende Einflüsse von »außen«.

Auf der anderen Seite wurden in der ersten Hälfte des 19. Jahrhunderts in Deutschland *Polytechnische Lehranstalten* gegründet, die ausschließlich auf eine praktische Ausbildung und anwendungsorientiertes Wissen abstellten. Dieses »deutsche Zwischenspiel« einer rigiden Grenzziehung zwischen Wissenschaft und Technik sowohl in der Ausbildung wie auch in der Forschungspraxis wurde aber bald von einer dritten Phase abgelöst, die gleichsam eine Synthese der beiden ersten ist: Während die wissenschaftliche Spezialisierung und institutionelle Ausdifferenzierung immer weiter fortschritt, wuchs zugleich die Bedeutung der Wissenschaft als gesellschaftliche Produktivkraft und militärischer Machtfaktor. Die Umsetzung von wissenschaftlichen Erkenntnissen in nützliche Artefakte wurde durch die Fortschritte in der industriellen Entwicklung und Produktion somit wesentlich verbessert.

Den Beginn dieses Abschnitts könnte man etwa um 1870 datieren, als besonders in Deutschland die institutionellen Grenzen zwischen Technik und Wissenschaft wieder zu verschwimmen begannen. Man erkannte in der damals führenden Wissenschaftsnation, daß wissenschaftliche Forschung von erheblichem Nutzen sowohl für den Staat wie auch für die Wirtschaft sein kann, wenn man sie nur richtig organisiert. Zwar hat sich der Prozeß der Ausdifferenzierung von wissenschaftlichen und technischen Institutionen, Ausbildungen und Berufen fortgesetzt, die rigide Trennung zwischen der »reinen« Wissenschaft und der »angewandten« Technik wurde aber in vielen Bereichen durch neue Formen der Kooperation abgelöst. Zum einen kam es außerhalb der Universitäten zur Institutionalisierung von angewandter staatlicher Forschung (vgl. Kap. 8.), zum anderen entstanden immer neue Kooperationsformen im Dreieck von Universität, Staat und Industrie. Viele der wichtigen technischen Erfindungen des ausgehenden 19. und beginnenden 20. Jahrhunderts basieren auf wissenschaftlichen Entdeckungen dieser Zeit, und es entstanden mit den ersten *science based industries* ganze Industriezweige, die auf wissenschaftliche Forschungen und deren Ergebnisse angewiesen waren. Daneben war es der Staat, der die mögliche Bedeutung von Wissenschaft für Kriegszwecke erkannte. In beiden Fällen waren es allerdings insbesondere die Wissenschaftler der damaligen Zeit, die in geschickter forschungspolitischer Rhetorik den Nutzen ihrer Forschungen herausstrichen, um besser unterstützt zu werden.

Diese ab dem Ende des 19. Jahrhunderts sich auch forschungsorganisatorisch niederschlagende Zusammenarbeit zwischen der – für die Entwicklung der Produktivkräfte nun wichtig werdenden – Grundlagenforschung, der »technischen Umsetzung« und der wirtschaftlichen Produktion hat heute, hundert Jahre später, selbstverständlich ganz neue Dimensionen angenommen. Insbesondere seit den siebziger Jahren scheint sich die Wichtigkeit von wissenschaftlicher Produktivität und technologischen Innovationen für die Wettbewerbsfähigkeit und Prosperität nationaler Ökonomien mehr denn je abzuzeichnen. Diese zunehmende Bedeutung von Wissenschaft und Technologie veranlaßte Ökonomen, den technischen Innovationen einen gewichtigeren Stellenwert in ihren eigenen Analysen einzuräumen.

7.2. Technische Innovationsprozesse

> Die Vorstellung, daß Technologien natürliche
> Laufbahnen haben, ist tief in unserer Vorstellung
> verankert. Beinahe ebenso tief verankert ist die
> Vorstellung, daß eine jede Technologie sich durch
> einen natürlichen Lebenszyklus bewegt (...) Neuere
> Studien in der Wissenschafts- und Technikfor-
> schung (...) versuchen aufzuzeigen, daß es nichts
> Unvermeidliches gibt in der Art, wie sie sich ent-
> wickeln. Sie sind vielmehr Produkt einer stets an-
> ders gearteten Zufälligkeit.
>
> *Wiebe E. Bijker/John Law*

Die Frage, wie Innovationsprozesse von der wissenschaftlichen
Entdeckung bis hin zu ihrer wirtschaftlichen Umsetzung beschrieben
werden können, stellt eine Herausforderung für die Wissenschafts-
und Technikforschung dar. Ist es tatsächlich ein geradliniger Prozeß
von der Entdeckung bis hin zur Produktion? Oder sind solche Entwicklungsprozesse nicht doch etwas verwickelter als angenommen?
Wo liegt die eigentliche Antriebskraft für Innovationen? Welche
Rolle spielt der Markt, der in vielen Fällen von technologischen
Innovationen noch gar nicht vorhanden ist?

Lange Zeit dominierte ein relativ einfaches »lineares Modell« die
Auseinandersetzung mit technologischen Innovationsprozessen. Diese wurden als geradlinige Abfolge von der Grundlagenforschung
über die Entwicklung der Erkenntnisse in der angewandten Forschung bis hin zur Produktion und Diffusion eines Artefakts beschrieben. Obwohl diese Arbeiten zweifellos einen Beitrag zum
Verständnis der wirtschaftlichen Bedeutung von Forschung und
Entwicklung geleistet haben, wiesen sie doch einige systematische
Mängel auf. Ihre Aufmerksamkeit war ganz auf die wirtschaftlichen
und sozialen Auswirkungen von Technologie gerichtet. Daß technische Artefakte erst konstruiert werden müssen und daß diese Prozesse sozial beeinflußt sind, wurde nicht berücksichtigt.

Ein Ansatz, der versuchte, diese »black box« Technologie zu öffnen und wissenschaftlich-technische Innovationsprozesse theoretisch
zu beschreiben, stammt von den Ökonomen Giovanni Dosi und
Richard Nelson. Ausgangspunkt ihres Modells ist ein Begriff von

Technik, der nicht von Artefakten ausgeht, sondern das vielgestaltige *Know-how* bezeichnet, das in technischen und wirtschaftlichen Innovationsprozessen vonnöten ist. Technik ist demgemäß ein ganzes Bündel an theoretischem und praktischem Wissen, von Methoden, Verfahren, aber auch von Instrumenten und Maschinen. Dieser Technik-Begriff weist insofern große Ähnlichkeiten mit Wissenschaft auf, da beide als »problemlösende« Aktivitäten definiert werden.

In Analogie zum Paradigmenbegriff von Kuhn (vgl. Kap. 5.2.) führt Dosi den Begriff des »technologischen Paradigmas« ein, das – ebenso wie das wissenschaftliche – die relevanten Probleme eingrenzt und die Untersuchungs- und Bearbeitungsmethoden festlegt. Dosi geht davon aus, daß es in der industriellen Produktion bestimmte Probleme gibt, die von der Technik zu bearbeiten und zu lösen sind. Dafür stehen wissenschaftliche Erkenntnisse sowie bestimmte Methoden und Instrumente zur Verfügung, die in Summe das »technologische Paradigma« ausmachen.

Je nach Allgemeinheit des jeweiligen Problems können die Lösungsmöglichkeiten verschiedene Gestalten annehmen und verschiedene »technologische Pfade« gehen. Die Forschung entscheidet lediglich über die Anzahl der verschiedenen technischen Entwicklungsmöglichkeiten. Die eigentlichen Eingrenzungen dieses theoretisch möglichen Repertoires an technologischen Pfaden sieht Dosi u.a. in den bisweilen zufälligen Anfangsbedingungen. Dadurch entstehen Verzweigungen, aber auch Phänomene wie »locked-in«-Technologien, die keine weiteren evolutionären Veränderungen mehr zulassen. Eine gute Illustration hiefür ist die »QWERTZ-Tastatur« bei Schreibmaschinen. Diese Anordnung von Buchstaben wurde ursprünglich aus rein mechanischen Gründen entwickelt. Dann aber wurde sie auch für Computer-Keyboards verwendet, obwohl es hierfür keine technischen Gründe mehr gab und effizientere Layouts zur Verfügung standen.

Sind in diesen Modellen die ökonomischen Kriterien für technischen Wandel maßgeblich, so haben neuere technikhistorische Studien gezeigt, daß es ein Wechselspiel zwischen technischen und ökonomischen »Engpässen« gibt. Somit liegt ein breiteres Spektrum an Auswahlkriterien in der Technikgenese vor. Diese Kriterien sind es, welche aus der Fülle an möglichen Entwicklungen die »wirklichen« Entwicklungslinien der Innovation bestimmen. Solche Auswahlprozesse innerhalb von technologischen Innovationsprozessen lassen sich mit Vorgängen der »natürlichen Selektion« im Evolutionsprozeß vergleichen, wobei in dieser Metapher der Forschung und der Entwicklung die Rolle der »Mutation« und des Zufalls zukommt.

Ein alternatives Forschungsprogramm zur Beschreibung technologischer Innovationen, das in den achtziger Jahren ausgearbeitet wurde, ist unter dem Begriff »*Social Shaping of Technology*« (SST) zusammengefaßt. Technik ist, so die Kernidee, in erster Linie sozial geformt, wobei der Begriff »sozial« ökonomische, kulturelle, politische und organisatorische Komponenten umfaßt. Technik wird also nicht als sich autonom entwickelnde Kraft oder als eine kognitive Entwicklung betrachtet. Sie folgt keiner eigenen, selbstbestimmenden Logik und keinem rationalen, zielorientierten, auf Problemlösung ausgerichteten Weg, sondern ist von einer Vielzahl sozialer Faktoren beeinflußt: so unter anderem von kulturellen und geographischen Bedingungen, den Beziehungen der Geschlechter, bereits existierenden Technologien oder Industriestrukturen.

Diese sozialkonstruktivistischen Ansätze der neueren Technikforschung zeichnen sich durch drei Charakteristika aus: Zum ersten ist für sie kennzeichnend, daß der einzelne Erfinder bzw. das »*Genie*« als zentrale Erklärungskategorie in den Hintergrund tritt und statt dessen die beteiligten sozialen Interessengruppen das Zentrum der Analysen bilden. Zum zweiten distanzieren sie sich vom *technologischen Determinismus*, also von Annahmen, die von einer Autonomie der technologischen Entwicklung und von einer durch Technologie dominierten gesellschaftlichen Entwicklung ausgehen. Zum dritten wird analytisch nicht mehr zwischen technischen, gesellschaftlichen, ökonomischen oder politischen Aspekten von technologischer Entwicklung unterschieden.

Soziale Faktoren können in technologische Innovationsprozesse auf verschiedenste Weise eingreifen:

• Die Auswahl zwischen vorhandenen technologischen Entwicklungsmöglichkeiten kann beeinflußt werden.

- Nur eine mögliche technologische Entwicklung wird zugelassen, so daß man nicht mehr von Alternativen sprechen kann.
- Weniger direkt, aber durchaus stark kann Einfluß durch die Schaffung eines bestimmten Umfeldes (eines Marktes, eines intellektuell günstigen oder ungünstigen Klimas etc.) ausgeübt werden. Dies trifft vor allem auf Technologien zu, die für eine breite Implementierung gedacht sind.
- Durch Einbettung bestehender sozialer Modelle in eine Technologie wird diese geformt. Dies trifft auf die Gestaltung der Informations- und Kommunikationstechnologien zu, da diese entlang bestehender sozialer Strukturen modelliert werden.

SST-Modelle sehen Innovationen als Prozesse der Auseinandersetzung und des Lernens, in denen verschiedene Interessen artikuliert werden. Die unterschiedlichen Akteursgruppen besitzen verschiedene Expertisen und bringen diese ein. Innovationsprozesse sind also keineswegs linear, sondern vielmehr iterativ, haben eine Fülle von Feed-back-Schleifen eingebaut und basieren auf Interaktionen im gesamten Netzwerk der Akteure. All das führt dann zu den unterschiedlichen Formen und Inhalten neuer Technologien. Beispielhaft könnte man auf einer allgemeineren Ebene auch die Intervention des Staates im Bereich der Militärtechnologien als eine soziale Formung von Technologien ansehen. Hier wurde und wird offensichtlich großer Einfluß auf Bereiche wie Elektronik, Kernenergie oder Transporttechnologien ausgeübt.

Besonderes Augenmerk wird in aktuellen Studien auch dem Einfluß der Beziehung der Geschlechter auf technologische Innovationen geschenkt, was der Begriff »*gendering of technology*« zum Ausdruck bringt. Die weitgehende Absenz von Frauen in den meisten Bereichen von technologischer Forschung und Entwicklung und das Faktum, daß es hauptsächlich Männer sind, die moderne Technologien entwickeln, wurde lange Zeit nicht ausreichend berücksichtigt. Erst seit den achtziger Jahren nahmen sich feministische Studien solcher Fragen an und erforschten die geschlechtsspezifische Natur von Technik, die Rolle der Frauen in der Phase des Designs, der Produktion und der Anwendung von Technologien. Wie die Technikstudien im allgemeinen, konzentrierten sich auch die Untersuchungen in diesem Bereich anfänglich auf den Einfluß neuer Technologien: auf die geschlechtsbezogene Arbeitsteilung sowohl zu Hause, in der Arbeit als auch auf globaler Ebene.

Die zentrale Herausforderung der SST-Programme ist es, den Zusammenhang zwischen Gesellschaftsstrukturen, die auf einer bestimmten Form der Beziehung der Geschlechter beruhen, und technologischen Entwicklungen herzustellen. Die Aufmerksamkeit, die diese Fragen erhalten, ist in Zusammenhang mit einem verstärkten Wunsch nach Neugestaltung bestimmter Technologien zu sehen. Daraus erklärt sich, daß die empirischen Forschungsschwerpunkte derzeit auf dem Gebiet neuer Technologien im Arbeitsbereich, Haushaltstechnologien und vor allem auch der Reproduktionstechnologien zu finden sind.

»*Social Shaping of Technology*« hat den Formungsprozeß von Technologien ins Zentrum seiner Untersuchungen gestellt. Ein weiterer Ansatz, der sich ebenfalls mit technischen Innovationen in ihrem komplexen Zusammenspiel zwischen technischen Artefakten, Tätigkeiten und Akteuren beschäftigt, aber darüber hinaus auch den Aspekt der technologischen Formung der Gesellschaft miteinbezieht, nennt sich *Social Construction of Technology* (SCOT). Sein theoretischer und methodologischer Hintergrund stammt aus der neueren konstruktivistischen Wissenschaftsforschung. Übernommen wurden auch einige wichtige Schlüsselbegriffe – wie etwa jener der *interpretativen Flexibilität*, der *Schließung* oder der *relevanten sozialen Gruppen* –, die auch in der Erforschung der Entwicklung von neuen Technologien ihre Brauchbarkeit erwiesen haben (vgl. Kap. 5.3. und 5.4.).

Auf den Begriff gebracht wurde diese innere Verschlungenheit von wissenschaftlichen, technologischen oder politischen Faktoren durch die Metapher des »*seamless web*«: Grundlagenforschung, angewandte Technologie und wirtschaftliche Diffusion oder Finanzierung erscheinen als *nahtloses Gewebe*, dessen Fäden so eng miteinander verflochten sind, daß es fragwürdig wird, zwischen verschiedenen Wissensformen, Tätigkeiten oder spezifischen Akteurgruppen zu unterscheiden. Zur Illustration dieser Entdifferenzierung hat der englische Wissenschafts- und Technikforscher John Law den

Begriff des »heterogenen Ingenieurs« geprägt, mit dem darauf hingewiesen werden soll, daß die im Innovationsbereich tätigen ForscherInnen und TechnikerInnen über sehr unterschiedliche Qualifikationen verfügen müssen, ja, daß gerade ihre so unterschiedlichen Aktivitäten innovative Entwicklungen überhaupt erst möglich werden lassen.

Bei Ansätzen, die unter SCOT zusammengefaßt werden, spielt auch das Konzept des »technologischen Rahmens« eine wesentliche Rolle. Damit soll es gelingen, sowohl die Weise zu beschreiben, in der Technologie die soziale Umgebung strukturiert und somit eine spezifische Kultur formt, als auch zu erklären, wie neue Technologien konstruiert werden. Letzteres geschieht durch eine Kombination von Möglichkeiten und Einschränkungen in den Interaktionen innerhalb und zwischen den relevanten sozialen Gruppen. Dieser Rahmen beinhaltet aktuelle Theorien, Ziele, Problemlösungsstrategien und Verwendungspraktiken und strukturiert die Wechselwirkungen zwischen den Akteuren. Aufgebaut wird ein solcher Rahmen erst mit dem Beginn einer Diskussion über und um eine Technologie.

Fallstudien, die im theoretischen und methodologischen Rahmen des SCOT-Ansatzes durchgeführt wurden, haben deutlich gemacht, daß sich techn(olog)ische Entwicklungen eher in Ausnahmefällen durch klar abgegrenzte Stadien oder durch mehr oder weniger klar vorgezeichnete Bahnen beschreiben lassen, da sie durch eine Vielzahl von Kontingenzen, Unzeitigkeiten und Unregelmäßigkeiten geprägt sind. Eine zentrale Rolle bei den Selektionen während solcher Innovationsprozesse spielen die *relevanten Interessengruppen*, die mit ihren verschiedenen Erwartungen und Interessen auf den Entwicklungs- und Diffusionsprozeß Einfluß nehmen. Im Ansatz von SCOT sind das nicht nur die Hersteller und Benützer, sondern auch soziale Gruppen, die an der konkreten Gestaltung des Artefakts beteiligt sind. Für die Entwicklung des heutigen Fahrrads beispielsweise, das noch gegen Ende des 19. Jahrhunderts in ganz unterschiedlichen Prototypen angeboten wurde, waren junge Männer mit Interesse an einem möglichst schnellen Sportgerät ebenso beteiligt wie Frauen, die im Fahrrad ein Mittel zur Emanzipation sahen. Daneben nahmen Sicherheitsüberlegungen, die vor allem von Verwaltungsseite ins Spiel gebracht wurden, relevanten Einfluß, so daß sich in einem jahrzehntelangen Prozeß schließlich jener Typ von Fahrrad durchsetzte, den wir heute noch – mit entsprechenden Weiterentwicklungen – benützen.

Eine zentrale Bedeutung bei diesen Auswahlverfahren kommt dabei den jeweiligen *Interpretationen der beteiligten Gruppen* zu; andererseits aber auch der »Schließung« von Kontroversen zwischen diesen abweichenden Deutungen und der Stabilisierung des technischen Artefakts in einer sozialen Gruppe. So konnte man nach der Erfindung des Fahrradschlauches aus Gummi überhaupt nicht wissen, ob dieser sich durchsetzen würde. Sahen die einen darin zwar die Lösung des Vibrationsproblems für schmale Reifen und andere – die Sportler – den großen Vorteil, daß sie nun schneller fahren konnten, so bedeutete für dritte der Gummireifen höhere Unsicherheit, da man dadurch leichter seitlich abrutschen konnte.

Eine in den frühen linearen Modellen der Technikentwicklung angenommene »natürliche« Abfolge von Innovations-, Entwicklungs- und Diffusionsstadien war ebenfalls in den empirischen Detailstudien kaum wiederzuentdecken. Statt dessen stieß man in der Technikgeschichte auf »Wieder(Neu-)entdeckungen« bzw. Rückgriffe auf ältere Lösungsansätze, die in anderen Kontexten angewandt werden konnten. Oder man fand Entwicklungsverläufe wie etwa jenen der »Technologie« des fluoreszierenden Lichts, das erst dann »wissenschaftlich entdeckt« wurde, als sich dieses Artefakt bereits im sogenannten *Diffusionsstadium* befand. Wissenschaftlich-technische Innovationsprozesse folgen also weniger einer internen Entwicklungslogik als einem komplexen und zumeist auch eher zufälligen Wechselspiel verschiedenster Akteure, die mit bestimmten Interessen an das sich in Entwicklung befindliche Artefakt herantreten und in Aushandlungsprozessen die konkrete Gestalt des Artefakts gleichsam verhandeln. Klar muß jedoch sein, daß solche Innovationsverläufe je nach Technologie sehr unterschiedliche Formen annehmen können und daß ein Modell der linearen Entwicklung von der Entdeckung in der Grundlagenforschung über die technische

Entwicklung bis hin zum fertigen Produkt die tatsächlich ablaufenden Prozesse nicht adäquat beschreibt.

7.3. Großtechnische Systeme

> Ein schwerwiegender Denkfehler der begeisterten Befürworter einer radikal neuen Technologie liegt darin, daß sie anders als die Befürworter der postmodernen Architektur nicht berücksichtigen, wie tief Organisationen, Grundsätze, Haltungen und Absichten ebenso wie technische Komponenten in technologischen Systemen verankert sind (...). (Sie) haben (...) das Beharrungsvermögen oder die konservativen Kräfte technologischer Systeme nicht zu erkennen vermocht.
>
> *Thomas P. Hughes*

In der Techniksoziologie, wie im eben vorgestellten sozialkonstruktivistischen Ansatz, werden im wesentlichen die Entwicklung, die Verbreitung sowie insbesondere die gesellschaftlichen Auswirkungen von spezifischen Technologien oder einzelnen technischen Artefakten untersucht. In den letzten Jahren gewannen verstärkt die Großtechnologie bzw. großtechnische Systeme an Aufmerksamkeit, die sich durch netzwerkartige Strukturen, große geographische Ausdehnung, eine erhebliche Kapitalintensität sowie Komplexität auszeichnen.

Solche technischen Großsysteme – wie etwa das Eisenbahnsystem, der Automobilverkehr, das Strom- oder das Telephonnetz – spielten eine zentrale Rolle im Industrialisierungsprozeß und für die wirtschaftliche Entwicklung und haben nicht zuletzt auch zu bedeutenden gesellschaftlichen Veränderungen geführt. Noch vor der Entwicklung hin zur *Big Science* seit den ersten Jahrzehnten des 20. Jahrhunderts kam es bereits Ende des 19. Jahrhunderts zu ersten Etablierungen von »*Big Technologies*«.

Seit dem Ende der siebziger Jahre liegen mit den Arbeiten des US-amerikanischen Technikhistorikers Thomas Hughes Ansätze vor, die eine Beschreibung großtechnischer Systeme in ihren komplexen

Wechselverhältnissen von Wissenschaft, Technik und Gesellschaft zum Ziel haben. Im Zentrum dieses Ansatzes steht der Versuch, technische Großstrukturen in ihren komplexen Entstehungsprozessen, aber auch in ihrem Funktionieren, ihren Wechselwirkungen mit der Gesellschaft und schließlich ihrem Niedergang zu untersuchen. Wie in den Fallstudien von SCOT geht es auch hier um die Interdependenzen von »Sozialem« und »Technischem«: Auch großtechnische Systeme sind sozial konstruiert und haben für die Gesellschaft entsprechende Auswirkungen.

Ein wichtiger Ausgangspunkt für Hughes Analysen ist die Annahme, daß großtechnische Systeme aus sehr verschiedenen heterogenen Komponenten bestehen. Zu diesen zählen nicht bloß die *technischen Artefakte*, die zumeist in einer sehr komplexen Weise aufeinander abgestimmt sind. Das großtechnische System der elektrischen Beleuchtung – ein von Hughes untersuchter Fall – besteht also nicht nur aus Stromgeneratoren, Transformatoren und Stromleitungen: Als ein konstitutiver Teil großtechnischer Systeme sind in seiner Konzeptualisierung auch *Organisationen* wie Herstellerfirmen oder Banken aufzufassen, die das Geld zur stets sehr kostenintensiven Etablierung einer neuen Großtechnologie bereitstellen.

Auch die *Wissenschaft* trägt ihr entsprechendes »Kapital« bei, nämlich wissenschaftliches Wissen zum jeweiligen Sachbereich, Forschungsprogramme sowie eine spezifische universitäre Ausbildung. Schließlich sind in aller Regel auch *Gesetze und Verordnungen* Teil dieser großen technischen Systeme. Diese und andere aufgezählte Bestandteile bilden eine notwendige Bestandsgrundlage und können nur unter erheblichem Aufwand und entsprechender Anpassung der übrigen Systembausteine ersetzt werden.

Im Konzept von Thomas Hughes werden großtechnische Systeme von System-Erbauern (*System-builders*) erfunden und entwickelt, wobei die Prozesse der *Erfindung* und *Entwicklung* ebenfalls mehr umfassen als das, was gemeinhin unter diesen Begriffen verstanden wird. In seinen detaillierten Studien konnte er zeigen, daß neben dem Entwickeln der technischen Artefakte auch das »Erfinden« der entsprechenden dazugehörigen »sozialen« Strukturen eine wichtige Voraussetzung war, ohne die die Etablierung dieser neuen Technologie nicht hätte gelingen können. Erfolgreiche System-Erbauer waren mit anderen Worten also jene »Unternehmer«, die imstande gewesen sind, in systemischen Zusammenhängen zu denken – nicht nur im Hinblick auf ihre Erfindungen, sondern auch im Zusammenhang mit den gesellschaftlichen, politischen, wirtschaftlichen und rechtlichen Kontexten.

Es ist eine Grundbedingung für technische Systeme, daß zwischen ihnen und ihrer Umwelt eine »Paßform« hergestellt wird. Nationale Stromnetze setzen sowohl aus technischen als *auch aus wirtschaftlichen* Gründen einen bestimmten Energieverbrauch und möglichst geringe Schwankungen im Verbrauch voraus; diese geringe Schwankungstoleranz wiederum macht die Erfassung möglichst vieler KonsumentInnen durch das Netz nötig. Bis in die Tarife und die Regelung der Nutzungsrechte hinein wird die Umwelt den Erfordernissen des Systems gemäß verändert und gleichsam umstrukturiert. Wie tief diese Umgestaltungen von Gesellschaft bei der Einführung solcher Systeme sein kann, zeigt sich spätestens dann, wenn sie in andere Kulturen transferiert werden, wo sie sogar zum teilweisen Kollaps von kulturellen Traditionen führen können.

So liegt für Hughes der Erfolg von »Erfinder-Unternehmern« wie Thomas A. Edison vor allem darin, daß er eben nicht nur die Glühbirne, sondern gewissermaßen auch die dazu passende Gesellschaft, in der er diese Erfindung erfolgreich plazieren konnte, mit entsprechenden Charakteristika miterfand. Waren die *System-builders* zur Zeit der Jahrhundertwende tatsächlich noch Einzelpersonen wie etwa Edison, in dem sich der Erfinder mit dem Entrepreneur und Politiker verband, so ist es heute in der Regel eine Vielzahl von Personen, die zusammen für die Koordination der verschiedenen »Bestandteile« solcher großtechnischen Systeme verantwortlich sind. In all ihren Tätigkeiten ist ihnen dabei ein charakteristischer Grundzug gemeinsam: Sie reduzieren die ursprüngliche Vielzahl an technischen Möglichkeiten auf einige wenige, schaffen Kohärenz aus Chaos und transformieren pluralistische in zentralistische Strukturen. Der Erfolg bzw. die Expansion großtechnischer Systeme liegt allerdings nicht nur im Geschick des oder der System-Erbauer: Zum einen birgt ein System inhärente Expansionsmöglichkeiten in sich, zum anderen verändert sich auch ihre Umwelt beständig, was Rückwirkungen auf das System hat.

Wie sehen diese Expansions- und Entwicklungsprozesse nun konkret aus? Hughes unterscheidet in seinem Modell drei Phasen. Die erste Phase umfaßt dabei den eigentlichen Erfindungs- und Entwicklungsprozeß eines Systems. Am Beginn steht also eine außergewöhnliche *Erfindung* und führt über die *Entwicklung* von wirtschaftlichen und politischen Einbettungen bis hin zum lokalen Funktionieren des Systems. Die nächste Phase bezeichnet Hughes als *Transfer*: Da sich die gesellschaftlichen Umwelten, in die das System »eingebaut« werden soll, voneinander unterscheiden, sind auch unterschiedliche *technische Stile* nötig, um solche Systeme erfolgreich zu verpflanzen und zu verbreiten. Ein und dieselbe Technologie kann unter verschiedenen geographischen, politischen, ökonomischen, rechtlichen und kulturellen Bedingungen ganz unterschiedliche Gestalten annehmen – was im übrigen auch auf die »kreativen Möglichkeiten« der *system-builders* verweist.

Die dritte und letzte Phase einer erfolgreichen großtechnischen Systementwicklung reicht dann vom *Wachstum* über den möglichen *Wettbewerb* mit anderen Systemen bis hin zur *Konsolidierung*. Nun werden Kapitalintensivierung oder Effizienzsteigerung zu den dominierenden Systemzielen, was sich unter anderem auch darin niederschlägt, daß die zuvor noch dominanten Erfinder-Unternehmer allmählich in den Hintergrund treten und den Managern und Kapitaleignern Platz machen. Im Laufe einer solchen Systemgenese treten also stets auch neue und immer verschiedenartigere Akteure auf, die von den Erfindern oder Erfindergruppen zu Beginn bis hin zu Großbanken und Regierungen am Ende reichen können.

7.4. Wissenschaft, Technik und das Militär

> Aber sie waren nicht mehr wirklich Physiker. Sie
> machten nicht mehr Forschung, um Spaß am Ler-
> nen neuer Dinge zu haben. Sie entwickelten Waf-
> fen für den Krieg für *Morgen*. Sie waren zu Inge-
> nieuren, Militärstrategen, Händlern, Produktions-
> experten geworden.
>
> *Lee A. DuBridge (1949)*

Der Glaube an die enge Verbindung von wissenschaftlich-technolo-
gischem Fortschritt und der *militärischen* Stärke der Nationen ist
nach wie vor sehr stark. Die heutigen Methoden der Kriegsführung
sind (wie sich im Golfkrieg deutlich gezeigt hat) unvorstellbar ohne
die Militärforschung, die seit dem Zweiten Weltkrieg rund 40% der
weltweiten finanziellen (und personalen) Aufwendungen für Forschung und Entwicklung verschlungen hat. Gleichzeitig haben sich
aber auch die Grenzen der Hochtechnologisierung der Kriegsmaschi-
nerie bei Einsatz unter Extrembedingungen gezeigt. Darüber hinaus
stellt sich jetzt die Frage, in welcher Weise das Verschwinden des
»Eisernen Vorhangs« und mit ihm die Veränderungen im »Gleichgewicht des Schreckens« durch den Zerfall der ehemaligen UdSSR
die Zukunft der militärischen Forschung langfristig beeinflussen
wird.

Auch wenn die heutige, gleichermaßen intensive wie extensive
Wechselwirkung zwischen dem wissenschaftlich-technischen und
dem militärischen Bereich klar zutage tritt, so kann diese Beziehung
bereits auf eine lange Tradition zurückblicken. Wir kennen aus der
Wissenschaftsgeschichte zahlreiche Beispiele von Gelehrten, die
sich mit militärischen Fragestellungen beschäftigten und die in der
praktischen Lösung von militärischen Bedürfnissen zugleich neue
wissenschaftliche Erkenntnisse hervorgebracht hatten. So haben sich
Wissenschaftler wie Archimedes, Leonardo da Vinci oder Galilei
unter anderem auch mit der Berechnung der Flugbahnen von Ge-
schossen beschäftigt. Ruhmreiche Institutionen der Naturwissenschaften wie die Pariser *École Polytechnique* wurden aus militärischen Motivationen heraus gegründet – im konkreten Fall, um
Napoleons militärische Ingenieurkader heranzuziehen.

Wenn wir im folgenden von den *aktuellen* Interdependenzen zwischen Wissenschaft und Militärforschung sprechen, so liegt eines der zentralen Charakteristika dieses Verhältnisses darin, daß sich keine klaren Trennlinien zwischen diesen Bereichen ziehen lassen. Während wir auf institutioneller Ebene meist eindeutige Abgrenzungen vorfinden, verwandelt die Vielfalt der mehr oder weniger klar definierten Verbindungen diese Grenzen eher zu einer breiten Grauzone. Eine Beschreibung der Situation und eine kritische Auseinandersetzung mit ihr wird weiter erschwert, da sich dieses Verhältnis in stetiger Veränderung befindet, wobei beide Bereiche, Wissenschaft und Militär, innere Wandlungen durchmachen – was natürlich auch für die politischen, sozialen und ökonomischen Kontexte zutrifft, in die sie eingebettet sind.

Die zentrale Rolle, die Wissenschaft und Technik heute für die Kriegsführung spielen, und die institutionalisierte Form, die diese Beziehung zunehmend erhält, begann in diesem Jahrhundert, und zwar mit dem Ersten Weltkrieg. Hier können wir die erste groß angelegte Mobilisierung von Wissenschaft für den Krieg beobachten: die Entwicklung der deutschen Gaskampfwaffen. Über diesen sehr spezifischen wissenschaftlich-militärischen Einsatz hinaus war diese Wissenschaftsepoche auch dadurch gekennzeichnet, daß Wissenschaftler, und insbesondere auch jene der geisteswissenschaftlichen Fakultäten, eine nicht unerhebliche Propagandarolle zugunsten des Krieges übernahmen.

Im Zweiten Weltkrieg, der auch als der Krieg der Physik bezeichnet wird, erreichte die Bedeutung von Forschung und Entwicklung für die auf Technik basierende Organisation und Durchführung schließlich ihren ersten Höhepunkt. Im Falle des *Manhattan State Projects*, welches den Bau der US-amerikanischen Atombombe zum Ziel hatte, kooperierten rund 2.000 Wissenschaftler und Techniker über mehrere Jahre hinweg (vgl. Kap. 2.4.). Die damals gemachte Erfahrung hat sich nachhaltig auf den Wissenschaftsbetrieb in der zweiten Hälfte dieses Jahrhunderts ausgewirkt. Mit dem »erfolgreichen« Abschluß des Projekts – dem Abwurf von Atombomben auf Hiroshima und Nagasaki – war der tragische Beweis gelungen, daß man durch Zusammenführen der besten Wissenschaftler aus verschiedenen Disziplinen, durch Bereitstellung beinahe unbegrenzter Ressourcen und durch ein autonomes (wenngleich auch zielorientiertes) Forschen scheinbar jedes gesteckte wissenschaftliche und technische Ziel erreichen kann. Was allerdings auch klar wurde, war die Tatsache, daß das Militär durch geeignete Mobilisierungsstrategien (in diesem Fall gegen den deutschen Nationalsozialismus) dominanten Einfluß auf das Wissenschaftssystem gewinnen kann – und das unterstützt von den Wissenschaftlern selbst. (Zur Erinnerung sei hier erwähnt, daß nicht nur die Atombombe, sondern auch der Düsenantrieb, Raketen, Radar und Computer Produkte sind, die in dieser Zeit im Rahmen wissenschaftlich-militärischer Großprojekte entwickelt wurden.)

Die entstehenden nationalen wissenschaftspolitischen Konzepte in den fünfziger Jahren waren in der Folge stark geprägt von der Überführung der Kriegsforschung in den Zivilbereich. Sowohl wissenschaftliches als auch technologisches Know-how aus dem militärischen Forschungsbereich wurden in die zivile Forschung und Entwicklung transferiert und führten dort zu neuen Erfindungen. Auch auf institutioneller Ebene hatte die Kriegsforschung den zu gründenden Großforschungseinrichtungen Pate gestanden. Aber vor allem war es die Zusammenarbeit zwischen Wissenschaft und Industrie im Rahmen der militärischen Forschungsprojekte der Amerikaner, welche nach dem Krieg auch im zivilen Bereich fast nahtlos weitergeführt wurde.

Die Etablierung der organisierten Zusammenarbeit von Forschung, Industrie und Staat während des Zweiten Weltkrieges war nach dem Krieg nicht mehr rückgängig zu machen – ihr Einfluß auf die nationale Politik blieb bestehen. Zugleich wurde auch eine wissenschaftlich-technologische Elite, die das Know-how für die fortgeschrittensten militärisch-technischen Systeme besaß, zu einem maßgeblichen innenpolitischen Einflußfaktor. Die Wissenschaftler, die während des Krieges in Führungspositionen in den Waffenlaboratorien gearbeitet hatten, wurden jetzt zu einflußreichen Mitgliedern der wissenschaftlichen Beratungsgremien. Eines war klar geworden: Wissenschaftliches Wissen, technologisches Know-how und eine geeignete Produktionskapazität würden die Basis für die globalen politischen Machtverhältnisse der Zukunft bilden. Eine dramatische und bedrohliche Demonstration solchen Glaubens war das SDI-Programm (*Strategic Defence Initiative* bzw. »*Star Wars*«), welches unter Präsident Reagan ins Leben gerufen wurde.

Aber es stellt sich auch die Frage, welche Bedeutung es für die Entwicklung von Wissenschaft und Technologie hatte, in einen zivilen oder in einen militärischen Kontext eingebunden zu sein. Einige Fallstudien haben hier in den letzten Jahren interessante Aufschlüsse gebracht. Donald MacKenzie untersucht Raketenleittechnologien in Zusammenhang mit dem sozialen Kontext, in den sie eingebettet sind, und den technologischen Wahlmöglichkeiten, um ihre Genauigkeit zu verbessern. Er zeigt dabei auf, wie die verschiedenen Anforderungen von ziviler und militärischer Seite zu alternativen Formen technologischen Wandels geführt haben: Während die militärischen Technologien auf Genauigkeit setzen, waren in der zivilen Form eher Verläßlichkeit, Produktionsmöglichkeiten und ökonomische Überlegungen dominant. Als ähnlich gelagerte Fallstudien könnte man Lasertechnologien oder die Entwicklung von Kernkraftwerken anführen. Die Wahl von Leichtwasserreaktoren kann man klar mit militärischen Interessen wie Plutonium-Produktion oder Antriebsreaktoren für die Marine in Verbindung bringen.

Bei einem analytischen Blick auf die Dreierbeziehung Militär-Industrie-Wissenschaft (die Industrie muß hier als untrennbar von den anderen beiden Bereichen angesehen werden) wird, den Ausführungen von Mendelsohn, Smith und Weingart folgend, ein komplexes Netz an Beziehungen sichtbar. Gleichzeitig wird man der Balance gewahr, in der sich dieses Verhältnis befinden muß, damit eine funktionierende Kooperation gewährleistet ist. So würde ein zu starkes Eindringen des Militärs in die wissenschaftliche Sphäre die Wissenschaft zum einen relativ schnell um ihre produktive Kommunikationsfreiheit bringen; und es könnte bewirken, daß wissenschaftliche Erkenntnisse nicht nur zurückgehalten, sondern daß Lösungsmöglichkeiten aus strategischen Gründen völlig unterdrückt würden. Eine zu enge Bindung der Industrie an das Militär würde den Verlust kostenrealer Produktionsstandards bedeuten und damit die Wettbewerbsfähigkeit einschränken. Die zu starke Abhängigkeit des Militärs von der Wissenschaft hätte zur Folge, daß immer mehr und komplexere Waffensysteme konstruiert würden, die aber durchaus nicht den realen militärisch-strategischen Anforderungen des Extremfalles gewachsen sind.

Diese drei Bereiche sind also keineswegs als statische, abgeschlossene Einheiten zu sehen, sondern man kann beobachten, wie Versuche unternommen werden, Teilgebiete des jeweils anderen Bereiches in den eigenen Einflußbereich zu ziehen, um so zur Stabilisierung der eigenen Position beizutragen. Damit verschieben sich die Grenzen, und es geht darum, zu verstehen, welchen Nutzen diese Veränderung für das jeweilige Gebiet bringt und wie solche Aushandlungsprozesse ablaufen. Dazu einige Beispiele: Eine Forschergruppe oder eine Institution bietet wissenschaftlich-technische Lösungen für militärische Probleme an, um so zu Aufträgen und damit zu dringend nötigen finanziellen Ressourcen zu kommen. Die militärische Seite versucht nun ihrerseits, diese unter Vertrag genommenen Gruppen zu kontrollieren, was sowohl durch den Geldfluß als auch durch bürokratische Kontrollmechanismen erfolgen kann. Die Industrie wiederum versucht, mit dem Militär handelseins zu werden und Monopole für gewisse Produktbereiche oder Verfahren aufzubauen, um sich damit Langzeitverträge sicherzustellen und marktunabhängig zu werden.

Diese Verschiebungen in den Machtpositionen haben drastische finanzielle Auswirkungen auf die jeweiligen Bereiche. In Zeiten der massiven Militärförderung hat dies vor allem negative Auswirkungen auf die »akademischen« Wissenschaftsbudgets. Sehr gut ist dies für die USA dokumentiert. Hier wird ersichtlich, daß vor allem SDI die zivile Forschung und Entwicklung stark bedrängte, indem durch dieses Programm immer mehr ForscherInnen aus dem Bereich der zivilen Forschung abgezogen wurden. Waren die finanziellen Aufwendungen für die militärische und zivile Forschung zwischen 1965 und 1981 konstant gleich hoch, so haben zwischen 1981 und 1987 in Realzahlen die Forschungs- und Entwicklungsausgaben im Verteidigungssektor um 64% zugenommen – bei gleichzeitiger Abnahme im zivilen Forschungsbereich um 26%.

Ebenfalls interessante Aufschlüsse zu diesem Problemkreis ergeben sich, wenn man die bei der Entstehung eines militärisch-wissenschaftlichen Komplexes veränderten *Legitimationsstrategien* genauer betrachtet. Während es in Kriegszeiten für das politische System möglich ist, schier unbegrenzte finanzielle Ressourcen dem Militär – und damit in gewisser Weise auch der Wissenschaft – zur Verfügung zu stellen, gerät dieser Sektor in Friedenszeiten unter zunehmenden Rechtfertigungsdruck. In dieser Situation wird es nützlich, politische oder wirtschaftliche *Feindbilder* zu konstruieren, um die Angst vor dem Gegner in der Öffentlichkeit aufrechtzuerhalten. Sind solche Bestrebungen mit Expansionsbestrebungen in den Wissenschaften verbunden, so können hier relativ stabile Langzeitkooperationen entstehen. Diese Situation stellt sich meist dann ein, wenn die Legitimität für die Forderung der Grundlagenforschung nach mehr Mitteln relativ gering ist und offensichtliche Ressourcenknappheit vorliegt. Das galt insbesondere nach dem Zweiten Weltkrieg. Damals mußte man sich einerseits überlegen, was man mit dem »Pool« gut ausgebildeter Wissenschaftler macht, für die es nach dem Krieg keinen direkten Verwendungsbedarf mehr gab, und andererseits hatten sich die Wissenschaftler auch bereits daran gewöhnt, durchaus großzügigere finanzielle Maßstäbe für ihre Forschung anzulegen. Diese beiden Problembereiche wurden dann in den Jahren nach 1945 durch massive finanzielle Unterstützung der Army und Navy in weiten Bereichen der Grundlagenforschung eingegrenzt und in Schranken gehalten. Es ging vor allem darum, daß dieses aufgebaute System nicht abrupt zusammenbrach und damit womöglich auch politische Instabilität hätte erzeugen können. Eine der langfristigsten Veränderungen für die Wissenschaft, die damit einherging, war die Tatsache, daß die Mitarbeit in militärischen Projekten von den meisten ForscherInnen nun auch in Friedenszeiten als legitim angesehen wurde.

Ein gutes Beispiel für die wandelnden Legitimationsstrategien in der Grauzone zwischen militärischer Anwendung und wissenschaftlicher Forschung ist die Weltraumfahrt. Je nach »Zeitgeist« finden wir den wissenschaftspolitischen Argumentationsschwerpunkt entweder zivil oder militärisch ausgerichtet – also entweder Europäisches Raumfahrtprogramm oder SDI, um zwei Gegenpole zu benennen. Wir finden in beiden Fällen Allianzen zwischen der wissenschaftlichen Gemeinschaft und dem Militär, je nach Kontext wird eine Akteurgruppe dominieren, um eine optimale Förderung von öffentlicher Hand zu gewährleisten.

Wenn wir uns dieses Beispiel vor Augen halten, so wird klar, daß der Mythos der Trennbarkeit von »reiner« Grundlagenforschung und militärisch relevanter Wissenschaft bzw. anwendbarem Wissen nicht länger aufrechterhalten werden kann. Einerseits müssen sowohl ökonomische wie auch militärische Weiterentwicklungen heute auf wissenschaftlich-technologische Erkenntnisse zurückgreifen, und es entzieht sich weitgehend der Kontrolle von seiten der Wissenschaft, welche Ziele damit letztendlich verfolgt werden. Wichtig scheint in diesem Zusammenhang auch der Hinweis, daß ein Großteil der militärischen Entwicklungen ihre Basis nicht in projektorientierter Forschung hatte, sondern vielmehr auf Ergebnisse der universitären Forschung zurückgreifen konnte. Andererseits sind die von Industrie und Militär vergebenen finanziellen Ressourcen heute integraler Bestandteil der nationalen Forschungsförderungssysteme. In der Tat erleb(t)en wir mit *Star Wars*, was die Wissenschaftsgeschichte bereits über das *Manhattan State Project* zu lehren versuchte: Für das Verhältnis Wissenschaft – Militär gab und gibt es immer mindestens zwei Perspektiven.

Das führt uns zu der immer wieder gestellten Frage nach der dominanten Kraft in der Zweierbeziehung zwischen Wissenschaft und Militär. Woher kommen die Impulse für diesen scheinbar immer gigantischer werdenden Bereich der militärischen Forschung? Gibt es eine unmittelbare Abhängigkeit der Forschung vom Militär, oder handelt es sich vielmehr bis zu einem gewissen Grad um eine Interessengemeinschaft? Versuchte man hinlänglich, das Militär als den Drahtzieher und Initiator für die hochtechnologischen Waffensysteme darzustellen, so sollte man gegenläufige Aspekte nicht völlig außer acht lassen – auch wenn dies ganz und gar nicht in das Selbstbild der Wissenschaft passen mag. Durch die Tatsache, daß Wissenschaft neue technische Optionen aufzeigen und bessere Lösungen anbieten kann, hat sie die Macht, Probleme selbst zu definieren, und damit die Möglichkeit, auf maßgebliche militärische und politische Entscheidungen Einfluß zu nehmen. Hier muß es freilich bei der offenen Frage bleiben, ob es das Militär ist, welches den technologischen Fortschritt der Waffen (via »Angstmachen«) ankurbelt, oder ob es nicht vielmehr die wissenschaftsinterne Entwicklung selbst ist, die dies vorantreibt.

Abschließend ist noch hervorzuheben, daß sich die Rahmenbedingungen für die Beziehung Wissenschaft, Technologie und Militär auf verschiedenen Ebenen stark verändert und damit auch zu wesentlichen neuen und brisanten Diskussionspunkten geführt haben. Diese Veränderungen haben zumindest vier wesentliche Dimensionen:

- Der radikale politische, militärische, ökonomische und soziale Wandel in Osteuropa, aber auch in der vormaligen Sowjetunion, begleitet von einer Veränderung der Beziehungen zwischen »Ost und West« macht auch ein Neuüberdenken der Beziehungen Wissenschaft – Militär notwendig. Das alte Verständnis von der Dynamik des Wettrüstens und die Rolle der Militärforschung müssen hinterfragt werden.

- Nationale Sicherheit wird nicht mehr ausschließlich auf militärischer Macht basierend gesehen. Der zivile industrielle Komplex beginnt eine immer größere Rolle zu spielen. Für den »Westen« stellt sich daher die Frage, wie die Integration von zivilen und militärischen Technologien erreicht werden kann, während für Osteuropa und die ehemalige Sowjetunion Probleme der Umwandlung von militärischer Industrie in zivile Aktivitäten im Zentrum stehen. Vor allem stellt die hohe Zahl an hochqualifizierten ForscherInnen, die ihren Tätigkeitsbereich verlassen müssen, einen destabilisierenden Faktor und damit ein erhöhtes Risiko dar.

- Militärbudgets werden in den USA, aber auch in allen europäischen Ländern, zunehmend reduziert. Der Rüstungswettlauf im traditionellen Sinn ist vorbei. Sowohl der Umfang, aber vor allem auch die Richtung, in die diese Entwicklung weitergehen sollte, bleibt ein Diskussionsthema. Dies betrifft inbesondere Nationen wie Großbritannien, die USA oder Frankreich, da hier die militärischen Ausgaben etwa im Vergleich zu Deutschland oder Japan groß waren. Diese Entwicklung ist für einige Bereiche besonders dramatisch, da gleichzeitig auch die Wissenschaftsbudgets sinken.

• Schließlich hat sich durch globale Veränderungen im Wissenschaftssystem auch die institutionelle Rolle der Universitäten innerhalb des Spektrums an Forschungs- und Entwicklungsaktivitäten gewandelt (vgl. 8.4.).

In vielen dieser hier angesprochenen neuen Problembereiche könnte die Wissenschaftsforschung in den kommenden Jahren versuchen, zu neuen Lösungen beizutragen.

Verwendete und weiterführende Literatur

Einen eher älteren Überblick über die historische Annäherung von Wissenschaft und Technologie hinsichtlich ihrer jeweiligen Ausbildungsstätten bietet WEINGART (1979); das Thema ist jedoch auch aus verschiedenen anderen Perspektiven beleuchtet worden. LATOURS Begriff der »Technoscience«, der von einem zunehmenden Verschwinden der Trennung von Wissenschaft und Technik ausgeht, wird in seinem Hauptwerk von 1987 erläutert. Eine gute Übersicht über die bisherige Literatur zum Thema und differenziertere Einschätzungen zu den Gemeinsamkeiten, aber auch zu den Unterschieden zwischen Wissenschaft und Technologie bieten RIP (1993) und FAULKNER (1994).

Die Grundzüge der ökonomischen Innovationsmodelle sind unter anderem entnommen aus DOSI (1988) sowie DOSI et al. (Hg.) (1988). Wichtige Beiträge zu dieser Sicht von Technologie aus ökonomischer Perspektive stammen außerdem von MOWERY und ROSENBERG (1989). Ein Reader mit klassischen Texten zur sozialwissenschaftlichen Technikforschung ist jener von MACKENZIE und WAJCMAN (Hg.) (1985). Eine gute Einführung in den Social-Shaping-of-Technology-Ansatz bietet EDGE (1995). Sozialkonstruktivistische Technikstudien und solche, die eher der Aktor-Netzwerk-Theorie verpflichtet sind, finden sich in den beiden Sammelbänden von BIJKER, HUGHES und PINCH (Hg.) (1987) und von BIJKER und LAW (Hg.) (1992). Eine prononcierte normative Kritik an SCOT leistet der Aufsatz von WINNER (1993).

In den beiden zuletzt genannten Bänden werden noch weitere Ansätze vorgestellt, die Technik neu zu konzeptualisieren versuchen, unter anderem auch jener der Großtechnischen Systeme. Hierzu sei vor allem auf den einführenden Aufsatz von HUGHES (1987) hingewiesen. Einen guten Überblick über dieses einflußreiche technikhistorische und -soziologische Konzept verschaffen auch die Artikel von JOERGES (1988), WEINGART (1989) und zuletzt von MAYNTZ (1993). Studien, die unter Verwendung dieses theoretischen Rahmenwerks durchgeführt wurden, sind mittlerweile zahlreich – hier seien stellvertretend nur zwei Arbeiten von HUGHES (1983) und ([1989] 1991) erwähnt sowie die Beiträge im Sammelband von BRAUN und JOERGES (Hg.) (1994).

Zum Themenkreis der militärischen Verwendung von Wissenschaft gibt es eine Fülle an Publikationen. Der Aufsatz von SMIT (1994) bietet eine aktuelle Übersicht über den Forschungsbereich. SALOMON (1990) legt in seinem Buch eine breitere gesellschaftspolitische Perspektive an. Eine systemtheoretische Konzeptualisierung der Wechselwirkungen von Wissenschaft, Technik und Militär bietet der Aufsatz von MENDELSOHN, SMITH und WEINGART (1988); interessante Fallbeispiele finden sich in dem von ihnen herausgegebenen zweibändigen Sammelwerk. Das Standardwerk über die Geschichte des Manhattan-State-Projects stammt von KEVLES (1977).

Kapitel 8

Universitäten – Staat – Industrie: das wissenschaftspolitische Dreieck

Das Verhältnis von Wissenschaft und Staat, das auf eine mehr als hundert Jahre lange Geschichte zurückblicken kann, erlebt am Ende des 20. Jahrhunderts eine grundlegende Neudefinition. Wissenschaft ist dabei, die Grenzen ihres Wachstums zu erreichen, oder hat sie vielleicht schon erreicht. Es wird zwar weiterhin von der Wissenschaft erwartet, daß sie zum Wohle der Gesellschaft beiträgt und grundlegende Problemlösungsaufgaben übernimmt, doch zeigen die Staaten zunehmend weniger Bereitwilligkeit, das Wissenschaftssystem so massiv wie bisher zu finanzieren. Was hat sich nun verändert? Werden Wissenschaft und Gesellschaft einen neuen Vertrag aushandeln müssen? Wo liegen die wichtigen Bereiche für die involvierten Akteure? Welche Aufgaben wird Wissenschaft übernehmen, und in welchen neuen institutionellen Formen wird dies stattfinden?

Die Interdependenzen zwischen Wissenschaft und Staat und die immer enger werdenden Verflechtungen zwischen der Wissenschaft, der Wirtschaft und dem Staat stehen im Zentrum dieses Kapitels. Die Forderung, daß sich ein autonomer Bereich Wissenschaft gegen Unterwerfung unter das »Kapital« oder gegen Eingriffe der Politik durchsetzt – wie sie von der Studentenbewegung 1968 artikuliert wurde –, muß angesichts dieser Situation bei realistischer Betrachtung als Utopie erscheinen: Wissenschafts- und Technologiepolitik sind heute zentrale Elemente sowohl von staatlicher Politik wie auch in der Unternehmensführung der großen Konzerne. Zur entscheidenden Frage ist geworden, wie hoch der Anteil der Investitionen für

Wissenschaft und Technologie an den Gesamtinvestitionen sein sollte und wie diese Ausgaben auf bestimmte vorrangige Forschungs- und Entwicklungsbereiche verteilt werden sollen. Zwei Fragenkomplexe tauchen dabei immer wieder auf: zum einen, in welchen institutionalisierten Formen der Staat Wissenschaft fördern soll, und zum anderen, ob und wie Forschung von staatlichen Instanzen überhaupt *planbar* ist.

Um der gesamtgesellschaftlichen Bedeutung von wissenschaftlicher und technologischer Forschung Rechnung zu tragen und um die damit verbundene Planung und Steuerung derselben zu gewährleisten, wurden in den sechziger und siebziger Jahren auch in Deutschland, der Schweiz und Österreich entsprechende Ministerien und Forschungsförderungseinrichtungen auf- bzw. ausgebaut. Dabei ist allerdings zu beobachten, daß mit der Zunahme dieser Planungsinstrumentarien sich zugleich auch deren Handlungsspielräume immer deutlicher abzeichneten. Denn die zunehmende Internationalisierung, die Beschleunigung der Wissensproduktion, die Schwierigkeit, flexibel auf wissenschaftliche Überraschungen zu reagieren, und die Koordination der Beziehungen von Staat, Industrie und Wissenschaft führten dazu, daß fast überall die Steuerungsbestrebungen den tatsächlichen Entwicklungen gegenüber nachzuhinken schienen.

Das Verhältnis zwischen Wissenschaft und Staat ist von grundlegenden *Interessenkonflikten* geprägt. Stehen auf der einen Seite WissenschaftlerInnen oder Gruppen von WissenschaftlerInnen, die ihre persönlichen, professionellen und gesellschaftlichen Interessen durchzusetzen versuchen, so stehen auf der anderen die Interessen des Staates, der die Mittel zur Verfügung stellt und der bei der Formulierung seiner Politik ganz unterschiedlichen Zielvorstellungen folgen kann. Diese sehr unterschiedlichen und zum Teil relativ expliziten nationalen Ziele reichen von der Schaffung gesellschaftlichen Wohlstands und Sicherheit über wirtschaftliche Interessen bis hin zu weiter gefaßten kulturpolitischen Zielen.

Wissenschaft erwartet vom Staat die Finanzierung von Forschungsbereichen, die sie als interessant und wissenschaftlich relevant einschätzt. Der Staat andererseits gibt Geld unter der Bedingung, daß ein kollektiver Nutzen, eine Anwendungsmöglichkeit überzeugend in Aussicht gestellt werden kann. In den meisten industrialisierten Ländern haben sich zur Überbrückung dieser Interessengegensätze *intermediäre Organisationen* zwischen Staat und akademischer Forschung etabliert, die die Aufgabe haben, den Förderungscharakter der Mittelzuweisungen zu sichern und damit die Respektierung der Eigenbelange der Wissenschaft zu gewährleisten.

Wohin fließt nun dieses Geld konkret? Welche institutionalisierten Formen von staatlicher bzw. staatlich geförderter Forschung gibt es? Darüber hinaus ist bei der Betrachtung dieses Themenbereichs nicht außer acht zu lassen, daß der Staat als Geldgeber ein verständliches Interesse an einer leistungsfähigen, qualitativ hochwertigen und international angesehenen Wissenschaft hat. Und damit stehen wir vor der aktuellen und brisanten Frage der Meßbarkeit von Qualität.

Eröffnet wird dieses Kapitel mit einem Blick auf die grundlegenden Veränderungen im Wissenschaftssystem im 19. und 20. Jahrhundert. Welche Rolle hat der Staat als Förderer von Wissenschaft, welche anderen Akteure gibt es, wie haben sich die Rahmenbedingungen verändert? Dabei stellt sich vor allem auch die Frage der Steuerbarkeit von wissenschaftlichen Entwicklungen durch den Staat. Danach wenden wir uns den Aufgaben und Problemen der Forschungsförderung zu. Hier geht es einerseits darum, die deutsche Forschungslandschaft und die verschiedenen, zum Teil sehr innovativen Förderungsmechanismen und Modelle vorzustellen. Abschließend werden noch einige Eckdaten zur Forschungsförderung auf internationaler Ebene vorgestellt.

Der dritte Abschnitt ist der staatlich finanzierten Grundlagenforschung und ihrer Rolle im Wissenschaftssystem gewidmet. Inwieweit trägt wissenschaftliche Forschung tatsächlich zum wirtschaftlichen Erfolg von Nationen bei? Lassen sich Kosten-Nutzen-Rechnungen in einem nationalen Rahmen sinnvoll anstellen, wenn Wissenschaft selbst zunehmend international wird? Wie steht es um die industrielle Verankerung von wissenschaftlicher Forschung?

Die Universitäten und ihre Anpassung in einem grundlegend veränderten Gesamtkontext werden daran anschließend thematisiert. Hier werden vor allem hochschulpolitische Trends aufgezeigt, die zunehmend im Spannungsfeld zwischen gesamteuropäischen Konzepten und individuellen nationalstaatlichen Entwicklungen betrachtet werden müssen. Im abschließenden Teil dieses Kapitels steht die Evaluierung von Wissenschaft bzw. Forschung im Zentrum der Aufmerksamkeit. Die Diskussion um dieses Thema hat seit der Mitte der achtziger Jahre mittlerweile auch im deutschsprachigen Raum einigen wissenschaftspolitischen Staub aufgewirbelt. In unserer Zusammenschau gehen wir zunächst auf die historischen Ursprünge der Bewertung von Wissenschaft ein, ehe die wichtigsten Methoden der Evaluierung von Forschung skizziert werden. Am Ende werden die Möglichkeiten und Grenzen dieses wissenschaftspolitischen Instruments reflektiert.

8.1. Die Transformation des Wissenschaftssystems im 19. und 20. Jahrhundert

> Sollten wir uns mit der Privatisierung von Wissenschaft abfinden oder nicht? Oder sollten wir im Gegenteil die Tatsache feiern, daß die Wirtschaft endlich ihre Bedeutung erkennt?
>
> *Michel Callon*

Wissenschaft ist mit Wirtschaft und Staat seit dem 19. Jahrhundert in institutionalisierter Form verbunden. In Deutschland, das gewissermaßen ein Führungsrolle übernommen hatte, etablierte sich eine staatlich geförderte Grundlagenforschung mit der Humboldtschen Universitätsreform an den Universitäten und konnte auch rasch Erfolge aufweisen. Es kam zu einer Spezialisierung und Differenzierung innerhalb der Universitäten, aber vor allem auch zu einer Auslagerung der angewandten Forschung in Industrielabors und der Schaffung eigener staatlicher Forschungsstätten, die neben Forschung eine Fülle anderer Aufgaben – vor allem Meß-, Prüf- und Standardisierungsaufgaben – übernahmen. Wirtschaft und Staat waren nun die Hauptakteure für diese neu geschaffenen Wissenschaftsbereiche.

Abgesehen von einigen Vorläuferinstitutionen markierte in Deutschland die Gründung der *Physikalisch-Technischen Reichsan-*

stalt 1887 den eigentlichen Beginn von staatlicher Forschung. Diese Entwicklung ist vor dem Hintergrund der Ausweitung der Aufgaben und Kompetenzen der Nationalstaaten gegen Ende des 19. Jahrhunderts zu sehen. Bereits wenige Jahre danach folgte die Gründung staatlicher Forschungseinrichtungen, die der Verbesserung des öffentlichen Gesundheitswesens dienen sollten. Dazu sind etwa die Bereiche der Immunologie zur Entwicklung von Sera und Impfstoffen sowie der Hygiene und der Lebensmittelkontrolle zu nennen. Später wurden dann in Deutschland auch noch die Bereiche Landwirtschaft, Verkehr und Raumordnung sowie andere Bereiche in den Aufgabenkatalog staatlicher Forschung aufgenommen.

Die staatliche Forschung findet zu überwiegenden Teilen als »Ressortforschung« statt und dient vor allem als Entscheidungshilfe für die verschiedenen Ministerien. Staatliche Forschung versteht sich dabei weniger als Grundlagenforschung – also als eine auf neue Erkenntnisse hin gerichtete Tätigkeit –, sondern als Mittel zur Erfüllung der durch Politik, Gesetzgebung und Verwaltung vorgesehenen staatlichen Aufgaben. Die wohl älteste Beziehung zwischen dem modernen Staat und der Wissenschaft ist dabei zweifelsohne die *Beratung* von Politik und Verwaltung durch ExpertInnen. In wichtigen wissenschaftsabhängigen Politikbereichen hat sich der Staat Institutionen geschaffen, die sein kompetentes Handeln gewährleisten sollen, die in vielerlei Zusammenhängen Aufsichts- oder zumindest Legitimationsfunktionen bei steigendem Rechtfertigungsdruck erfüllen können. Dieses tägliche Geschäft der Überwachung und Prüfung verweist dabei auf den Amtscharakter vieler staatlicher Forschungsanstalten und umfaßt zahlreiche Routinetätigkeiten.

Der Staat war und ist nicht nur Betreiber von staatlicher Forschung, die zum Teil mit dem traditionellen Bild von Forschung wenig gemeinsam hat. Er ist zugleich auch der wichtigste Geldgeber insbesondere für Grundlagenforschung, sei sie nun außerhalb oder innerhalb der Universitäten angesiedelt. Zumindest in den westlichen Industrienationen hat sich ein breiter Konsens darüber gebildet, daß die Förderung von Grundlagenforschung zu einer wichtigen Aufgabe des Staates gehört und daß dieser Bereich staatlich geförderter Forschung als Kern des gesamtwissenschaftlichen Systems anzusehen ist. Wissenschaft wird zumindest im »Kulturstaat« ein fester Platz abseits von taktischer Argumentation um Nutzen und Verwendbarkeit zugestanden. Die Überzeugung, daß Wissenschaft förderungswürdig sei, ist nicht nur materiell, sondern auch *kulturell* bestimmt und reflektiert das hohe soziale Prestige, das Wissenschaft zuerkannt wird. Die Beziehung zwischen Forschung und Staat hat sich in den verschiedenen nationalen Kontexten sehr unterschiedlich entwickelt. So beklagten sich die US-Wissenschaftler im 19. und beginnenden 20. Jahrhundert über die Schwerpunktsetzung in der Verwendung der Bundesmittel in Richtung angewandter Forschung, während die Grundlagenforschung vernachlässigt und nicht als Staatsaufgabe gesehen wurde.

Mit der engen Verknüpfung von Staat und Wissenschaft wurde die Frage nach Planbarkeit bzw. Steuerbarkeit von Forschung und Wissenschaft ein zentrales Problem. Bereits in den dreißiger Jahren dieses Jahrhunderts, als Wissenschaft und Technik erstmals kritisch hinterfragt wurden, gab es vor allem im anglo-amerikanischen Raum heftige Auseinandersetzungen zu diesem Thema. Ist es von größerem Nutzen für die Gesellschaft, wenn man die Wissenschaftsentwicklung von außen steuert? Oder soll man ihr nicht doch weitgehende Autonomie einräumen, da sie sich so am besten entfalten kann?

In dieser wissenschaftspolitischen Diskussion standen sich auf der einen Seite eher planungsorientierte marxistische Wissenschaftshistoriker und Wissenschaftsforscher wie Bernal und liberal-konservative Kollegen wie Polanyi oder Popper auf der anderen Seite gegenüber. Während die eine Seite auf die verschiedensten gesellschaftlichen Mißstände verwies, die durch eine geplante Wissenschaft verändert werden könnten, verwiesen die anderen auf die sich damals bereits abzeichnenden Mißbräuche von Wissenschaft durch die totalitären Regimes des Nationalsozialismus und des Stalinismus. Tatsächlich erwiesen sich diese Prozesse der Steuerung von Wissenschaft bei näherer Untersuchung als sehr diffus, und es war vielfach nicht einsichtig, ob sich nun die Wissenschaft von sich aus bestimmten Bedingungen anpaßte oder ob es die Steuerungsimpulse der Wissenschaftsplaner waren, die eine Neuausrichtung der Forschung bewirkten.

Prozesse der Forschungssteuerung bestehen ja zumeist aus einer langen Serie von *Problemtransformationen*. Gesellschaftliche, soziale, wirtschaftliche, wissenschaftspolitische, technische oder wissenschaftliche Probleme werden formuliert und in verschiedener Weise transformiert und sind durch zahlreiche eingebaute Feedback-Schleifen miteinander verbunden. Eine zentrale Rolle bei dieser beständigen Übersetzung kommt während des Planungsprozesses sogenannten *Hybridgemeinschaften* zu – Personengruppen, die quasi in der Grauzone zwischen Politik, Wissenschaft (und Wirtschaft) operieren, auch entsprechend heterogen aus WissenschaftlerInnen, PolitikerInnen, VerwaltungsbeamtInnen, ManagerInnen, etc. zusammengesetzt sind, und gerade dadurch die Fähigkeiten besitzen, diese entscheidende Vermittlungs- und Transformationsarbeit zwischen Wissenschaft und Politik zu leisten (vgl. Kap. 9.3.).

Heute stehen wir vor einem einigermaßen unübersichtlichen Bild, gerade was die externe, politische Abhängigkeit von Wissenschaft und Forschung anbetrifft. Einerseits entspricht das Ideal einer autonomen Wissenschaft, die von außen einzig Geld erhält, sonst aber vor Eingriffen geschützt wird, weniger denn je der Realität. Andererseits ist heute durch einen gewissen »Rückzug des Staates« in den meisten westlichen Industrienationen auch der politische Einfluß auf Wissenschaft anders gestaltet. Zudem haben sich die Wissenschaften in vielen Bereichen unentbehrlich gemacht, so daß auch das andere Extrem einer völligen Fremdbestimmtheit von Forschung in dieser absoluten Form nicht zutreffend scheint.

An diesem Bild sind jedoch einige wichtige Differenzierungen hinsichtlich verschiedener Forschungsbereiche und Institutionalisierungsformen von Wissenschaft angebracht. Denn zweifellos sind weite Teile etwa der *Militärforschung,* die einen beträchtlichen Teil der meisten staatlichen Forschungsbudgets monopolisiert, von außen gesteuert – auch wenn an bestimmten (Militär)Forschungszentren beteuert wird, daß die WissenschaftlerInnen bei ihren Tätigkeiten freie Hand hätten. Ähnliches gilt mit den entsprechenden Abänderungen für den weiter expandierenden Sektor der *Industrieforschung,* der ebenfalls von vornherein weitgehend instrumentalisiert scheint und wissenschaftliche Freiräume einschränkt. Andererseits bietet die Industrieforschung zeitlich limitierte Freiräume und Arbeitsmöglichkeiten, wie sie an Universitäten kaum zu finden sind. Auch die industrielle Forschung wird heute vom Staat bzw. in Europa von der EU mituntertützt. In sogenannten »Forschungsverbänden« und anderen Organisationsformen sollen Bedingungen geschaffen werden, in denen universitäre und industrielle ForscherInnen stärker miteinander kooperieren.

Der Zweite Weltkrieg war ein Wendepunkt sowohl hinsichtlich der Rolle von Wissenschaft und Technologie für die Wirtschaft als auch für die Wichtigkeit der staatlichen Forschungsfinanzierung. Vor allem für die USA, die nun zur führenden Wissenschaftsnation wurden, erhöhten sich nicht nur die Gesamtausgaben für Wissenschaft enorm, sondern der Staat avancierte zu einer zentralen Finanzierungsquelle. Durch die Einsicht in die strategischen Rolle von Wissenschaft und innovativen Technologien hatte sich eine wissenschaftspolitische Wende vollzogen, und ein neuer Vertrag zwischen Wissenschaft und Gesellschaft wurde in den USA und in der Folge in den meisten Industrienationen unterschrieben.

Mit der Wahrnehmung der Wichtigkeit eines staatlichen Förderungssystems entstanden in der Folge in allen westlichen Industrienationen Forschungsförderungseinrichtungen, die sich vor allem der Grundlagenforschung annahmen. Diese Einrichtungen, die in ihren Anfängen von Teilen der Wissenschaftlergemeinschaft auch durchaus mit Skepsis als externe Steuerungseinrichtungen angesehen wurden, wurden in der Folge – vor allem durch die Sicherstellung der Beurteilung der Projekte durch WissenschaftlerInnen aus den eigenen Reihen (*Peer Review*) – zu einem integralen und nicht mehr hinterfragten Bestandteil der Wissenschaftssysteme.

Unter dem Einfluß ökonomischer und politischer Kräfte kam es in der Nachkriegszeit zu einer beschleunigten Internationalisierung, die nicht nur Veränderungen in quantitativen, sondern auch in qualitativen Dimensionen mit sich brachte. Engere Vernetzungen auf der Ebene der Kommunikation, gemeinsam errichtete Forschungszentren wie etwa das CERN oder das Europäische Labor für Molekularbiologie und die Schaffung von Kooperations- und Austauschnetzwerken standen für grundlegend neue Strukturen. Nationale Forschungspolitik mußte daher zunehmend in einem internationalen Kontext konzipiert und bewertet werden.

In der Zeit nach dem Zweiten Weltkrieg kann man mindestens drei wesentliche Einschnitte im wissenschaftspolitischen Diskurs feststellen. Ein erster ist in den frühen sechziger Jahren anzusetzen und ist mit der Öffnung des Bildungsbereiches für weite Teile der Bevölkerung gekoppelt, was zu einer bemerkenswerten Expansion des Universitätssystems führte. Die Unterstützung von Grundlagenforschung durch den Staat wurde zu einer bewußten Politik. Aber es war auch eine inhaltliche Verschiebung in der Wissenschaftspolitik zu erkennen. Er ging in Richtung einer stärkeren Einbindung der gesellschaftlichen Probleme, vor allem auch in Richtung sozialen Managements der Auswirkungen von Wissenschaft und Technik auf die Gesellschaft und die Umwelt. Vor allem sei hier auf die stark ambivalente Haltung gegenüber Wissenschaft in dieser Zeit hingewiesen: Es war eine paradoxe Mischung aus übertriebenen Erwartungen einerseits und einer schwindenden Wissenschafts- und Technikgläubigkeit andererseits.

Einen zweiten Umbruch markierte die zunehmende Diskussion um den Beitrag von Wissenschaft zur wirtschaftlichen Wettbewerbsfähigkeit, der etwa Mitte der achtziger Jahre anzusetzen ist. In Europa hatte die Diskussion um den Technologievorsprung der USA bereits in den späten sechziger Jahren begonnen und wurde als ein führendes Thema im wissenschaftspolitischen Diskurs der USA aufgenommen. Internationale ökonomische Wettbewerbsfähigkeit wurde mit Leistungsfähigkeit im High-Tech-Sektor gleichgesetzt.

Gegen Ende der achtziger Jahre gab es dann immer klarere Anzeichen für einen weiteren, vielleicht noch tieferen Einschnitt in das Wissenschaftssystem, als es bisher der Fall war. Zum Symbol für diese Veränderung ist der in den späten achtziger Jahren geprägte Begriff »*steady state science*« (Wissenschaft im Zustand der Stagnation) geworden. Bis zu diesem Zeitpunkt konnten alle wissenschaftspolitischen Maßnahmen im Rahmen eines expandierenden Systems konzipiert werden, jetzt mußten Veränderungen im System innerhalb eines relativ engen Rahmens durchgeführt werden. Dies alles fand vor dem Hintergrund dramatischer geopolitischer Veränderungen statt: Dem militärischen Wettlauf und seiner Rolle als Expansionskraft wurde gewissermaßen ein Ende bereitet. Auch die lange vertretene These, daß eine starke nationale Forschung als treibende Kraft des nationalen ökonomischen Systems gesehen werden sollte, ist vor dem Hintergrund einer immer dichter verwobenen globalen Ökonomie ein nicht mehr hinreichend überzeugendes Argument, um Forschung auch weiter massiv im nationalen Rahmen zu fördern.

Der britische Wissenschaftsforscher John Ziman hat diese grundlegenden Veränderungen im Wissenschaftssystem in einer Geschichte, die er an den Anfang seines neuesten Buches stellt, plakativ zusammengefaßt. Er beschreibt eine sich auf einer Raum-Zeit-Reise befindliche Wissenschaftlerin, die nach längerer Abwesenheit in die neunziger Jahre zurückkehrt und ein völlig verändertes Wissenschaftssystem vorfindet. Dieses hat sich zu einem einzigen lose gekoppelten System aus diversen Aktivitäten entwickelt, die von Grundlagenforschung bis zur Entwicklung marktnaher Technologien reichen, die einander durchdringen und so zur Etablierung einer Vielzahl von verschiedenen Institutionen geführt haben. Eine Multiplikation der Orte der Wissensproduktion hat stattgefunden. Aber auch völlig neue Formen der Wissensproduktion außerhalb bestehender disziplinärer Strukturen sind gefragt und werden dort erzeugt. Parallel zur Entstehung dieses zunehmend komplexen Forschungssystems hat sich ein starkes wissenschaftspolitisches System etabliert. Dieses formuliert nationale Prioritäten, identifiziert strategische akademische Bereiche, initiiert nationale Forschungsprogramme auf dem Anwendungssektor, fördert Universitäts-Industrie-Beziehungen oder handelt transnationale Programme aus. Wettbewerbsvorteile, Anwendbarkeit und Vermarktung von Wissenschaft sind ins Zentrum der Aufmerksamkeit gerückt.

Wenn diese durch Raum und Zeit reisende Forscherin heute Zugang zu finanziellen Ressourcen möchte, so ist sie mit einem harten Wettbewerb konfrontiert. Es besteht ein hoher Rechtfertigungsdruck, eine strenge Kosten-Nutzen-Rechnung für die erhaltenen Ressourcen ist unumgänglich, und die Komplexität und Kostenintensität der Forschung muß durch gemeinsame Nutzung von Forschungseinrichtungen bewältigt werden. Jede Ebene im Wissenschaftssystem ist zunehmender Qualitätskontrolle unterworfen. Output-Indikatoren, um die Effektivität zu überwachen und damit Auswahl zu erleichtern, gehören zum Forschungsalltag. Die Konzentration von wissenschaftlichen Aktivitäten, Schaffung von sogenannten *centers of excellence*, die größere Chancen im internationalen Wettbewerb bieten sollen, multidisziplinäre Forschungszentren zur Lösung von speziellen Problemen und Netzwerke, um WissenschaftlerInnen verschiedener Institutionen und Nationen zu verbinden, sind integraler Bestandteil des neuen Wissenschaftssystems. Und schließlich wäre sie mit veränderten Rahmenbedingungen der Karriereplanung konfrontiert. Kurzzeitverträge, gute Managementfähigkeiten als Voraussetzung für eine erfolgreiche wissenschaftliche Karriere und ein immer größer werdendes Spannungsverhältnis zwischen Forschung und Lehre gehören zu den Schlüsselbegriffen im Wissenschaftssystem.

Wissenschaft soll in diesem Prozeß der Restrukturierung straffer organisiert, rationalisiert und stärker Managementprinzipien gehorchend geführt werden. Das gesamte System hat sich verändert, und das auf jeder Ebene vom individuellen Laborleben bis hin zu den forschungspolitischen Werkzeugen. Jede Veränderung auf einer Ebene hat geplante und ungeplante Auswirkungen auf einer anderen gezeigt. Wissenschaft ist ein hochkomplexes und globales Forschungs- und Entwicklungsunternehmen geworden. Die zentrale Frage, wie sie John Ziman formuliert, ist nicht, ob das Wissenschaftssystem transformiert werden sollte oder nicht: Es stellt sich vielmehr die Frage, ob das Wissenschaftssystem an die neue Umgebung angepaßt werden kann, ohne die Eigenschaften zu verlieren, die es in der Vergangenheit so produktiv gemacht haben.

8.2. Mechanismen der Forschungsförderung

> Wir müssen diese Fragen in einem Kontext be-
> trachten, der über den der bloßen ökonomischen
> Effizienz hinausgeht. Wissenschaft ist ein wichti-
> ges Element unseres kulturellen Lebens, und wir
> würden es nur schwer akzeptieren, wenn Privat-
> interessen sie völlig übernehmen würden.
>
> *Michel Callon*

Nachdem Wissenschaft einen relativ hohen Grad an Autonomie erlangt hatte, besaß sie sowohl die strukturelle Leistungsfähigkeit als
auch die öffentliche Sichtbarkeit, um zunehmend mit Erwartungen
von außen konfrontiert zu werden. Die Verwertbarkeit wissenschaftlicher Erkenntnisse in zahlreichen Lebensbereichen sicherte ihr gesellschaftliche Bedeutung, brachte aber zugleich auch Interessenkonflikte zwischen innerwissenschaftlichen Zielen und externen Anforderungen mit sich. Der Ruf nach einer »praxisrelevanten« und an-
wendbaren Wissenschaft sowie die Einforderung des Beitrags von
Wissenschaft zur nationalen Wirtschaftsleistung erfolgten daher in
regelmäßigen Abständen.

Nach dem Zweiten Weltkrieg hatten sich WissenschaftlerInnen
daran gewöhnt, in neuen Größenordnungen zu denken, und die
Wachstumsmöglichkeiten für das Wissenschaftssystem schienen
beinahe unbegrenzt. Zum einen stieg die Zahl der Forschungseinrichtungen wie auch die der ForscherInnen stark, zum anderen wuch-
sen durch die zunehmende Technologisierung der Naturwissenschaften die Kosten wissenschaftlicher Arbeit explosionsartig. Schnell
wurde klar, daß ohne staatliche Finanzierung in größerem Rahmen
kein weiterer Ausbau der Forschung in dieser Form möglich sein
würde.

Diese nationalen Forschungsförderungskonzepte, die in Reaktion
auf diese veränderte Beziehung von Wissenschaft und Gesellschaft
entwickelt wurden, nahmen nun sehr unterschiedliche Formen an,
abhängig von historischen Kontingenzen, von den bestehenden
Strukturen und akademischen Traditionen. Im folgenden werden wir
die Diskussion insbesondere auf das deutsche Forschungssystem als
Beispiel für eine führende europäische Wissenschafts- und Industrie-

nation konzentrieren. Dieses weist drei charakteristische Merkmale auf: Es ist stark dezentral aufgebaut, besteht aus zahlreichen Subsystemen – den Universitäten, den Max-Planck-Instituten, Großforschungseinrichtungen, den Frauenhofer-Instituten etc.- und bezieht seine Ressourcen aus einer Vielzahl von finanziellen Quellen. Es existiert weder ein nationales Gesamtbudget, noch gibt es für alle Subsysteme eine konzertierte Forschungspolitik. Statt dessen haben alle Subsysteme ihre eigenen Budgets, und die meisten haben auch ihre eigene Politik, wobei auf Bundes- und Landesebene eine lose Koordination besteht.

Im internationalen Vergleich liegt Deutschland hinsichtlich der Ausgaben für Forschung und Entwicklung gemessen am Bruttoinlandsprodukt im Spitzenfeld. Interessanter als diese Indikatoren, auf die wir etwas später zurückkommen, ist allerdings die interne Strukturierung der nationalen Forschungs- und Entwicklungslandschaft. Auf Finanzierungsseite stammten zu Beginn der neunziger Jahre 38,2% der gesamten F&E-Ausgaben aus öffentlicher Hand, wobei die Länder eine wesentliche Rolle übernehmen. Die Kompetenzverteilung sieht vor, daß Bildung im Hochschulbereich primär bei den Ländern liegt und die Forschung dem gemeinsamen Verantwortungsbereich von Bund und Ländern untersteht.

Auf Durchführungsseite haben die Hochschulen und die außeruniversitären Forschungseinrichtungen eine etwa gleich starke Position. Das ist einerseits durch ein sehr ausdifferenziertes Netz an außeruniversitären Forschungseinrichtungen zu erklären, aber auch durch eine bewußte Finanzierungspolitik aus öffentlicher Hand, die weniger in die Drittmittelfinanzierung der Hochschulen investiert.

Auf dem Finanzierungssektor gibt es neben der öffentlichen Hand noch den privaten Sektor (die Industrie), aber vor allem ein Netzwerk von Stiftungen, die an der Nahtstelle zwischen privatem und öffentlichem Bereich angesiedelt sind. Neben der direkten Förderung gibt es eine Reihe von Gesellschaften, nämlich die Frauenhofer-Gesellschaft, die Max-Planck-Gesellschaft und die Deutsche Forschungsgemeinschaft (DFG), wobei die beiden letztgenannten in erster Linie durch öffentliche Mittel finanziert werden. Während das Bundesministerium für Bildung, Wissenschaft, Forschung und Technologie (früher Bundesministerium für Forschung und Technologie, BMFT), das die wichtigste öffentliche Finanzierungsquelle ist, Großforschungseinrichtungen, nationale Schwerpunktprogramme, internationale F&E-Beitragsverpflichtungen und auch direkt Projekte in der Wirtschaft fördert, konzentriert sich die DFG auf die Unterstützung der Forschung im universitären Rahmen. Die Max-Planck-Gesellschaft wiederum hat ihren Schwerpunkt in der Förderung von Forschungsinstitutionen, die von ihr selbst errichtet und geführt werden.

Ein wissenschaftspolitischer Schwerpunkt der achtziger Jahre bestand im Aufbau und der Förderung der Schnittstelle Universität – Industrie. Das Ziel war einerseits eine Kopplung und gegenseitige Stimulierung von akademischen und industriellen Aktivitäten und die Möglichkeit, industrielle Finanzierungsressourcen für den Hochschulsektor zu mobilisieren. Man kann sagen, daß dies sehr gut gelungen ist, da der industrielle Finanzierungsanteil an der Hochschulforschung bei 7,5% liegt, womit Deutschland den vierten Rang unter den OECD-Staaten einnimmt. Insgesamt kann man im deutschen System auf drei innovative Formen der Forschungsförderung verweisen:

- *Verbundforschung*: Forschungskooperation zwischen einem oder mehreren Partnern aus den Bereichen Wissenschaft und Wirtschaft. Durch das Poolen von Geldmitteln aus beiden Bereichen kommt es zu einer Entlastung des Staates bei gleichzeitiger Stimulierung der industriellen Ressourcen. Das Know-how von Industrie und Universitäten wird vereint und Probleme werden kooperativ definiert und bearbeitet. Stabile Schnittstellen werden errichtet und Kooperationen entstehen, wodurch es zu einer Eingrenzung der Selektionsfunktion des Staates kommt und eine Selbststeuerung durch Wissenschaft und Wirtschaft stattfinden kann.
- *Frauenhofer-Gesellschaft*: Dies sind multidisziplinäre, anwendungsorientierte Forschungsunternehmen, die auch ExpertInnenwissen für Problemlösungsprozesse bereitstellen und vor allem auf Regionalförderung ausgerichtet sind. Ihr Ziel ist es, möglichst rasch und flexibel auf Veränderungen zu reagieren. Ihre finanziel-

len Mittel beziehen sie von Bund und Ländern sowie aus der Privatwirtschaft.

• *Stiftungen*: Obwohl der finanzielle Beitrag von Stiftungen relativ gering ist, stellen sie doch eine qualitative Verbesserung der Forschungslandschaft dar. Sie tragen zur Schaffung eines alternativen Förderungsprofils bei und haben daher eine notwendige Ergänzungsfunktion.

Alle drei Förderungsformen setzen an der Schnittstelle von staatlichem und privatem Bereich an und haben somit eine Art Vermittlungsfunktion im Ergänzen von verschiedenen Ressourcen.

Was die finanzielle Situation der Forschung und Entwicklung in Deutschland betrifft, sind zwei Punkte anzumerken. In der ersten Hälfte der achtziger Jahre war ein erstaunliches Wachstum der F&E-Ausgaben festzustellen, deren treibende Kraft die Wirtschaft war. Die Rezession, die gegen Ende der achtziger Jahre auch in Deutschland spürbar wurde, hat – bei gleichbleibenden Staatsausgaben – zu einem Absinken der F&E-Quote geführt. Damit hat sich der Staat als stabilisierender Faktor für die Wissenschaft erwiesen. Zudem sind im selben Zeitraum die Drittmittel schneller gewachsen als die Grundfinanzierung. Deutschland liegt damit im internationalen Trend, Basisfinanzierungen eher zu kürzen und mehr auf zweckgebundene Sekundärfinanzierung umzusteigen.

Wie groß fällt nun tatsächlich diese staatliche Finanzierung aus, und wie hoch ist sie in Relation zu anderen Finanzierungsquellen für die wissenschaftliche Forschung und Entwicklung? Um Vergleichbarkeit herzustellen, wird das international angewandte Maß für die Ausgaben im wissenschaftlichen Bereich – nämlich der Prozentsatz des Bruttoinlandsprodukts (BIP) – herangezogen. Wie man in Abb. 4 sehen kann, liegen in den industrialisierten Ländern die nationalen Ausgaben für Forschung und Entwicklung im Schnitt bei etwa 2,5%. Während Deutschland mit 2,58% zu den höchstentwickelten Wissenschaftsnationen zählt, hat Österreich mit 1,48% im internationalen Vergleich einen großen Aufholbedarf.

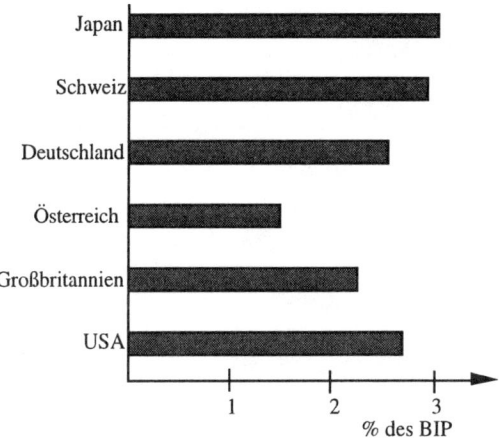

Abb. 4: Nationale Ausgaben für F&E gemessen am BIP (1991)

Um die Abhängigkeit des nationalen Wissenschaftssystems von der staatlichen Förderung zu verstehen, darf nicht außer acht gelassen werden, in welchem Verhältnis staatliche Förderung zu den von der Industrie zur Verfügung gestellten Mitteln steht. Auch hier gibt es im internationalen Vergleich beträchtliche Schwankungen (vgl. Abb. 5). Während manche Nationen ihr Wissenschaftssystem zu etwa 50% aus öffentlicher Hand finanzieren, wie etwa die USA oder Österreich, sind es im Fall von Japan nur 18%. Das bedeutet, daß das Verhältnis zwischen Finanzierung aus industriellen bzw. staatlichen Quellen für die Charakterisierung des F&E-Sektors von wesentlicher Bedeutung ist. Es stellt sich nämlich die Frage, wie dies Bernhard Felderer und David Campbell in ihrer Studie über Forschungsfinanzierung in Europa betonen, ob diese beiden Ressourcen wechselseitig einen Verdrängungseffekt ausüben oder ergänzend wirken.

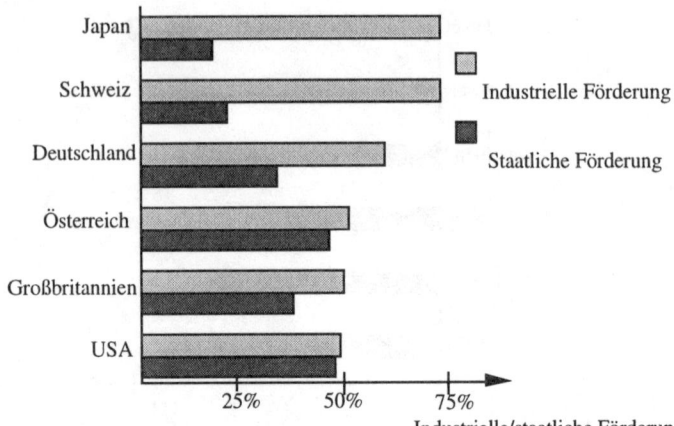

Abb. 5: Anteile der industriellen/staatlichen Forschungsförderung an den gesamten F&E-Ausgaben (1990)

Diese Frage, die wesentliche Informationen über mittel- und langfristige Entwicklungstrends impliziert, läßt sich vorerst nur beantworten, wenn man etwa die Entwicklung der Finanzierung als Prozentsatz des BIP in den letzten zehn Jahren sowohl für die Industrie als auch für den Staat betrachtet. Ein Vergleich der industriellen Finanzierungsanteile an der nationalen F&F (gemessen in % des BIP) ergibt, wie in Abb. 6 zu sehen ist, ein Wachstum für alle hier angeführten Länder mit Ausnahme von Großbritannien, wo ein leichter Rückgang zu verzeichnen war.

Für die staatlichen Ausgaben zeichnet sich hier ein nicht so gleichförmiges Bild ab. Während manche Nationen auch in diesem Bereich in den letzten zehn Jahren eine Erhöhung erreichen konnten, war dies z.B. für Japan, Großbritannien und Deutschland nicht der Fall (Abb. 7). Bildet man nun aber den Mittelwert aus einem größeren Sample von 19 Staaten, so erhält man einen Mittelwert von 0,72% 1991 im Vergleich zu 0,65% des BIP 1981.

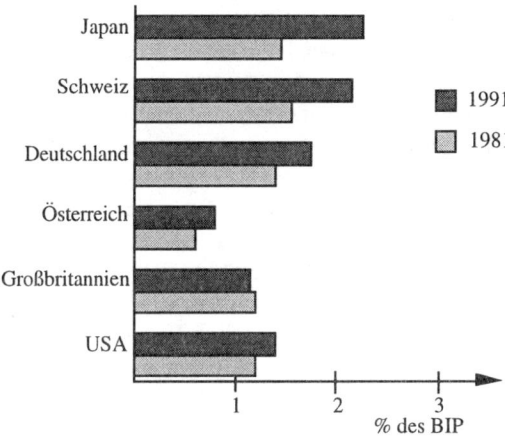

Abb. 6: Veränderung der industriellen Förderung in % des BIP (1981–1991)

Die Daten in Abbildung 6 und 7 zeigen, daß sowohl der staatliche als auch der industrielle Finanzierungsanteil für F&E im Zeitraum 1981–1991 real gestiegen sind, wobei letzterer weitaus stärker wuchs – was für eine ergänzende Rolle von Industrie und Staat spricht.

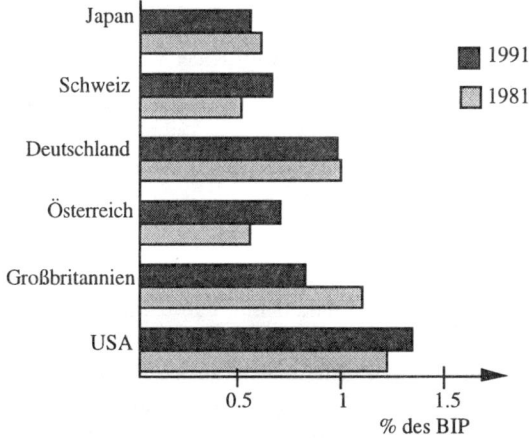

Abb. 6: Veränderung der staatlichen Förderung in % des BIP (1981–1991)

Nach einer Verfeinerung der Analyseebene weisen die Autoren darauf hin, daß das Wachstum der Forschungsförderung aus öffentlichen Mitteln in den achtziger Jahren in Kleinstaaten deutlich höher war als in größeren Nationen. Daraus schließen sie, daß in Kleinstaaten öffentlichen Mitteln eine stärkere strategische Relevanz zukommt. Für große Nationen wird ein Nullwachstum für die staatliche Förderung konstatiert, der Zuwachs an Finanzierungsmitteln wird hauptsächlich von der Industrie beigesteuert.

Schließlich wird sich durch die verstärkte Entwicklung von internationalen Forschungsförderungsprogrammen (wie etwa im Rahmen der EU) auch die Rolle des Einzelstaates als Finanzier für Forschung verändern. Die nationalen Wissenschaftssysteme werden sich also zunehmend auf dem internationalen »Markt« der Forschung im Wettbewerb mit anderen durchsetzen müssen, um auf diesem Weg das ins Ausland geflossene Geld zumindest zum Teil wieder ins eigene Land »zurückholen«.

8.3. Die wirtschaftliche Relevanz von Grundlagenforschung

> Wenn es zutrifft, daß die Universitäten eine solch bedeutsame Rolle für die Wirtschaft spielen, dann wäre ein neuer sozialer Vertrag (...) mit den Universitäten gerechtfertigt, der wieder einen stark erhöhten Zufluß von öffentlichen Geldern mit sich bringt.
>
> *Henry Etzkowitz*

Daß Wissenschaft nicht nur die Kenntnisse vergrößert, sondern auch zum wirtschaftlichen Wohlstand der Nationen beitragen kann, wurde früh erkannt: Bereits Adam Smith wies in seinem Hauptwerk »The Wealth of Nations« (1776) darauf hin, daß technischer Fortschritt nicht einfach durch Produktion und die Bereitstellung von Kapital zustande kommt, sondern insbesondere auch auf »Vorarbeiten« der Wissenschaftler und Techniker angewiesen ist. Solche oder ähnliche Überlegungen stellten im Laufe der folgenden Jahrzehnte und Jahrhunderte noch andere Sozialtheoretiker und Ökonomen an wie de Tocqueville oder Marx.

Tatsächlich muß das schnelle Wachstum der modernen Wissenschaften seit dem 19. Jahrhundert als Teil des umfassenderen Prozesses der Ausdifferenzierung und Professionalisierung des Produktionsbereiches von sich modernisierenden Gesellschaften gesehen werden. Und insbesondere seit den vergangenen Jahrzehnten scheint die augenfällig größer gewordene Bedeutung von wissenschaftlichen Entdeckungen und technologischen Innovationen für die Wirtschaft zu deren wichtigsten strukturellen Veränderungen zu zählen. Illustriert werden diese veränderten Rahmenbedingungen unter anderem am Beispiel der Wirtschaftsgroßmacht Japan, die auf den internationalen Märkten mit Produkten reüssierte, die hauptsächlich auf technologische Entwicklungen zurückgehen.

Andererseits muß auf seiten der Wissenschaft die exponentielle Verteuerung von Großforschung in den wissenschaftspolitischen Diskussionen in Rechnung gestellt werden. Ist es einerseits offensichtlich, daß qualitativ hochwertige Forschung zu einem immer wichtigeren Fundament für die Konkurrenzfähigkeit in vielen Bereichen der Wirtschaft geworden ist, so liegt andererseits durch ihre permanente Verteuerung ein guter Grund vor, auch die staatlichen Investitionen in die Grundlagenforschung neu zu überdenken.

So ist es nicht verwunderlich, daß eine der zentralen Streitfragen der heutigen forschungspolitischen Diskussionen jene nach dem finanziellen Nutzen von akademischer Grundlagenforschung bzw. der Legitimation ihrer Finanzierung ist. Im Jahr 1959 veröffentlichte Richard Nelson einen inzwischen klassischen Aufsatz zu diesem Thema, in dem darauf hingewiesen wurde, daß in der Wettbewerbssituation des freien Marktes profitorientierte Firmen weniger in Grundlagenforschung investieren würden, als gesamtgesellschaftlich erwünscht und gewinnbringend wäre. Dadurch, daß der Rückfluß an – ihren Inhalten nach unvorhersehbaren – Erkenntnissen allzu oft von jenen Firmen nicht verwertet werden kann, die investiert haben, lohne es sich für die Firmen nicht, diese Investitionen zu tätigen.

Ökonomen sind seit Jahrzehnten damit beschäftigt, die wirtschaftlichen Vorteile einer gut funktionierenden nationalen Grundlagenforschung zu analysieren. Wirft man einen Blick auf den Zusammenhang von wissenschaftlicher Effizienz und wirtschaftlichem Erfolg, so stößt man jedoch auf gewisse Schwierigkeiten. Vor allem die Meßbarkeit von »wissenschaftlicher Prosperität« hat bestimmte Grenzen. Denn es stellt sich die Frage, an welchen Indikatoren sich überhaupt eine erfolgreiche und effiziente wissenschaftliche Produktion im internationalen Vergleich festmachen läßt: Gibt die Anzahl der pro Jahr und Land veröffentlichten wissenschaftlichen Artikel oder der Patente sinnvolle Vergleichsmaßstäbe ab? Oder sind es die Kosten, die für wissenschaftliche Grundlagenforschung aufgewendet werden, bzw. die Kosten für eine bestimmte wissenschaftliche Produktivität?

Andererseits ist auch das Wirtschaftswachstum eine Kenngröße, die sich bekanntlich aus den verschiedensten Faktoren zusammensetzt und zu der die Qualität oder die Effizienz der Wissenschaft doch nur einen sehr bescheidenen Beitrag leisten kann, der sich zudem oft erst nach Jahren zeigt. Es scheint also angebracht, nach konkreten Schwierigkeiten bei der Umsetzung von wissenschaftlichen Erkenntnissen in industriell gefertigte Artefakte zu suchen. Entsprechend sind etwa die Diskrepanzen zwischen der US-amerikanischen Dominanz in der naturwissenschaftlichen Grundlagenforschung und den relativen Mißerfolgen der amerikanischen Wirtschaft am Weltmarkt der achtziger Jahren dadurch mitbedingt worden, daß in den USA einerseits sowohl in den Firmen als auch in der universitären Ausbildung anwendungsorientiertere ingenieurwissenschaftliche Bereiche nicht ausreichend berücksichtigt wurden. Andererseits sind auch Gründe wie die kurzfristigen profitorientierten Investitionen der US-Unternehmen, die eine längere Reifung von Innovationen verunmöglicht, oder die Vernachlässigung des Aufbaus von Märkten anzuführen. Wissenschaftliche Entdeckungen konnten deshalb weit weniger erfolgreich in profitable Produkte »verwandelt« werden als beispielsweise in Japan.

In diesem Zusammenhang ist allerdings nochmals die prinzipielle Schwierigkeit zu betonen, die ökonomische Bedeutung von akademischer (und industrieller) Grundlagenforschung sinnvoll zu messen und auch mit aussagekräftigen Zahlen zu belegen. Außerdem haben wir es vielfach mit langfristigen und mittelbaren Effekten zu tun, die sich oft erst Jahrzehnte und nach den ursprünglichen Forschungsinvestitionen auf recht verschlungenen Pfaden auch »technisch« und wirtschaftlich niederschlagen.

Am Beispiel von 78 Großfirmen aus sieben maßgeblichen Wirtschaftsbereichen zwischen 1975 und 1985 untersuchte der amerikanische Wissenschaftsökonom Edwin Mansfield, wie das Verhältnis zwischen wissenschaftlicher Forschung und wirtschaftlicher Produktion bzw. Umsatz konkret gestaltet ist. Seine Ausgangsfrage war dabei, wie hoch der Anteil jener Produkte ist, die diese Großfirmen ohne die Erkenntnisse neuerer wissenschaftlicher Forschungen nicht hätten entwickeln können. Bereits hier zeigte sich, daß es erhebliche Unterschiede zwischen den verschiedenen Wirtschaftszweigen hinsichtlich ihrer Abhängigkeit von wissenschaftlicher Forschung gibt. Während in der Pharmaindustrie starke Interdependenzen zwischen der Grundlagenforschung und der industriellen Anwendung bestehen – rund ein Viertel der pharmazeutischen Produkte bzw. Produktionsprozesse beruhen auf wissenschaftlichen Erkenntnissen –, scheint dagegen die Bedeutung der Grundlagenforschung für den Energiesektor oder den Transportbereich nur relativ gering zu sein.

Im übrigen zeigte sich in dieser Studie auch ein eindeutiger, wenn auch trivialer Zusammenhang zwischen der Höhe der Investitionen für die Wissenschaft und dem Anteil der jeweiligen Produktentwicklungen, an welchen Forschungsergebnisse beteiligt sind. Mit anderen Worten: klassische *Science Based Industries* wie der Pharma-Sektor, die metallverarbeitende Industrie oder die Festkörperelektronik, die auf Forschungsentwicklungen unmittelbar angewiesen sind, wenden auch entsprechend mehr Geld für die Forschungsförderung auf.

Eine andere interessante Fragestellung im Zusammenhang mit der wirtschaftlichen Anwendung von wissenschaftlichen Forschungsresultaten betrifft den Zeitabstand zwischen der wissenschaftlichen Entdeckung und ihrer Kommerzialisierung durch die Wirtschaft in Form von Produkten oder Produktionsprozessen. Nach den Ermittlungen Mansfields scheint dieser Prozeß etwa sieben Jahre lang zu dauern. Sowohl dieses Ergebnis als auch die Kernaussage seiner Studie, daß nämlich rund 28% der Investitionen in Grundlagenforschung wieder an die Investoren zurückfließen würden, sind allerdings nur Richtgrößen, da die Differenzen zwischen den verschiedenen Forschungsbereichen und den jeweiligen Verwendungsmöglichkeiten zu groß sind. Außerdem – so meinen andere Ökonomen – variiert die ökonomische Relevanz akademischer Forschung stark nach dem »Reifegrad« neuer Technologien: Je nachdem, ob bereits eine Phase der Entwicklung erreicht ist, in der es nur mehr um praktische Anwendungsprobleme geht, werden auch wissenschaftliche Erkenntnisse stärker nachgefragt.

Schließlich stellt sich noch eine Frage im Hinblick auf die Förderung von Grundlagenforschung und ihrer wirtschaftlichen Bedeutung: Kann sich ein Staat, der großzügig in die Grundlagenforschung investiert, sicher sein, daß die technische und »wirtschaftliche« Umsetzung innerhalb seiner Grenzen stattfinden wird? Wird in den meisten nationalen Forschungsprogrammen davon ausgegangen, daß dieser Eigenprofit selbstverständlich ist, so ist diese Annahme angesichts der ebenfalls immer rascher fortschreitenden Internationalisierung von Wissenschaft, der erleichterten Kommunikationsbedingungen und vor allem der Internationalisierung der Wirtschaft höchst fraglich geworden.

8.4. Universitäten im Umbruch: Hochschulpolitische Entwicklungstrends in Europa

> Universitäten sind heute nur mehr Teil eines nationalen Forschungssystems. Obwohl sie noch immer das Rückgrat des Forschungssystems sind, hat ihre relative Wichtigkeit in der Phase der Stagnation abgenommen.
>
> *Hans-Jürgen Block*

In allen industrialisierten Gesellschaften hat der höhere Bildungssektor in den Jahrzehnten nach dem Zweiten Weltkrieg eine exponentielle Vergrößerung erlebt, die im Kontext eines breit angelegten sozialen, ökonomischen und politischen Wandels stand. Nicht nur die Absolutzahl der an Universitäten immatrikulierten StudentInnen stieg an, sondern auch der Prozentsatz in der jeweiligen Altersgruppe, ein Zuwachs, der vor allem aus der Mittel- und (weitaus geringfügiger aus der) Arbeiterschicht kam. Hinter dieser Öffnung der Universitäten und dem Abgehen vom bis dahin stark elitären Konzept universitärer Bildung standen sowohl gesellschaftspolitische Entwicklungen – wie Demokratisierung oder Sicherung der Chancengleichheit – als auch eine Abstimmung auf den Arbeitsmarkt, wo der immer größer werdende öffentliche Sektor und die Industrie zunehmend hochqualifizierte Arbeitskräfte benötigten.

Die Folge war in den sechziger und siebziger Jahren eine verstärkte Intervention von seiten des Staates im Hochschulbereich, was langfristig zu einer Schwächung und Aushöhlung seiner Autonomie führte. Umfassendere bildungs-, wissenschafts-, und technologiepolitische Konzepte, dichtere Regelungsnetze und bürokratische Einflußsysteme wurden mit dem Ziel aufgebaut, einen besseren Transfer des Wissens von den Universitäten zur Industrie und zu anderen Abnehmern zu gewährleisten. Damit sollten technologische Innovationen unterstützt werden, es sollten die Universitäten gegenüber gesellschaftlichen Problembereichen sensibler gemacht und der Grad an Berufsbezogenheit der Ausbildung erhöht werden.

Diese von den Idealen einer rationalen Planung und Entwicklung und einer Kontrolle des Hochschulsektors getragenen Modelle stießen aber ziemlich rasch an ihre Grenzen. Vor allem eine Verschlechterung der finanziellen Rahmenbedingungen für das Wissenschaftssystem in den späten siebziger und frühen achtziger Jahren machte die Notwendigkeit von Reformen in zahlreichen Staaten sichtbar. Der Ruf nach höherer Effizienz, nach Wirtschaftlichkeit, nach Rechtfertigung der Ausgaben wurde immer lauter und dominierte die Diskussionen um neue Modelle, die dann auch zum Teil verwirklicht wurden. Diese Veränderungen betrafen in einem ersten Schritt vor allem die Organisations- und Managementstrukturen. Hierbei ging es vor allem darum, je nach nationalem Kontext ganz verschieden gestaltete externe Interessen in die Universität einzubeziehen. Diese »Außeninteressen« reichten von einer Stärkung der Regionalinteressen zu einer Einbindung der Sozialpartner oder der Industrie. Darüber hinaus versuchte man klarere Entscheidungsstrukturen und

Verantwortlichkeiten zu definieren, und z.T. wurden betriebsähnliche Organisationsformen gewählt, die verstärkt auf strategische Planung setzten. Damit entstand auch eine neue Gruppe von Akteuren, die sich auf professioneller Basis mit Forschungsmanagement, Strategieplanung und Personalentwicklung beschäftigten.

Dabei dürfen allerdings die Verschiedenartigkeit der nationalen Kontexte und die damit verbundenen unterschiedlichen institutionellen Entwicklungsmöglichkeiten nicht vergessen werden. Vor allem die Beziehung der Universitäten zu anderen Institutionen im Wissenschaftssystem, die Aufgabenteilung und die Finanzierungsmodalitäten spielen hier eine bedeutende Rolle. So haben US-amerikanische Universitäten angesichts der steigenden Mittelknappheit andere Lösungsstrategien entwickelt als die europäischen Universitäten. In den USA hat der Zwang zur Ressourcenbeschaffung, wie Henry Etzkowitz im Detail beschreibt, nicht nur zu einer Kooperation von Universitäten und Industrie geführt, sondern zu einer »zweiten akademischen Revolution«. Hatte die erste akademische Revolution im späten 19. Jahrhundert stattgefunden, als Forschung eine legitime Aufgabe der Universität wurde, so erlebt das US-amerikanische System jetzt eine zweite Transformation, in deren Rahmen Lehre, Forschung, aber auch ökonomische Entwicklung in die Universität verlagert werden.

Die zweite Gruppe von Reformen war getragen von Versuchen, in die im Wissenschaftssystem ablaufenden Prozesse einzugreifen. In diesem Zeitraum sind vor allem die Verstärkung der Auftragsforschung, die Etablierung eines Qualitätsmanagements und eine Rechenschaftspflicht zu nennen. Erstere bedeutete, daß die an die Universitäten vergebenen Mittel an bestimmte Aufgaben geknüpft sind und die Mittelvergabe in einem Wettbewerb gegen andere Institutionen bzw. gegen andere Universitäten stattfindet. Damit wird auch eine leichtere Anpassung an die geänderten Nachfragebedingungen von außen möglich. *Qualitätsmanagement* bedeutet eine Mittelvergabe nach Qualitätskriterien, aber zunehmend auch eine stärkere *ex-post*-Beurteilung des Outputs.

Neueste Reformen versuchen nun, die bürokratische Planung und die starke rechtliche Regulierung durch die Selbststeuerung von marktähnlich organisierten Hochschulsystemen zu ersetzen. Stark kompetitive Mechanismen, Dezentralisierung der Kompetenzen, Deregulierung sind Schlagworte in dieser Diskussion, fanden aber bisher zumindest in Kontinentaleuropa noch keine nachhaltige Umsetzung. Es hat vielmehr eine Verschiebung von der Prozeßkontrolle zur Produktkontrolle stattgefunden. Dieses Phänomen wurde wie folgt beschrieben:

Einerseits scheinen die Autoritäten willig, institutionelle Autonomie zu verstärken, während sie auf der anderen Seite behaupten, daß sie elaboriertere und komplexere Systeme der Evaluation benötigen, um zu beurteilen, wie eine solche Autonomie verwendet wurde. (zitiert nach Melchior 1993a: 63)

Das Festhalten an Mechanismen wie Output-Kontrolle und Qualitätssicherung von staatlicher Seite legt die Vermutung nahe, daß der Traum der staatlichen Steuerung noch immer vorhanden ist, auch wenn dieser in zahlreichen Studien sich eher als illusorische Vorstellung entpuppte.

Diese Veränderungen in nationalstaatlichen Hochschulsystemen finden vor dem Hintergrund rascher gesellschaftlicher und politischer Veränderungen in Europa statt. Dazu gehört vor allem auch die Schaffung einer europäischen Hochschulpolitik. In den nächsten Jahren wird hier ein nicht unwesentliches Spannungsfeld entstehen zwischen gesamteuropäischen Entwicklungen einerseits und nationalstaatlichen andererseits.

Auf der Ebene der Europäischen Gemeinschaft (jetzt Union genannt) war das Thema Bildung bis in die beginnenden siebziger Jahre kaum existent. Einzig die berufsbezogene Ausbildung und die wechselseitige Anerkennung von Diplomen hatten in die Römischen Verträge von 1957 Eingang gefunden. Die hochschulpolitische Strategie der EG war fast ausschließlich auf die Beseitigung der Hindernisse für die Mobilität qualifizierter Personen ausgerichtet. In den siebziger Jahren fand ein Umbruch statt, der durch die Erkenntnis der strategischen Bedeutung von Forschung und Entwicklung für die Erhaltung der Wettbewerbsfähigkeit der EG und der Expansion des Hochschulsektors geprägt war. Die festgeschriebene Strategie umfaßte die Steigerung der Mobilität, die Verbreiterung der Anerkennungsmöglichkeiten für Diplome und vor allem die Verstärkung des Informationsaustausches zwischen den Ländern.

Eine zweite und wesentlich weitreichendere Offensive, die dann das Schwergewicht vom Bildungssektor in den Forschungsbereich legte, wurde allerdings erst in den frühen achtziger Jahren gestartet. Nur intensive gemeinsame Forschungsanstrengungen auf europäischer Ebene – so nahm man an – würde den notwendigen technologischen Fortschritt und die Wettbewerbsfähigkeit gewährleisten und den hohen Lebensstandard aufrechterhalten können. Es wurden daher sowohl Forschungsförderungs- als auch Kooperationsprogramme ins Leben gerufen, und zu Beginn der neunziger Jahre wurden beträchtliche Mittel in Höhe von mehr als 1,5 Milliarden ECU investiert. Das Schwergewicht lag allerdings nicht in der direkten finanziellen Förderung, sondern vielmehr in der Koordinierung und Zusammenführung von finanziellen und personellen Ressourcen für Projekte, die im Rahmen eines Landes nicht durchgeführt werden konnten.

Eine Kompetenzerweiterung fand 1987 durch die Annahme der Einheitlichen Europäischen Akte statt, die der Kommission auch den nötigen Verwirklichungsrahmen gab. Auch maß man dem Hochschulbereich zunehmende Bedeutung für die Verwirklichung einer europäischen Integration zu. All diese Initiativen haben beträchtliche Anreize für eine Intensivierung der Kooperation gebracht, vor allem auch in Hinblick auf eine Zusammenarbeit zwischen Universitäten und wirtschaftlichen Unternehmen. Dadurch sollten die Hochschulen zu einer stärkeren Ausrichtung auf die wirtschaftliche Praxis angeregt werden. Neu war auch die Schaffung von personenbezogenen Programmen zur Förderung der Mobilität von Studierenden, Lehrenden und ForscherInnen etwa im Rahmen von ERASMUS oder des *Human Capital and Mobility Programme*. Durch den Vertrag von Maastricht wurde die Kompetenz der EU im Hinblick auf die Entwicklung einer Europäischen Dimension erweitert, wobei aber gleichzeitig nochmals auf die Eigenverantwortlichkeit (Subsidiarität) der Mitgliedsländer verwiesen wurde.

Abschließend bleibt zu sagen, daß die Entstehung einer europäischen Hochschul- und Forschungspolitik ein sehr langsamer Prozeß war, der auf drei Grundprinzipien aufbaut: erstens auf Subsidiarität, d.h., es werden nur Probleme behandelt, die im nationalen Rahmen nicht gelöst werden können; zweitens werden nur Rahmenbedingungen geregelt; und drittens wird der Schwerpunkt auf Anreizsysteme verlegt. Es wurde bislang kein Versuch unternommen, eine Vereinheitlichung aller Hochschulsysteme anzustreben. Durch die Öffnung und die intensive Kollaboration auf mehreren Ebenen wird es in Zukunft sicherlich zu Annäherungen kommen.

8.5. Qualität und ihre Meßbarkeit: Zur Evaluation von Wissenschaft

> Die Auseinandersetzung dreht sich nicht länger darum, ob es eine öffentliche Teilnahme und Kontrolle von Wissenschaft geben wird, sondern wer an der Einrichtung von Kontrollen beteiligt sein wird, wie solche Kontrollen organisiert werden und wie diese detaillierten Entscheidungen die Natur und die Forschungsprozesse beeinflussen werden.
>
> *Maurice Goldsmith*

Qualitätserfassung und -kontrolle sind ebenso wie Marktorientierung, internationale Wettbewerbsfähigkeit, Effizienz und Wirtschaftlichkeit zu zentralen Schlagworten im wissenschaftspolitischen Diskurs der neunziger Jahre geworden und dominieren international die Reformdiskussion über Forschungs- und Universitätssysteme. Warum kam es dazu, daß Universitäten, Forschungsinstitute oder Wissenschaftsprogramme immer öfter Bewertungen unterzogen wurden oder sich bemüßigt fühlten, selbst eine solche Leistungsprüfung durchzuführen? Warum scheinen die bestehenden Wissenschaftsstrukturen, die ja bereits eine Fülle von qualitätssichernden Mechanismen eingebaut haben, der heutigen Situation nicht mehr gerecht zu werden?

Kontrolle von wissenschaftlichen Einrichtungen hat lange Zeit stark auf einem Vertrauensprinzip aufgebaut: Vertrauen in wissenschaftliche Kompetenz, in systeminterne Motivation, die Qualität der eigenen Produkte aufrechtzuerhalten, und zum Teil natürlich in Institutionen (oder Disziplinen), die über die Jahrzehnte hinweg ein Netz von Kontrolleinrichtungen mehr oder weniger formaler Natur eingerichtet hatten. Die Produktionsbedingungen von wissenschaftlichem Wissen und die gesellschaftlichen Kontexte, in die dieses Wissen eingebettet ist, haben sich jedoch radikal verändert. Der wesentliche Grund für diese wachsende Fremd- bzw. Selbstkontrolle liegt einerseits in einem nahezu exponentiellen Anwachsen der Forschungsaktivitäten und der damit verbundenen Kosten. Andererseits besteht er in den höheren Anforderungen an das Wissenschaftssystem bei gleichzeitig wachsendem kritischem Bewußtsein gegenüber Wissenschaft und Technik. Die direkte Folge dieser Veränderungen waren sowohl erhöhter Rechtfertigungsdruck von seiten der Öffentlichkeit als auch der zunehmende Wettbewerbsdruck innerhalb des Wissenschaftssystems. Es schien daher angebracht, sowohl Kriterien und Prozesse für die Beurteilung, ob und welche Art von Forschung förderungswürdig sei, zu erarbeiten, als auch Mechanismen einer »begleitenden Kontrolle« zu etablieren.

In diesem forschungspolitischen Zusammenhang ist Evaluation im Spannungsfeld zwischen Qualität der Einrichtung und von außen entgegengebrachtem Vertrauen zu verstehen. Die Anfänge der Evaluationsdiskussion sind in den sechziger Jahren zu finden. Am Ausgangspunkt standen Entwicklungen im Wissenschafts-, Bildungs- und Sozialsektor vor allem in den USA – das Entstehen von Großprogrammen –, die aufgrund des damit verbundenen Entscheidungs- und Rechtfertigungsdrucks auch die Schaffung von Mechanismen der Bewertung und Kontrolle notwendig machten. Diese Programme waren im Forschungssektor – wie der Weltraumfahrt oder der Hochenergiephysik – angesiedelt, andererseits auch im Erziehungsbereich. Forschungsprojekte waren aufgrund ihrer immensen Kosten mit neuen Fragen konfrontiert, mit Fragen, die erstmals ihre Fortführung bedrohten: Soll man zum Mond fliegen oder nicht? Soll die Hochenergiephysik unterstützt werden oder nicht? Mit einem Mal benötigte man also Kriterien, um einzelne solcher Großprojekte bereits vor deren Bewilligung zu beurteilen, aber auch während der Durchführung auf ihre nachhaltige Effizienz zu prüfen.

Der US-amerikanische Wissenschaftspolitiker Alvin Weinberg war einer der ersten, der sich öffentlich mit der Frage nach solchen Kriterien auseinandersetzte. In einem 1963 publizierten Artikel mit dem Titel »*Criteria of Scientific Choice*« unterschied er zwischen *wissenschaftsinternen* und den von ihm erstmals konkret benannten *wissenschaftsexternen* Entscheidungsgrundlagen. Waren für die traditionelle Kleinforschung jene Kriterien ausreichend, die innerhalb der wissenschaftlichen Gemeinschaft ausgehandelt und zur Anwendung gebracht wurden, so benötigte man nun bei Großforschungs-Projekten erstmals auch *externe Kriterien,* also insbesondere *technologische, soziale* und *wissenschaftliche* Gesichtspunkte. Wissenschaft sollte also zu technischen Anwendungen und damit zum wirtschaftlichen Wachstum führen, sie sollte zur Verbesserung der Lebensqualität, der Gesundheit, der Sicherheit und schließlich auch zu anderen wissenschaftlichen Gebieten beitragen.

Die frühen sechziger Jahre waren aber noch durch andere einschneidende Veränderungen charakterisiert, die zu neuen Maßstäben im Evaluationsbereich führten. Die Hoffnung, Indikatoren für das Wissenschaftssystem entwickeln zu können, und das anbrechende Computerzeitalter ließen Eugene Garfield 1961 in Philadelphia das »Institute for Scientific Information« gründen. Dort wird seither der »Science Citation Index«, die größte EDV-gestützte Sammlung von bibliographischer Information publiziert. Hier werden Daten über etwa 80% der Weltpublikationen im wissenschaftlichen Sektor gespeichert und können mit verschiedenen Methoden, die man unter den Begriffen *Szientometrie* oder *Bibliometrie* subsumiert, untersucht werden.

Eine nicht unwesentliche Rolle in dieser Diskussion spielte auch Derek de Solla Price, der in seinem 1963 erschienenen Buch »*Little Science, Big Science*« die Forderung formulierte, die Methoden der Wissenschaft auf sie selbst anzuwenden, also Wissenschaft zu vermessen und Hypothesen über ihre Entwicklung anzustellen. Damit setzte der Physiker und Wissenschaftshistoriker einen bedeutenden Schritt zu einer quantitativen Analyse der Wissenschaft. Er beschrieb, in Zahlen ausgedrückt, das Wachstum der Disziplinen in Publikationen, ForscherInnen, Zeitschriften etc. und zeigte somit sehr eindringlich das exponentielle Wachstum wissenschaftlicher Forschung. Diese »Vermessung der Wissenschaft« oder Szientometrie hat ihre Methoden und Instrumentarien in den folgenden Jahren weiter verfeinert und konnte sich als eigenständige Subdisziplin etablieren.

Bis in die späten siebziger Jahre war die Evaluationsdebatte auf die USA beschränkt, wo sie auch eine wesentliche wissenschaftspolitische Rolle übernahm. In Europa fand sie zunächst nur relativ wenig Resonanz – zumindest in wissenschaftspolitischen Kreisen. Großbritannien war unter den ersten europäischen Ländern, in denen man sich mit Fragen der Evaluation zu beschäftigen begann. Dies kann einerseits durch die USA-Orientierung im Wissenschaftssystem, aber vor allem durch die Thatchersche Politik der Anbindung der Forschung an die Industrie erklärt werden, was zu einer zunehmenden Mittelknappheit insbesondere für die Grundlagenforschung führte. Wenig später wurde auch in Deutschland das Thema Forschungsevaluierung relevant, wobei zunächst die Entwicklung von sogenannten *Wissenschaftsindikatoren* im Zentrum stand. Auch in den Niederlanden begann man eine Serie von Bewertungen einzelner wissenschaftlicher Disziplinen durchzuführen. Ähnliches gilt für die skandinavischen Länder, die in Sachen Evaluation eine wichtige Rolle in Europa übernommen haben. Diese Verzögerung gegenüber den Entwicklungen in den USA kann man einerseits durch die unterschiedlichen politischen Strukturen in Europa und den USA erklären, und andererseits waren die europäischen Großprojekte, die mit einem größeren Entscheidungsrisiko behaftet waren, weniger zahlreich, zeitverschoben in bezug auf die Vereinigten Staaten und standen weitaus weniger im Scheinwerferlicht der Öffentlichkeit.

Was die Verfahren der Evaluation angeht, so unterscheidet man grundsätzlich zwei Modelle, das *Peer-Review*-Verfahren und *szientometrische* Methoden. Während das erste im Grunde auf dem persönlichen Urteil einer Gruppe von ExpertInnen aus der Wissenschaftlergemeinschaft beruht, zieht das andere Verfahren die Publikation als zentrales Maß für die Qualität wissenschaftlicher Arbeit heran. Während die *Peer*-Evaluation eine bessere »qualitative« Analyse und vor allem ein Einfließen nicht parametrisierbarer Beurtei-

lungsgrößen in den Entscheidungsprozeß ermöglicht, hat sie den
Nachteil, abhängig von der Wahl der Personen und deren persön-
licher wissenschaftlicher Einschätzung zu sein. *Peers* sind immer
Teil der wissenschaftlichen Gemeinschaft, und Interessenkonflikte
bzw. -koalitionen sind daher niemals völlig auszuschalten. Szientometrische Verfahren haben den Vorteil, »objektive« Daten zu be-
nutzen und präzisere Relationen herstellen zu können. Man kann
also neben der Zahl der Publikationen und der Qualität der Zeitschriften, in denen sie veröffentlicht sind, auch untersuchen, wie oft
eine Arbeit zitiert wurde und vieles mehr. Die Nachteile dieses Ver-
fahrens liegen in seiner Abhängigkeit von der Konstruktion der Da-
tenbank, vom Zitationsverhalten der jeweiligen Subdisziplin, von
der begrenzten Erfassung der Koautorenschaft, in den »Irrwegen der
Statistik« und insbesondere auch in den unterschiedlichen Interpretationsmöglichkeiten. Besonders gelten diese Begrenzungen für
Großgruppen, denn hier ist ja der Beitrag des/der einzelnen aus der
Publikation nicht mehr ersichtlich.

Um die Problematik der Evaluationen im Bereich der Forschung
besser verständlich machen zu können, werden wir auf eine von
Martin Trow ausgearbeitete Typologie von Bewertungsmechanismen
im Rahmen akademischer Evaluationen zurückgreifen. Trow unterscheidet zwei grundlegende Parameter, nämlich einerseits das »Ziel
der Bewertung«, das weiter ausdifferenziert wird in *unterstützend*
und *bewertend,* und andererseits »Auslöser der Bewertung«, wobei
zwischen *intern* und *extern* unterschieden wird. Die daraus resultierenden vier Typen sind dann wie folgt charakterisiert:

• *Interne unterstützende Begutachtung* (Typ I): Es handelt sich international um die häufigste Form von Evaluation im akademischen
  Bereich. Sie wird von Fachleuten durchgeführt, die der zu bewertenden Einheit nahestehen und somit über ausreichendes De-
  tailwissen verfügen. Dieses Vorgehen erlaubt die Identifizierung
  von Fehlentwicklungen zu einem frühen Zeitpunkt und kann somit
  im Idealfall das Entstehen von tatsächlichen Problemen frühzeitig
  unterbinden. Ein hoher Grad an Selbststeuerung und intensive
  Auseinandersetzung mit dem eigenen Bereich sind dadurch gewährleistet. Nachteile, wie etwa das Entstehen von Spannungen

bzw. das Vermeiden von Konflikten, sind allerdings nicht zu übersehen. Dies wird meist durch Hinzuziehen von externen GutachterInnen aufgewogen. Es bedarf allerdings wesentlicher Voraussetzungen: der Bereitschaft, die Verantwortung und den Zeitaufwand für regelmäßige Qualitätskontrollen auf sich zu nehmen, und der nötigen Vorkehrungen von seiten wissenschaftlicher Institutionen, die Bewertungsergebnisse bzw. Empfehlungen tatsächlich umzusetzen.

- *Interne bewertende Begutachtung* (Typ II): Sie wird meist zur direkten Entscheidungsfindung (Prioritätensetzung) oder als Krisenmanagement (Budget- oder Postenkürzungen) verwendet, und das bedeutet, daß sie ad hoc eingesetzt und nicht kontinuierlich durchgeführt wird. Die Problematik besteht darin, daß Ergebnisse der Typ-I-Evaluation oftmals hier einfließen, obwohl diese ja ursprünglich nur beratenden Charakter haben sollten.

- *Externe unterstützende Begutachtung* (Typ III): Diese Form der Evaluation findet relativ selten statt, da Evaluation von außen meist auf Entscheidungen ausgerichtet ist. Dennoch hätte sie eine wesentliche Funktion, da sie im Gegensatz zu Typ I von außen kommt und daher auf größere Glaubwürdigkeit und Akzeptanz von seiten der Öffentlichkeit stößt.

- *Externe bewertende Begutachtung* (Typ IV): Darunter fallen etwa Evaluationen durch Ministerien oder andere Geldgeber. Die dabei angewandten Kriterien werden also zu Werkzeugen für Management und Kontrolle. Dadurch entstehen vielfach starker Druck und Spannungen, die dazu führen, daß mehr auf den äußeren Schein und die Präsentation der Leistungen als auf die tatsächliche wissenschaftliche Arbeit Wert gelegt wird. Es geht darum, den »Gegner« zu überzeugen, denn hier werden ganz grundlegende Entscheidungen – wie die der Ressourcenvergabe – gefällt. Natürlich fallen unter diese Kategorie auch die z.B. von Zeitungen durchgeführten Uni-Rankings, die ja nicht direkt mit der Finanzierung verbunden, sondern – wenn auch in methodisch sehr zweifelhafter Weise – auf »Reputationsbildung« ausgerichtet sind.

Grundsätzlich ist darauf hinzuweisen, daß Evaluation als Verfahren zur Leistungsbewertung sicherlich keinen Objektivitätsanspruch erheben kann, sondern daß Evaluation immer als sozialer Aushandlungsprozeß verstanden werden muß. Verschiedene Akteure oder Akteurgruppen – von den WissenschaftlerInnen, den EvaluatorInnen, über die AuftraggeberInnen bis hin zur Öffentlichkeit – wirken auf verschiedenen Ebenen mit ganz verschiedenen Interessen zusammen, was sich auch auf die Ergebnisse auswirkt: Es ist der Aushandlungscharakter stark hervorzuheben, wobei auch die historische Entwicklung der zu bewertenden Strukturen und Personengruppen zu berücksichtigen ist, um eine differenzierte Sichtweise des sehr schwierigen Begriffes »Qualität« zu bekommen.

Abschließend wäre noch darauf hinzuweisen, daß sowohl die Methodologie als auch die dahinterstehende »Philosophie« und die damit verbundene Politik sich substantiell verändert haben, zum Teil auch als Antwort auf die sich ebenso rapide verändernden Strukturen der Wissensproduktion. Evaluation hat sich von einem anfänglich eher starren und monolithischen Konzept hin zu einem pluralistischen Konzept entwickelt. Eine Vielzahl von methodischen Möglichkeiten, Maßsystemen und Kriterien, Perspektiven, Öffentlichkeiten und Interessen haben sich herausgebildet. Methodologisch hat sich die Evaluationsforschung eher weg von standardisierten quantitativen Zugängen hin zu offeneren und eher qualitativen entwickelt. Methodenvielfalt und eine Mischung der beiden Gegenpole – quantitativ versus qualitativ – ist mittlerweile selbstverständlich geworden. Für Institutionen maßgeschneiderte und daher von den Evaluierten besser akzeptierbare Verfahren sind daher als die Regel anzusehen.

Aber auch im Hinblick auf den Stellenwert von Evaluation hat sich mittlerweile einiges verändert. Evaluatoren haben aufgehört, die Wertfreiheit ihres Urteils zu behaupten, und eine Diskussion über die Tatsache, daß hier eigentlich Werte und Interessen von bestimmten Gruppen besser und stärker vertreten sind als von anderen, wurde möglich. Politisch gesehen wurde klar, daß Evaluatoren nicht den neutralen Gegenpart zu den Politikern spielen, sondern daß auch sie Teil einer wissenschaftspolitischen Strategie sind.

Was kann also Evaluation leisten? Nach dem eben Gesagten kann
Evaluation nicht Entscheidungsprozesse ersetzen, sondern ist vielmehr ein *Hilfsmittel* zur Entscheidungsfindung. Und darum sollte
Forschungsbewertung auch nicht zu starr mit Sanktionsmechanis-
men gekoppelt werden. Sie kann gezielt in Forschungsbereichen
oder sogar ganzen Disziplinen kritische Selbstreflexion auslösen und
damit zu produktiven Diskussionen führen. Evaluation liefert Erkenntnisse über strukturelle Schwächen und Probleme, die zwar für
die Betroffenen oft nicht neu sind, aber dennoch durch diese Aus-
sprache ein anderes Maß an öffentlicher Präsenz erreichen. Veränderungen – und das hat sich international gezeigt – finden meist
nur langfristig und immer nur graduell statt.

Verwendete und weiterführende Literatur

Gute Überblicksdarstellungen der Beziehungen zwischen Staat und
Wissenschaft bzw. von Wissenschaftspolitik – allerdings aus US-
amerikanischer Perspektive – sind DICKSON (1984) und EZRAHI
(1991). Die zuletzt genannte Arbeit beschäftigt sich auch mit dem
immer stärkeren Zurücktreten des Staates aus forschungspolitischen
Agenden. Ein kritischer Beitrag zum Themenkreis Wissenschaft –
Technologie – Industrie, der sich speziell mit der deutschen
Situation befaßt, liegt vor mit HACK (1988). Wissenschaft und
Technologie als Innovationskräfte werden außerdem auch in der
umfangreichen Studie von KREIBICH (1986) thematisiert.

Interessante wissenschaftshistorische Fallstudien zu dieser Ver-
bindung von Grundlagenforschung, Staat und Industrie, die sich in
Deutschland erstmals ab 1860 instutionalisierte, finden sich in
LENOIR (1992). Eine umfassende Darstellung der Geschichte von
staatlicher Forschung in Deutschland gibt die verwendete Arbeit von
LUNDGREEN et al. (1986). Zur Diskussion um die Planung von
Wissenschaft in der deutschsprachigen Diskussion der späten siebzi-
ger Jahre siehe insbesondere VAN DEN DAELE, KROIIN und
WEINGART (Hg.) (1979). Skeptische Thesen im Hinblick auf die

Plan- und Steuerbarkeit von Forschung und Entwicklung sind bei KROHN und KÜPPERS (1990) nachzulesen. Die aktuellste Diskussion der Umbrüche im Forschungssystem bietet ZIMAN (1994).

Für einen ersten Überblick der aktuellen Diskussion von Forschungsförderung in Deutschland siehe NEIDHARDT (1988); zum Thema Forschungsmanagement gibt es eine einführende Darstellung von MAYNTZ (1985). International vergleichende Analysen der staatlichen und industriellen Forschungsförderung mit dem entsprechenden Datenmaterial bietet der Band von FELDERER und CAMPBELL (1994).

Eine zur ersten Einführung geeignete deutschsprachige Arbeit über das Thema Wissenschaft und Industrie aus wissenschaftshistorischer Perspektive liegt vor mit den Bänden von ECKERT und SCHUBERT (1985) sowie von ECKERT und OSSIETZKI (1989). Die zitierten Arbeiten von PAVITT (1991) und MANSFIELD (1991) sind zwei jüngere Artikel zur wirtschaftlichen Bedeutung von Forschung; diese Aufsätze referieren zudem auch die bisherige Literatur zum Thema. BROOKS (1988) beschäftigt sich in seinem Aufsatz mit der internationalen Verfügbarkeit von Grundlagenwissen für technologische Entwicklungszwecke.

LASSNIGG (Hg.) (1993) und darin insbesondere MELCHIOR (1993a) bieten recht gute Übersichten der gegenwärtigen hochschulpolitischen Veränderungen in Europa. Für die veränderte Rolle der Universitäten im Spannungsfeld zwischen Wissenschaft, Staat und Industrie empfehlen sich die Aufätze im Sammelband von WITTROCK und ELZINGA (Hg.) (1985) sowie die Artikel von BLOCK (1990) und ETZKOWITZ (1990).

Einen guten Einstieg in die Diskussion um die Evaluation von Wissenschaft bietet das Handbuch von HOUSE (1993). Für eine vertiefende Auseinandersetzung mit dem Thema sei hier außerdem der von CHUBIN und HACKETT (1990) veröffentlichte Band empfohlen sowie die Vorträge der CIBA FOUNDATION CONFERENCE (1989). Materialien zur Vermessung von Wissenschaft finden sich in den beiden Sammelbänden von WEINGART und WINTERHAGER (Hg.) (1984) und WEINGART, SEHRINGER und WINTERHAGER (Hg.) (1991).

Kapitel 9

Wissenschaft im öffentlichen Raum

Es ist eine alltägliche Erfahrung unserer Zeit, daß die Kluft zwischen Wissenschaft und Öffentlichkeit größer zu sein scheint denn je zuvor. Hervorgerufen durch die Institutionalisierung von Wissenschaft und die weiter fortschreitende Spezialisierung, durch das Entstehen eines Berufsbilds »Wissenschaftler«, aber auch durch die Präsenz einiger, wenngleich auch diffuser *Images* von Wissenschaft in der Öffentlichkeit, ist es der modernen Wissenschaft gelungen, den Eindruck zu erwecken, daß eine präzise Grenzziehung zwischen ihr und anderen Formen der Kultur möglich sei. Gleichzeitig ist auch eine Ausdifferenzierung von spezifischen Öffentlichkeiten mit eigenen Strukturen und partikulären Interessen zu konstatieren.

Schließlich ist auch eine Vervielfachung der Vermittlungsmedien und Orte zu beobachten, an denen Wissenschaft und Öffentlichkeit einander begegnen: Noch nie zuvor wurde eine solche Fülle an Bildern von Wissenschaft transportiert, noch nie schienen die Zugangsmöglichkeiten zu wissenschaftlichen Erkenntnissen so groß. Dennoch hat dies nicht – wie man naiverweise annehmen könnte – zu einer Annäherung, zu einer Überbrückung der Kluft zwischen Laien und ExpertInnen geführt. Ganz im Gegenteil, ein Zustand der Desorientierung und des Unverständnisses in bezug auf Wissenschaft scheint in der Öffentlichkeit vorzuherrschen. Die historisch gewachsene kognitive und soziale Trennung von Wissenschaft und Öffentlichkeit hat sich Veränderungen gegenüber anscheinend als erstaunlich robust erwiesen.

Bei einem Blick zurück auf die drei Jahrhunderte seit dem Entstehen neuzeitlicher Wissenschaft stellt man fest, daß die Diskussion um das Verhältnis von Wissenschaft und Öffentlichkeit nicht gerade neu ist. Zahlreiche WissenschaftlerInnen haben die inhärenten Schwierigkeiten der Vermittlung ihrer wissenschaftlichen Ideen an Laien erfahren. Und obwohl dem Phänomen immer wieder Aufmerksamkeit geschenkt wurde, sind die Probleme in diesem Spannungsfeld keineswegs kleiner geworden. Auch kann man starke Schwankungen im Interesse an diesem Themenbereich feststellen: Phasen von relativem Desinteresse wechseln plötzlich mit einem Schub neuer akademischer Aktivitäten, wie etwa das Britische Programm des *Public Understanding of Science,* das in den achtziger Jahren ins Leben gerufen wurde. Diese Schwankungen legen die Vermutung nahe, daß Gelder für solche Forschungsprogramme immer dann bereitgestellt werden, wenn Wissenschaft unter politischen und ökonomischen Druck gerät und damit die Öffentlichkeit zu einem wichtigen Verbündeten wird. Ziel dieser Forschung ist zwar ein besseres Verständnis, aber damit auch – so könnte man unterstellen – eine bessere »Kontrolle« dieser für die öffentliche Akzeptanz bestimmter Technologien oder Forschungsgebiete so wichtigen Schnittstelle.

Die Beziehung zwischen Wissenschaft und Öffentlichkeit hat sich auf vielen Ebenen völlig verändert. Lebten im 17. Jahrhundert die meisten Wissenschaftler am Ort ihrer Arbeit und fanden die Diskussionen z.T. in ihren Wohnbereichen statt, so kam es mit fortschreitender Institutionalisierung und Modernisierung der Gesellschaft zu einer Trennung zwischen Arbeits- und Lebensbereich. Damit fand eine Distanzierung der Orte der Wissensproduktion, die nun in Labors stattfand, von den Lebensräumen statt. Die neu geschaffenen wissenschaftlichen Einrichtungen erlaubten einerseits eine schnellere Wissensproduktion durch die Schaffung besserer Arbeitsbedingungen und durch die Abschirmung von der Öffentlichkeit. Andererseits verlor Wissenschaft gerade dadurch ihren »vertrauten Platz« in der Gesellschaft. Für Außenstehende wurde immer weniger sichtbar bzw. nachvollziehbar, wie und unter welchen Voraussetzungen wissenschaftliches Wissen erzeugt wird, und damit bekamen Informationen über die Stätten der Wissensproduktion, aber auch über das dort produzierte Wissen einen neuen Stellenwert. Die Notwendigkeit von Medien und Mediatoren (die vor allem bis ins 19. Jahrhundert häufig die Wissenschaftler selbst waren), die über Wissenschaft und wissenschaftliches Wissen berichteten, wuchs stetig.

Aber auch das *Kräfteverhältnis* zwischen Wissenschaft und Öffentlichkeit hat sich verändert, ja völlig verkehrt und einen immer höheren Grad an Komplexität erreicht. Während die Wissenschaften einst von der staatlichen Obrigkeit und insbesondere von der Kirche abhängig waren, konnte man mit fortschreitender Institutionalisierung davon ausgehen, daß sich zumindest auf akademischem Boden die wissenschaftliche Gemeinschaft in hohem Maße selbst kontrolliert und daneben ihren Einfluß auf immer größere Bereiche des öffentlichen Lebens beständig erweitert. Durch die von Wissenschaft und Technik hervorgerufenen ökologischen und sozialen Probleme wurde im 20. Jahrhundert ihre Legitimität als nur sich selbst verantwortliches Projekt vehement zur Diskussion gestellt. In der Folge beginnt sowohl die Definition relevanter Probleme als auch der Qualität wissenschaftlicher Leistungen zunehmend in einem Hybridraum stattzufinden, in dem sowohl Wissenschaft als auch verschiedene Öffentlichkeiten ihre Interessen artikulieren und durchsetzen wollen.

Verschärft wird diese Veränderungstendenz durch die Kostenexplosion in den Wissenschaften, die bei stagnierenden Budgets und wirtschaftlichen Problemen zu einer prinzipiellen Hinterfragung, zu strikter Kosten-Nutzen-Abwägung und zu Forderungen nach mehr Mitsprache und Einfluß in Sachen wissenschaftlicher Forschung auch von öffentlicher Seite führt. In Gesellschaften, die stark von den Auswirkungen durch Wissenschaft und Technik betroffen sind und in denen politische Entscheidungen immer öfter auf technischer Expertise beruhen, wird wissenschaftliches Wissen zu einem kritischen Faktor. Menschen sind aufgefordert, sich zu entscheiden, sowohl auf globaler (Will man Atomstrom oder nicht?) als auch auf individueller Ebene (Nehme ich bestimmte Medikamente?), und benötigen dafür zunehmend auch wissenschaftliches Basisverständ nis. Damit ist die Beziehung Wissenschaft-Öffentlichkeit in den letzten Jahren nicht nur zu einem wichtigen politischen Thema, sondern auch zu einem interessanten Untersuchungsobjekt avanciert.

Man könnte also durchaus behaupten, daß Wissenschaft und Öffentlichkeit am Ende des 20. Jahrhunderts unter radikal veränderten Bedingungen aufeinandertreffen: Kommunikation und Vertrauen, Glaubwürdigkeit und Autorität, Unterstützung und kulturelle Bedeutung sind nicht mehr das, was sie lange Zeit waren. Aber was hat sich verändert? Falls der traditionelle Vertrag, der Wissenschaft und Gesellschaft aneinander band, aufgekündigt wurde, wodurch wurde er ersetzt? Wer werden die Hauptakteure sein, die neue Formen der Koexistenz und Kooperation aushandeln – zu einem Zeitpunkt, in dem öffentliche Legitimation als zentral gesehen wird? Dies sind einige der Fragen, die es zu beantworten gilt.

In diesem Kapitel werden Überlegungen zur Wechselwirkung der beiden Bereiche Wissenschaft und Öffentlichkeit, zu den Möglichkeiten und Grenzen des Wissenstransfers und zu den Auswirkungen dieser Interaktion sowohl für die Öffentlichkeit als auch für die Wissenschaft selbst angestellt. Dazu wird in einem ersten Schritt das Konzept der *Popularisierung* von Wissenschaft – als Möglichkeit, diese Kluft zu schließen – näher betrachtet werden: Was bedeutet Popularisierung? Wie geht diese Informationsweitergabe vor sich, und in welchen Zusammenhängen findet sie statt? Welche Bedeutung kommt der Verschiedenheit von Fach- und Alltagssprache zu? Warum wird popularisiert, oder anders gefragt: Warum besteht dieser Wunsch nach Information bzw. Verständigung? Und schließlich: Welche epistemologischen und strukturellen Auswirkungen hat diese »Öffnung« für die Wissenschaft und das produzierte Wissen?

Die Entwicklung von Transfermedien (vor allem Massenmedien), die Etablierung von professionellen VermittlerInnen (WissenschaftsjournalistInnen) und die damit eröffneten Möglichkeiten der Gestaltung von wissenschaftlicher Information und der Konstruktion von sogenannten »Bildern von Wissenschaft« im öffentlichen Raum sind ein weiterer Themenbereich, den wir hier vorstellen. Die Bilder in den Köpfen der Menschen und die Assoziationen, die das Wort Wissenschaft hervorruft, spielen eine zentrale Rolle im öffentlichen

Meinungsbildungsprozeß über Wissenschaft ganz allgemein, aber insbesondere auch in der Diskussion um politische und soziale Themen, die mit Wissenschaft und Technik eng verbunden sind. Schließlich wird die Veränderung der Rolle der Medien im Wissenschaftssystem thematisiert.

Untersuchungen der Beziehung von Wissenschaft und Öffentlichkeit aus der Sicht der Wissenschaftsforschung wurden sehr lange aus der Perspektive der Wissenschaft vorgenommen. In den letzten zehn Jahren wurden die WissenskonsumentInnen – die Laien – stärker ins Zentrum der Untersuchungen gerückt. Was geschieht mit wissenschaftlichem Wissen im öffentlichen Raum? Wie wird es aufgenommen, neu interpretiert und in bestehende, oft nicht-wissenschaftliche Wissenskontexte eingeordnet? Was möchte die Öffentlichkeit über Wissenschaft wissen bzw. nicht wissen? Solche und ähnliche Fragen stehen jetzt im Vordergrund.

Die wohl sichtbarste Schnittstelle von Wissenschaft und Öffentlichkeit ist der Bereich der Kontroversen um wissenschaftliche und technologische Risiken. Daher werden abschließend Fragen der Risikowahrnehmung, des Spannungsverhältnisses zwischen ExpertInnen und Laien im Falle von politischen Entscheidungsfindungsprozessen diskutiert und vor allem auch die Rolle, die die Medien dabei spielen.

9.1. Modelle der Wissenschaftsvermittlung

> Zu zeigen, daß ein (Popularisierungs-)Diskurs wahr oder falsch ist, oder teilweise wahr oder falsch ist, bleibt alles in allem sekundär im Verhältnis zur Tatsache der Existenz dieses Diskurses und des interpretativen Rahmens, den er den Praktikern anbietet.
>
> *Bernard Schiele/Daniel Jacobi*

Die Verbreitung von wissenschaftlichem Wissen im öffentlichen Raum wurde traditionellerweise mit Hilfe von »linearen Modellen« beschrieben. Die Aktivitäten, die unter dem Begriff *Popularisierung*

zusammengefaßt wurden, werden als Transmissionsprozeß dargestellt, bestehend aus einem Sender und einem Empfänger mit dazwi-
schengeschalteten Vermittlern. In diesem Modell erzeugen WissenschaftlerInnen genuin wissenschaftliches Wissen, das dann vereinfacht und »verständlich« aufbereitet an die Öffentlichkeit weitergegeben wird. Die Öffentlichkeit wird eher undifferenziert gesehen
und auf die passive Rolle des Empfängers zurückgedrängt. Diese
Modelle basieren einerseits auf starren Hierarchien, die wissenschaftliches gegen populärwissenschaftliches Wissen und ExpertInnen gegen Laien abgrenzen, wobei Information nur in eine Richtung
fließt, nämlich von der Wissenschaft zur Öffentlichkeit. Die Kommunikation wurde weitgehend auf einen Übersetzungsprozeß reduziert, und theoretische Überlegungen konzentrierten sich daher lange
Zeit auf Aspekte der Sprache, auf die damit verbundenen Möglichkeiten und Grenzen für Transfermedien oder auf die strukturellen
Rahmenbedingungen für diesen Wissenstransfer. Andererseits beinhalten diese Modelle in ihrem aufklärerischen Anspruch die implizite Annahme, daß ein Mehr an wissenschaftlichem Wissen automatisch zu einer positiveren Haltung ihr gegenüber führt.

Seit den siebziger Jahren begann man in der Wissenschaftsforschung und in den einschlägigen kommunikationstheoretischen
Modellen von dieser bis dahin dominanten Vorstellung allmählich
abzuweichen. Die rigide Trennung zwischen »rein wissenschaftlichem« und popularisiertem Wissen erwies sich bei einem genaue-
ren Blick als problematisch. Zum ersten ist *Vereinfachen* eine der
elementarsten wissenschaftlichen Praktiken, deren sich WissenschaftlerInnen ständig bedienen: Egal, ob sie im Labor mit KollegInnen sprechen oder in Hörsälen zu ihren StudentInnen, ob sie bei
GeldgeberInnen für ihre Forschung werben oder mit KollegInnen
aus benachbarten Forschungsfeldern diskutieren – stets müssen sie
ihre Arbeiten so präsentieren, daß sie auch von Nicht-Eingeweihten
verstanden werden. Zweitens konnte insbesondere in den Arbeiten
von Bruno Latour, Steve Woolgar oder Karin Knorr-Cetina gezeigt
werden, daß wissenschaftliches Wissen selbst in einem Prozeß des
kollektiven »Aushandelns« von Behauptungen erzeugt wird (vgl.
Kap. 5.). Popularisierung wäre in diesem Sinne der wissenschaftli-

chen Erzeugung von Tatsachen eine Erweiterung dieses Prozesses, also auch ein Akt des Aushandelns von Bedeutung. Schließlich kann man nicht außer acht lassen, daß popularisiertes Wissen über Rückkopplung wieder in den Forschungsprozeß Eingang findet und daß Interaktionen zwischen Wissenschaft und Öffentlichkeit in neuen, erweiterten und ausdifferenzierteren Räumen auch Auswirkungen für das wissenschaftliche Wissen selbst haben. Diese *relativistischen* Aspekte von Popularisierung hatte Ludwik Fleck bereits vor sechzig Jahren folgendermaßen zusammengefaßt:

> Wie immer man auch einen bestimmten Fall beschreiben mag, stets ist Beschreibung Vereinfachung, mit apodiktischen und anschaulichen Elementen durchtränkt: *durch jede Mitteilung, ja durch jede Benennung wird ein Wissen exoterischer, populärer.* (...) *Gewißheit, Einfachheit, Anschaulichkeit entstehen erst im populären Wissen;* den Glauben an sie als Ideal des Wissens holt sich der Fachmann von dort. Darin liegt die allgemeine erkenntnistheoretische Bedeutung populärer Wissenschaft. (Fleck [1935] 1980: 152)

Terry Shinn und Richard Whitley haben anhand einer Zusammenstellung zahlreicher Fallbeispiele eindrucksvoll gezeigt, daß jegliches Schreiben von WissenschaftlerInnen oder über Wissenschaft als rhetorischer Versuch einer Schaffung von »Ressourcen« im öffentlichen Raum gesehen werden muß. Eine breite öffentliche Rezeption wissenschaftlicher Arbeiten kann durchaus Einfluß nehmen auf das Fortbestehen von (oftmals unsicheren) wissenschaftlichen Erkenntnissen, indem sie diese als sichere Fakten akzeptiert. Sie kann bei der Etablierung neuer oder bei der Verteidigung bereits bestehender Forschungsbereiche unterstützend wirken, aber auch den auf den GeldgeberInnen und ForscherInnen lastenden Rechtfertigungsdruck verringern und damit neue Freiräume schaffen.

Mit der Ausweitung des sozialen Verteilungsprozesses von wissenschaftlichem Wissen wurden neue und oft sehr heterogene Orte der Wissensproduktion geschaffen. Diese öffentlichen Räume reichen, der Analyse von Helga Nowotny folgend, vom Raum der individuellen Kreativität, die ja auf kulturelle Repräsentationsmöglichkeiten zurückgreifen muß, über den Raum, in dem volkstümliche Praktiken oder das Wissen bestimmter sozialer Gruppen (Ethno-Wissenschaft) auf herkömmliches Expertenwissen und deren Standards trifft, den Raum der öffentlichen Märkte bis hin zum Hybridraum der öffentlichen Diskussion und der Kontroversen. In diesen Räumen kommt es zu einer weitgehenden Auflösung der Grenzen zwischen Wissenschaft und Öffentlichkeit, was nicht nur zu einer Veränderung des Wissens der Öffentlichkeit über Wissenschaft führt, sondern auch zu einer Transformation des wissenschaftlichen und technischen Wissens.

Die Rolle von Popularisierung im Spannungsfeld zwischen Wissenschaft und Öffentlichkeit könnte also mit Cloître und Shinn auf den Punkt gebracht werden:

(...) im Falle der Popularisierung von Wissenschaft, schaffen es weder Sprache, noch Argumente, noch Bilder, die Phänomene tatsächlich zu erleuchten, sondern ganz im Gegenteil: es besteht eine Tendenz, konzeptuelles Unverständnis zu erzeugen. (...) Popularisierung ist kein effizientes Instrument, um besseres Wissen über die physische Welt zu vermitteln. Ihre Stärke und ihre Relevanz liegt in der Verbindung, die sie zwischen einem wissenschaftlichen Gegenstandsbereich und der sozialen Sphäre schafft. (Cloître und Shinn 1986: 163)

Der traditionellen dichotomisierten Sicht, die strikte zwischen einem reinen wissenschaftlichen und einem unreinen popularisierten Wissen unterscheidet, wäre das Bild eines *Kontinuums* entgegenzuhalten, auf dem wissenschaftliche Kommunikation je nach Kontext in ihrem Ausmaß an Popularisierung zu verorten wäre. Orte der Popularisierung sind in dieser Sichtweise nicht mehr die andere Seite der Wissenschaft, sondern bloß graduell von der eigentlichen Produktionsstätte wissenschaftlicher Erkenntnisse räumlich und zeitlich unterschieden. Die Behauptung, daß es eine klare Grenze zwischen »Wissenschaft« und ihrer »Popularisierung« gebe, kann so als nützliches politisches Strategem der WissenschaftlerInnen entlarvt werden. Denn aus dem Anspruch, daß bloß sie in ihrer eigenen Fachsprache adäquat über wissenschaftliche Erkenntnisse oder technologische Artefakte kommunizieren könnten, sowie der pauschalen Verdächtigung, daß die Medien davon immer nur verzerrt oder im besten Fall sehr eingeschränkt berichten können, würde ExpertInnen in jeder öffentlichen Debatte, in der auch wissenschaftliches oder technologisches Fachwissen gefragt ist, ein uneingeschränktes Beratungs- und (Mit-)Entscheidungsmonopol zufallen.

In dieser neuen Perspektive treten Fragen über das Niveau des tatsächlichen Wissens, über den Grad richtiger oder verzerrter/falscher Information in den Hintergrund. Ins Zentrum der Analyse rücken dagegen die spezifischen Konstruktionen des Diskurses über Wissenschaft, Technologie und damit verbundene Themenbereiche, die äußeren Formen, die Interaktionen zwischen Wissenschaft und Öffentlichkeit annehmen, aber auch das Umfeld, die Räume, in denen sie stattfinden. Diskurse über Wissenschaft, die Wechselwirkung zwischen Wissenschaft und verschiedensten Öffentlichkeiten werden nun als Aushandlungsprozeß von Bedeutungen gesehen. Dabei spielen grundlegende Unterschiede zwischen den Beteiligten eine wesentliche Rolle. Die erste Differenz liegt in der Sprache. Der Komplexitätsgrad wissenschaftlicher Sprache, die Verwendung symbolischer Zeichen, die Art und Weise, in der Erzählungen über Wissenschaft konstruiert werden, all das muß im Lichte sozialer Macht gesehen werden: Sie sind Mittel, bestimmte Öffentlichkeiten ein- und andere auszuschließen, Grenzlinien zu ziehen zwischen jenen, die wissen, und jenen, die nicht wissen, es werden Gefühle des Verstehens erzeugt, der Nähe oder der Distanz, der Autorität.

Die zweite Unterscheidung liegt auf der kognitiven Ebene. Hier geht es vor allem darum, die Transformation von wissenschaftlichem Wissen zu verstehen, wenn es in den öffentlichen Raum gelangt. Wie geht die Integration in bereits bestehendes Wissen und Erfahrungen vor sich? Schließlich ist drittens noch die soziale Distanz zwischen den angesprochenen Öffentlichkeiten und den Orten der Wissensproduktion zu berücksichtigen. Aushandlungsprozesse der Bedeutung wissenschaftlichen Wissens im öffentlichen Raum hängen vom sozialen, ökonomischen und politischen Umfeld ab, in das sowohl Wissenschaft als auch spezifische Öffentlichkeiten eingebettet sind. Popularisierung ist damit an einen lokalen kulturellen Kontext gebunden, während sie gleichzeitig von globalen Veränderungen sowohl innerhalb als auch außerhalb des Wissenschaftssystems betroffen ist.

9.2. Mediale Träger, Vermittler und »Bilder« von Wissenschaft

> Wissenschaft ist keine »sichtbare« Beschäftigung.
> Normale Menschen können einen Tischler, einen
> Rechtsanwalt oder eine Krankenschwester bei der
> Arbeit beobachten. Aber selbst in einem technolo-
> gisch fortschrittlichen Land (...) haben nur wenige
> Menschen jemals einen Wissenschaftler arbeiten
> gesehen.
>
> *Marcel Ch. LaFollette*

Die Ursprünge der popularisierten Darstellung von Wissenschaft lassen sich bis weit ins 17. Jahrhundert zurückverfolgen. Seit dieser
Zeit existierte eine ständig wachsende Produktion von »populären«
wissenschaftlichen Texten, Pamphleten und Zeitschriften, die von
moralistischen Traktaten zur Kindererziehung bis zu allgemein verständlichen Handbüchern für Handwerker und die ersten Industrie-
arbeiter reichten. Diese zum Teil sensationsheischenden, zum Teil
völlig auf »praktische« Aspekte abgestellten Frühformen der Vermittlung wissenschaftlichen Wissens erfuhren am Ende des 19. Jahrhunderts eine deutliche inhaltliche Wendung: Das Wissen um die
Macht der immer weiter expandierenden Wissenschaft und Technologie, der weitverbreite Glaube, daß sozialer Wohlstand mit wissen-
schaftlich-technischem Fortschritt eng gekoppelt sei, aber auch kritische Stimmen, die sich gegen die einschneidenden wissenschaftlich-technischen Veränderungen in der Gesellschaft aussprachen,
führten zu regelmäßiger Berichterstattung in Printmedien und zu anderen Formen der Diffusion dieses Wissens wie z.B. populärwissenschaftlichen Vorträgen.

Das 20. Jahrhundert ist durch eine Erweiterung der medialen Möglichkeiten gekennzeichnet, d.h., es entstanden zahlreiche neue mediale Orte, an welchen Wissenschaft vorgezeigt und gleichzeitig
popularisiert wird. Hierbei ist vor allem auch auf die *Schulen* hinzuweisen, in deren Unterrichtsprogrammen auch naturwissenschaftliches Wissen verankert wurde. Die *Museen* bzw. *Ausstellungen*, die
gemeinsam mit den Printmedien während der ersten beiden Jahrzehnte dieses Jahrhunderts die öffentliche Darstellung von Wissenschaft dominierten, blieben allerdings bis nach dem Zweiten Welt-

krieg einem eher passiven Stil der Berichterstattung verpflichtet und waren vielfach eher Kuriositätenkabinette als Orte der kritischen Auseinandersetzung. Eine besondere Rolle nehmen die seit 1851 stattfindenden *Weltausstellungen* ein. Sie dienten vor allem dazu, die Stärke der Nationen hervorzukehren, und dazu gehörten auch zunehmend die Wissenschaften. Vor allem die Ausstellung 1933 und 1934 in Chicago wurde zu einer beeindruckenden Demonstration der Leistungen der Wissenschaften für die Menschheit. Die »Hall of Science« war das Kernstück und zugleich einer der bemerkenswertesten Bauten dieser Ausstellung. Bedeutende Orte der Wissenschaft wie das *Institut Pasteur* oder das *Deutsche Museum* wurden hier nachgebaut. Allgemein gesagt wurde also die zentrale Stellung von Wissenschaft in einer universellen und irreversiblen Weise dargestellt.

Eine weitere wichtige Quelle für Informationen über die Wissenschaft waren die *populärwissenschaftlichen Zeitschriften*, die zu Beginn des 20. Jahrhunderts vor allem in den USA und in einigen europäischen Ländern enormen Aufschwung erfuhren. Die Beschaffung der immer umfangreicher werdenden Informationen über Wissenschaft wurde ebenfalls auf eine professionellere Basis gestellt: So wurde 1920 das »Science Service« in den USA gegründet, eine Art nicht-profitorientierte Nachrichtenagentur zur Verbreitung wissenschaftlicher Neuigkeiten. Die WissenschaftlerInnen waren sich klar darüber, daß die öffentliche Verbreitung ihrer Arbeit Einfluß auf die politische Unterstützung ihrer Ziele haben würde.

Etwa zur selben Zeit wurde das Angebot der Wissenschaftsberichterstattung durch das *Radio* deutlich erweitert. Das Radio und vor allem der *Film* brachten neue Dimensionen in die dramatische Darstellung von Wissenschaft und konnten einem stetig wachsenden Publikum Wissenschaft akustisch und visuell vermitteln. Damit wurde es möglich, Bilder des wissenschaftlichen »Alltags«, der für Laien weitgehend unzugänglich ist, zu konstruieren. Eine zentrale Rolle übernahm dann in den sechziger Jahren das *Fernsehen*, das zur zentralen Informationsquelle über Wissenschaft werden sollte.

Vor allem in den USA hat die aktive Mitwirkung von WissenschaftlerInnen im Zweiten Weltkrieg dazu beigetragen, daß Wissenschaft in einer neuen sozialen Funktion dargestellt werden konnte. Meldungen über Solidarität, Nützlichkeit und die zentrale nationale Bedeutung von Forschung wurden integraler Bestandteil der Wissenschaftsberichterstattung. Das führte einerseits zu einer deutlichen Verbesserung des Images von Wissenschaft, es erzeugte aber auch innerhalb der WissenschaftlerInnengemeinschaft ein stärker ausgeprägtes Profil nach außen.

Mit der Multiplikation der Vermittlungsorte von Wissenschaft und der wachsenden Bedeutung von Wissenschaft in der Gesellschaft stellte sich zunehmend die Frage nach den Vermittlern. Bis weit in das 20. Jahrhundert hinein waren es überwiegend die WissenschaftlerInnen selbst, die die Berichterstattung über Wissenschaft dominierten. Sie bildeten zentrale Knotenpunkte im Kommunikationsprozeß, und ihre Involviertheit für die Popularisierung von Wissenschaft war von großer Wichtigkeit. Daneben begann sich aber der professionelle Wissenschaftsjournalismus zu entwickeln. Diese Professionalisierung, die sich erst nach dem Zweiten Weltkrieg endgültig vollzog, ist einerseits ein Indikator für die zunehmende Größe und Wichtigkeit des Wissenschaftssystems, sie folgt aber andererseits auch dem allgemeinen Trend hin zur Spezialisierung im Journalismus. Dieser Wandel in der Wissenschaftsberichterstattung hat allerdings das Konfliktpotential dieser Beziehung nicht gerade verringert, da widersprüchliche journalistische und wissenschaftliche Werte in einer Gruppe von Personen zu vereinen waren. Die Kontrolle über die Popularisierung wurde aber nach wie vor von den WissenschaftlerInnen selbst beansprucht. Unverantwortliches Vorgehen bei der populären Darstellung von wissenschaftlicher Erkenntnis, so wurde argumentiert, könnte zum Nachteil aller sein, vor allem wenn irreführende oder gefährliche Informationen – als Fakten getarnt – weitergegeben werden. Nur WissenschaftlerInnen könnten, so lautet zumindest der Anspruch, Qualität und Genauigkeit von wissenschaftlichen Informationen sichern, da nur sie ExpertInnen seien.

Während es offensichtlich ist, warum WissenschaftlerInnen und die Öffentlichkeit an diesem Transfer von wissenschaftlicher Information durch die Medien interessiert sind, so bleibt noch die Stellung der Medien selbst zu analysieren. Nachdem es sich im Falle der

Medien um einen freien Markt handelt, der durch eine hohe Wettbewerbssituation gekennzeichnet ist, müssen auch »Stories« aus dem wissenschaftlichen Bereich gewisse Kriterien erfüllen, um für eine Publikation geeignet zu sein. Und in der Tat scheinen sich wissenschaftliche Erfolgsgeschichten und Sensationsmeldungen wegen ihrer Dramatisierbarkeit für journalistische Darstellungen geradezu anzubieten. Sie haben Spannung, Handlung und eine Lösung – Eigenschaften, die von den frühen Popularisierern enthusiastisch ausgenutzt wurden.

Welche Kommunikationskanäle man auch wählt, die Darstellungen von Wissenschaft vermitteln nicht nur »wissenschaftliche Erkenntnis« im engeren Sinn, sondern eine Fülle von Bildern über wissenschaftliches Arbeiten, beschreiben den Menschen »WissenschaftlerIn« mit seinen/ihren Charaktereigenschaften, Emotionen und Motiven – auch wenn hier immer auf die »Andersartigkeit« verwiesen wird – und beinhalten auch Überlegungen zum Sinn und Zweck von Forschung. Der Darstellung von WissenschaftlerInnen kommt deswegen so viel Bedeutung zu, da viele der Bilder von Wissenschaft durch Bilder von WissenschaftlerInnen als Menschen beeinflußt ist. Ihr Auftreten, ihre Persönlichkeit und ihr Intellekt stehen in direktem Zusammenhang mit der Wichtigkeit und den Konsequenzen ihrer Arbeit. Die Gleichsetzung von WissenschaftlerInnen mit Wissenschaft macht Wissenschaft leichter vermittelbar. Jede dieser Beschreibungen – egal ob nun Realität oder Fiktion – ergänzt oder widerspricht den allgemeinen Vorstellungen von typischer Wissenschaft bzw. WissenschaftlerInnen und reflektiert so die *kollektiven* Ideen der Öffentlichkeit über Wissenschaft.

Da es hier zu weit führen würde, auf die einzelnen Medien und ihre jeweiligen Darstellungsformen von Wissenschaft einzugehen, soll hier beispielhaft eine solche Studie über die Vermittlung von Bildern von Wissenschaft näher vorgestellt werden. Die US-amerikanische Wissenschaftsforscherin Marcel LaFollette bezieht sich zwar in dieser Untersuchung auf Zeitschriften zwischen 1910 und 1950 in den USA, dennoch kommt vor allem ihrer Typologisierung der beschriebenen Wissenschaftler allgemeinere Bedeutung zu. Dabei unterscheidet sie vier grundlegende Stereotypen:

- *Der Zauberer*: Dieses Bild des Wissenschaftlers bedeutet, Macht über die Natur zu haben, unterstreicht aber auch die Rolle von Zufall und Glück in Zusammenhang mit wissenschaftlicher Arbeit. Dies steht in gewissem Widerspruch mit der immer wieder betonten Rationalität der wissenschaftlichen Alltagspraktiken.
- *Der Experte*: Der Wissenschaftler als Problemlöser. Sein technisch-wissenschaftliches Know-how optimal einsetzend, analysiert und löst der Experte Probleme in einer rationalen und effizienten Weise. Interessant scheint dabei die Tatsache, daß ihm diese Problemlösungskompetenz durchaus auch in nicht-facheigenen Bereichen zugesprochen wird. Tatsächlich behandeln etwa ein Drittel der für Zeitschriften schreibenden Wissenschaftler Themen, die nicht aus ihrem unmittelbaren Erfahrungsbereich stammen.
- *Der Schöpfer/Zerstörer*: Die Ambiguität wissenschaftlicher Forschung und die teils negativen Erfahrungen mit wissenschaftlichen Entwicklungen für die Gesellschaft prägten dieses Stereotyp. Jedoch wird Wissenschaft nicht generell als gut oder böse dargestellt, sondern nur der individuelle Wissenschaftler. Auch die – vor allem nach den Erfahrungen des Zweiten Weltkriegs – immer öfter gestellte Frage nach Verantwortung der Wissenschaftler für ihre Tätigkeit steckt in diesem Bild.
- *Der Held*: Wissenschaftler, ausgestattet mit Intelligenz, einem hohen Maß an Kreativität und einem bißchen Glück, wurden ganz der amerikanischen Tradition folgend zu nationalen Helden hochstilisiert. Der Wissenschaftler wurde dargestellt als stetig auf der Suche nach neuem Land, das es zu erobern gilt, und er war in diesem unermüdlichen Streben auch nicht aufzuhalten. Dieses Stereotyp spiegelt den optimistischen Glauben an eine durch Wissenschaft verbesserte Zukunft wider, ein wissenschaftlich geprägtes Fortschrittskonzept.

Grundsätzlich ist zu sagen, daß der Mythos der Andersartigkeit von Wissenschaftlern ein stark verbreiteter ist. Herausragende mentale Fähigkeiten, auch in Bereichen, die nicht ihre Spezialität sind, außergewöhnliche Neugierde und psychische Kraft, die sich durch besondere Ausdauer sichtbar machte, und ein außergewöhnlicher Charakter werden den meist weißen und männlichen Wissenschaftlern zugeschrieben. Auch das Tragen von Brillen oder die Beschreibung der Augen als Metapher für besondere geistige Fähigkeiten und Charaktereigenschaften sind häufig wiederzufinden. Dieser Mythos war im Interesse beider Seiten: Wissenschaftler waren damit attraktiv für JournalistInnen, und sie konnten ihrerseits einen speziellen sozialen Status einfordern und sich so einer direkten Rechenschaft entziehen.

Die Darstellung von Wissenschaftlerinnen dagegen sah völlig anders aus. Dies war sicherlich dadurch bedingt, daß nur sehr wenige Frauen aktiv für solche Zeitschriften schrieben, und auch durch ihre Berichte wurden fest verankerte männliche Vorurteile weitertransportiert. Auf inhaltlicher Seite läßt sich feststellen, daß diese Frauen weniger über »harte« Wissenschaften berichten, sondern eher über Sozialwissenschaften und Biologie, d.h. über Gebiete, in welchen eher ein Bezug zum »Menschlichen« gegeben ist. Ganz in Übereinstimmung damit wurden auch in den eher sporadischen biographischen Beschreibungen von Naturwissenschaftlerinnen häufig ihre menschlichen und sozialen Eigenschaften hervorgekehrt. Während bei männlichen Kollegen die Vernachlässigung ihrer häuslichen Verpflichtungen, nächtelanges Arbeiten im Labor und mangelnde Sozialkontakte eher als Hingabe zum Beruf interpretiert wurden, erhielten dieselben Verhaltensweisen eine durchaus negative Konnotation, wenn es sich um Wissenschaftlerinnen handelt. Wissenschaft zu betreiben *und* Frau zu sein wurde als fast unmögliche Kombination gesehen, und es wurde kein Zweifel daran gelassen, daß Wissenschaft – wenn überhaupt – für sie nur eine sekundäre Rolle nach Familienleben und Kindern spielen kann.

Obwohl die von LaFollette durchgeführte Analyse nur den Zeitraum bis in die fünfziger Jahre beschreibt, hat sie ihre Gültigkeit bis heute bewahrt. Auch weiterhin bleiben – und das gilt vor allem für die US-amerikanischen Medien – WissenschaftlerInnen zentraler Bestandteil wissenschaftlicher Stories, zumindest ein neuer Typus hat sich zu den vier anderen gesellt: die kompetitiven Manager-WissenschaftlerInnen, die nicht mehr durch Weltfremdheit charakterisiert sind, sondern durch strategisches Verhalten.

Eine wesentliche rezente Veränderung in diesem Bereich bleibt noch zu diskutieren. Wie in mehreren Fallstudien gegen Ende der achtziger Jahre über die *Kalte Fusion*, die *Hochtemperatursupraleitung* oder die *AIDS-Forschung* gezeigt werden konnte, hat sich seitens der WissenschaftlerInnen die vormals eher zurückhaltende Position gegenüber den Medien und damit der Öffentlichkeit zu verändern begonnen. Da wissenschaftliche Forschung immer kostenintensiver wird und sich zugleich die interne Konkurrenz um stagnierende öffentliche Gelder verschärft, sind WissenschaftlerInnen auf der Suche nach neuen »Kapitalformen« zur Sicherung der eigenen Forschung. Die Selbstkontrolle der Wissenschaft mittels der ausschließlichen Begutachtung von wissenschaftlichen Arbeiten durch FachkollegInnen wird dabei vor allem dort außer Kraft gesetzt, wo hohes wissenschaftliches Prestige oder viel Geld – etwa durch mögliche Patentierungen – auf dem Spiel steht.

Die Gründe für diese Verhaltensänderung sind vielschichtig. Zum einen wird das wissenschaftsinterne Publikationssystem in Extremsituationen, in denen neue Ergebnisse fast täglich eintreffen, als inadäquat und angesichts der Publikationsverzögerungen von mehreren Monaten als zu langsam empfunden. Bedeutsamer scheint jedoch, daß jene KollegInnen, die zur Begutachtung der Arbeiten herangezogen werden, selbstverständlich mögliche RivalInnen in diesem Kampf um finanzielle Mittel, um Patentrechte und nicht zuletzt auch um die wissenschaftliche Reputation sind, die ihre Rolle als GutachterIn zum eigenen Vorteil ausnützen könnten. WissenschaftlerInnen (bzw. die Institutionen, in denen sie arbeiten) stehen also zwischen dem Wunsch nach »Sicherstellung« der Eigentumsrechte und der Tatsache, daß sie Teil einer *Scientific Community* sind, in der Reputation durch Erstpublikation von neuen Erkenntnissen zu einem der zentralen Werte zählt.

Der Ausweg, den einige WissenschaftlerInnen aus diesem Zwiespalt wählten, war ebenso spektakulär wie umstritten, da er mit dem traditionellen Ethos der Wissenschaft nicht vereinbar ist: Anstelle der sofortigen Publikation wissenschaftlicher Arbeiten in Fachzeitschriften wandten sich WissenschaftlerInnen in den letzten Jahren immer öfter direkt an die Massenmedien – vor allem an Tageszeitungen. Die Fachpublikation wurde entweder parallel oder erst später eingereicht. »*Science by Press Conference*« wurde Ende der achtziger Jahre zum viel diskutierten Schlagwort. Das bedeutet, daß wissenschaftliche Ergebnisse an die Öffentlichkeit getragen werden, ohne vorher gründlich überprüft worden zu sein. Im Falle der *Kalten Fusion* haben sich die präsentierten Forschungsergebnisse als falsch bzw. unbewiesen gezeigt, ein Faktum, das nicht nur die Karriere der beteiligten ForscherInnen beeinträchtigte, sondern sich auch negativ auf das Image der Wissenschaft auswirkte.

Neben der nicht zu unterschätzenden wissenschaftspolitischen Relevanz und dem Vorsprung, der im Vergleich mit anderen förderungswürdigen Forschungsvorhaben künstlich erzeugt werden kann, hat diese Veränderung auch für den Forschungsprozeß selbst Auswirkungen. Wie sich im Fall der *Hochtemperatursupraleitung* gezeigt hat, ist die Presse nicht nur der Ort geworden, um Behauptungen zu deponieren und neue Ergebnisse vorzustellen. Mit ihrer Hilfe wurde ein neuer Hybridraum geschaffen, in dem Vertreter der Öffentlichkeit und der Wissenschaftler agieren und in dem Inhalte und Qualitätsnormen ausgehandelt werden. Hier findet auch Wettbewerb statt, der bis dahin weitgehend auf den innerwissenschaftlichen Raum beschränkt war. In diesem Wettbewerb geht es um ein neues Set von Werten, die als Kapital in Verhandlungen eingesetzt werden können: um Autorität im öffentlichen Bereich, um den Nachweis, daß diese Forschung von öffentlichem Interesse ist und vor allem, ob sie zu nationalen Zielen beiträgt.

Unter normalen Bedingungen wird wissenschaftliche Reputation durch wachsende Anerkennung bei KollegInnen kontinuierlich erworben. In dem Augenblick, wo die Medien eine wesentliche Rolle im Diskurs über ein Forschungsgebiet einnehmen, bekommen sie die Macht, WissenschaftlerInnen Reputation zuzuschreiben oder abzusprechen. In diesem Sinne wird öffentliche Autorität zu einem zentralen Kapital. Gleichzeitig wird die Frage nach der Anwendungsrelevanz und den Umsetzungsmöglichkeiten zu einem zentralen Faktor. Die versprochenen Anwendungen entsprechen allerdings nur selten der Realität – aber letztendlich geht es darum, »Wissenschaft zu verkaufen«, wie Dorothy Nelkin dies prägnant formuliert hat. Der

Beitrag der Forschung zur nationalen Wettbewerbsfähigkeit – sei es militärisch, im Gesundheitssektor oder im wirtschaftlichen Bereich – ist schließlich die dritte entscheidende Frage.

Während die Kluft zwischen Wissenschaft und Öffentlichkeit durch Spezialisierung und Technologisierung in den Wissenschaften immer weiter aufzubrechen droht, wurden für die Wissenschaft aufgrund veränderter Umfeldbedingungen neue »Bündnisse« ausgehandelt.

9.3. Wissensproduktion an der Schnittstelle zwischen Wissenschaft und Öffentlichkeit

> Es ist unmöglich zu behaupten, daß die Welt der Wissenschaft Wissen produziert (...), das dann von externen Märkten konsumiert wird. Es wäre korrekter zu sagen, daß die Welten interagieren und einander definieren, daß ihre Grenzen fluktuieren und mehr oder weniger durchlässig sind.
>
> *Georges Benguigui*

Die Produktion von wissenschaftlichem Wissen findet zunehmend in heterogenen Kontexten statt, in denen auch die Kooperation von WissenschaftlerInnen und Nicht-WissenschaftlerInnen auf der Suche nach neuem, sozial relevantem Wissen, die Mitgestaltung von Wissenschaft durch Laien eine wesentliche Rolle spielt. Unter welchen Voraussetzungen entstehen solche Kooperationen? Wie kann diese Übersetzung von sozialen Problemen in wissenschaftliche Programme stattfinden? Welche Rahmenbedingungen ermöglichen die Stabilisierung einer solchen Zusammenarbeit? Inwieweit werden auch die Inhalte wissenschaftlicher Forschung im Spannungsfeld zwischen WissensproduzentInnen und WissenskonsumentInnen von Laien mitgeformt?

Prozesse der Steuerung von Wissenschaft sind diffus, und es ist selten klar, ob sich Wissenschaft aus sich heraus in bestimmte Richtungen entwickelt oder ob Steuerungsversuche von außen Erfolg zeigen. Bei der Entwicklung einer bestimmten Forschungsrichtung geht es also immer um eine Reihe von Problemtransformationen, es geht um Übersetzung eines sozialen oder ökonomischen Problems in ein politisches und schlußendlich wissenschaftliches. Wie wichtig diese Übersetzungen sind, welche Rolle bestimmten Akteuren dabei zukommt und wie eine Mitwirkung der Betroffenen im wissenschaftlichen Bereich möglich ist, soll anhand eines Fallbeispieles erläutert werden. Hier wurde wissenschaftliche Forschung nicht über den Umweg der staatlichen Verwaltung initiiert und »gesteuert«, sondern kam in direkter Kooperation zwischen einer »privaten« Betroffenengruppe und der (medizinischen) Forschung zustande.

Die vom deutschen Wissenschaftsforscher Rainald von Gizycki durchgeführte Studie betrifft eine Selbsthilfegruppe von Personen, die an *retinitis pigmentosa*, einer zur Erblindung führenden Netzhautveränderung erkrankt waren. Diese private Initiative war deshalb nötig geworden, weil die Pharmaindustrie kein Interesse zeigte, von sich aus ein Forschungsprogramm zu initiieren, da ihr die Anzahl von rund 20.000 betroffenen Personen zu gering erschien. Auf der Suche nach neuen Therapiemöglichkeiten und wegen des geschwundenen Vertrauens in das öffentliche Gesundheitssystem faßten einige Betroffene 1977 den Entschluß, sich – nach amerikanischem Vorbild – als Selbsthilfegruppe zu organisieren und selbst aktiv zu werden.

Das Ziel dieses *Deutschen Retinitis-Pigmentosa-Vereins* war es insbesondere, medizinische Forschung in diesem Bereich zu initiieren und zu unterstützen, da zwar bekannt war, daß die Krankheit erblich ist, doch ihre Ursachen und Heilungsmöglichkeiten unerforscht waren. Nach einer Phase der verstärkten Öffentlichkeitsarbeit und der Gewährung von finanziellen Ressourcen aus öffentlicher Hand wurde zunächst mit systematischen Erhebungen in deutschen Kliniken begonnen. Nachdem sich herausstellte, daß es bloß einige wenige Diagnose-SpezialistInnen gab und praktisch niemand in diesem Gebiet forschte, wurden Konferenzen mit deutschen Augenärzten organisiert. Daraufhin konstituierte sich ein wissenschaftlicher Beirat, der unter anderem einen Preis für besondere Forschungsleistungen ausschrieb. War die zweite Initiative besonders öffentlichkeitswirksam, so gelang es dem wissenschaftlichen Beirat in Zusammenarbeit mit den MedizinerInnen, ein Forschungsprogramm auszuarbeiten, das sowohl die Initiierung von Grundlagenforschung, eine Evaluation der gebräuchlichen Behandlungsmethoden wie auch konkrete Hilfen zur Erleichterung des Alltags der PatientInnen umfaßte.

Diese Leitlinien fanden nach kurzer Zeit in verschiedenen Forschungsprojekten ihre konkrete Umsetzung, wobei neben rein wissenschaftlichen Projekten ohne Mitsprache der betroffenen Laien sich auch einige kooperative Projekte umsetzen ließen, in welchen die Betroffenen aktiv an der Mitgestaltung der weiteren Forschung beteiligt waren. Warum in diesem Fall eine direkte Kooperation zwischen einer privaten Betroffenengruppe und der Wissenschaft erfolgreich war, läßt sich auf verschiedene Faktoren zurückführen. Im Vergleich mit anderen, teils gelungenen, teils gescheiterten Forschungsprojekten, die ihren Ausgang von privaten Betroffenengruppen nahmen, lassen sich einige wichtige Gemeinsamkeiten festhalten.

Ein erstes entscheidendes Kriterium dafür, ob die Nachfrage von Teilen der Öffentlichkeit in ein wissenschaftliches Forschungsprogramm im Dienste der Betroffenen umgesetzt wird oder nicht, scheint die *kognitive Kompatibilität*, eine inhaltliche Verträglichkeit des Problems mit der übrigen Forschung zu sein: Ist das Problem der Betroffenen mit der Forschungspraxis und dem Interesse der WissenschaftlerInnen nicht vereinbar, so hat es auch keine große Chance, in ein Forschungsprogramm überführt zu werden. Ein derartig hoher Grad an Übereinstimmung zwischen Laien und Wissenschaft wie bei der deutschen Selbsthilfegruppe ist nicht immer die Regel.

Neben der inhaltlichen Gemeinsamkeit des Interesses an bestimmten Forschungsfragen sind auch die dahinter liegenden *Wertvorstellungen* und »Weltbilder« ausschlaggebend. So etwa ließ sich zeigen, daß eine Kooperation zwischen Umweltschutzbewegungen und einer rein wissenschaftlich betriebenen Ökologie zumindest noch in den siebziger Jahren dadurch verunmöglicht oder erschwert wurde, da aufgrund der divergierenden Wertvorstellungen eine auch nur annähernd gemeinsame Problemwahrnehmung nicht gegeben war. Neben dieser inhaltlichen und »perspektivischen« Komponente spielt auch die Problematik der konkreten *Übersetzung* von Bedürfnissen zwischen den betroffenen Laien und den angesprochenen WissenschaftlerInnen eine zentrale Rolle. Sind die Nicht-WissenschaftlerInnen mit dem Jargon der ExpertInnen nicht vertraut und umgekehrt die WissenschaftlerInnen nicht zu einer popularisierten Darstellung ihrer Forschung fähig, so kann diese Verständigungsschwierigkeit zu einem unüberwindlichem Hindernis für jede weitere Kooperation werden.

Sehr von Vorteil scheint es deshalb, wenn WissenschaftlerInnen selbst Mitglieder der externen Gruppen sind, wie das etwa beim *Retinitis-Pigmentosa-Verein* der Fall war: Einer der Betroffenen war selbst Wissenschaftler, der als »Forschungsreferent« des Vereins sowohl dessen Interessen wie auch die der Medizin verstehen und diese für die jeweils anderen übersetzen konnte. Das mag mit ein Grund dafür gewesen sein, warum die Zusammenarbeit zwischen jener Selbsthilfegruppe und der medizinischen Forschung derartig erfolgreich war.

Sind diese Rahmenbedingungen für die *wissenschaftliche Integration* eines Problems, das die Öffentlichkeit insgesamt oder bestimmte Gruppen der Bevölkerung betrifft, gegeben, dann kann diese Kooperation zwischen WissenschaftlerInnen und Laien verschiedene Entwicklungswege einschlagen: Eine erste Möglichkeit der Stabilisierung der Anliegen von Betroffenen besteht darin, daß sich auf deren externe Initiative hin ein eigenes Forschungsfeld etabliert, das sich tendenziell auch von den ursprünglichen Interessen der Betroffenen abkoppeln kann. Zweitens ist die Institutionalisierung des Zugangs der externen Gruppe denkbar, die dadurch an den weiteren Forschungsprogrammen beteiligt bleibt. Schließlich kann es zu einer Etablierung von neuen institutionellen Rahmenbedingungen kommen, also etwa eines Forums, das außerhalb der akademischen Wissenschaften angesiedelt ist und Kooperationen erleichtert.

In den letzten Jahren haben sich aber auch neue institutionalisierte Schnittstellen etabliert, wie etwa *Wissenschaftsläden*, an denen »Alltagswissen« mit wissenschaftlichem Wissen neu vermischt wird, wodurch völlig neue Problemsichten und Lösungsinstrumentarien entstehen. Diese Entwicklung sollte als Trend hin zu neuen Formen der Wissenserzeugung gesehen werden. Wissen wird zunehmend nicht mehr nur an einem Ort (im Labor) hergestellt, um dann in andere Kontexte transferiert zu werden, sondern wird immer öfter im Kontext der Anwendung selbst produziert. Gemeinsam ist allen diesen neuen Kooperationsformen und Forschungsprojekten, daß durch sie der Zugang zur Wissenschaft durchlässiger und die traditionelle Kluft zwischen der Öffentlichkeit und der modernen, hochspezialisierten Forschung überbrückbarer wird.

9.4. Über den »laienhaften« Umgang mit Wissenschaft

> Menschen erfahren (wissenschaftliche Information) in Form von sozialen Beziehungen, Wechselwirkungen und Interessen, und somit beurteilen sie (...) wissenschaftliches Wissen als integralen Teil eines »sozialen Vertrages«.
>
> *Brian Wynne*

Die wachsende Kluft zwischen dem Alltagswissen der Bevölkerung und den spezialisierten Erkenntnissen der Wissenschaften stellt eines der Kernprobleme des öffentlichen Umgangs mit Wissenschaft und Technologie dar. Es stellt sich hierbei die Frage, was bestimmte Öffentlichkeiten über Wissenschaft wissen bzw. nicht wissen möchten, welche Art von Wissen und in welcher Form es ihnen tatsächlich vermittelt wird und schließlich: wie dieses Wissen im öffentlichen Raum kontextualisiert, (re)interpretiert und in bestehende Wissens- und Erfahrungskontexte eingeordnet wird. Zwei Forschungsperspektiven möchten wir im folgenden einander gegenüberstellen: die groß angelegten Umfrage-Untersuchungen und die konstruktivistischen soziologischen und anthropologischen Forschungen.

Die Verwendung von Umfrage-Untersuchungen zur Erforschung der Haltung der Bevölkerung gegenüber Wissenschaft und Technik, um ihr Verstehen wissenschaftlicher Zusammenhänge aufzuzeigen, aber auch um ihren Grad an *wissenschaftlicher Bildung* (ein durchaus kontroversieller Begriff) festzustellen, ist zwar schon einige Jahrzehnte alt, hat aber in den letzten Jahren zunehmend Aufmerksamkeit erlangt. Seit den späten achtziger Jahren werden etwa im

Rahmen des Programmes »Wissenschaftsindikatoren« der National Sciene Foundation in den USA diese Parameter regelmäßig erhoben – und zwar vergleichend mit japanischen und europäischen Untersuchungen.

Da diese Untersuchungen zu nicht unproblematischen Ergebnissen und Schlußfolgerungen gelangen und im öffentlichen Diskurs um wissenschaftliche Bildung eine zentrale Rolle einnehmen, werden im folgenden exemplarisch zwei Studien aus Großbritannien und den USA kurz vorgestellt, die 1988 von John Durant und anderen durchgeführt wurden. Gefragt wurde in diesen Großuntersuchungen vor allem nach zwei Dingen: Zum ersten versuchte man zu ermitteln, wie groß das allgemeine Interesse der Bevölkerung für Wissenschaft ist, und zum zweiten wurden die faktischen wissenschaftlichen Kenntnisse, aber auch das Wissen um wissenschaftliche Arbeitspraktiken untersucht.

Überrascht zeigten sich die Autoren vom hohen Interesse der Befragten an wissenschaftlichen und technischen Themen. Auf die Frage, welche Artikel aufgrund der vorgelegten Artikelüberschriften sie lesen würden, nannten die Befragten am häufigsten jene, die neue medizinische Entdeckungen thematisierten. Mit einigem Abstand folgten solche über aktuelle innenpolitische Themen, über neue Erfindungen in der Technik sowie über neue wissenschaftliche Entdeckungen. Während jedoch für Politik oder Sport ein hoher Zusammenhang zwischen dem Interesse für das jeweilige Gebiet und dem Grad an Informiertheit zu bestehen scheint, zeigt sich für Wissenschaft und Technologie an diesem Punkt eine auffällige Diskrepanz: Nur wenige, die angaben, an medizinischen und wissenschaftlichen Entdeckungen interessiert zu sein, schätzten sich auch als sehr informiert ein.

Bei einer anschließenden Wissensabfrage wußten beispielsweise nur 31% der britischen Befragten, daß Elektronen kleiner sind als Atome, und 34% von ihnen gaben sowohl richtigerweise an, daß sich die Erde um die Sonne dreht, als auch, daß dieser Vorgang ein Jahr lang dauert. Und während 38% der befragten Amerikaner überzeugt sind, daß die ersten menschlichen Wesen nicht zur gleichen Zeit lebten wie die Dinosaurier, nahmen fast 70% (fälschlicherweise) an, daß natürliche Vitamine gesünder seien als künstlich hergestellte. Insbesondere Ergebnisse wie, daß fast 50% der Befragten glaubten, Atomkraftwerke bewirkten sauren Regen, haben diese Untersuchungen zu einer demokratiepolitisch nicht ungefährlichen »Waffe« in öffentlichen Debatten über technologische Risiken und öffentliche Mitbestimmung im wissenschaftlich-technischen Fragen werden lassen.

Wenn hier zweifellos sehr plakativ mangelnde *formale* Kenntnisse der Öffentlichkeit nachgewiesen werden können, so bedürfen diese Ergebnisse einer differenzierteren Interpretation, als dies meist der Fall ist. Es wird z.B. implizit angenommen, daß »bessere öffentliche Information« etwa im Technologiesektor zu einem besseren »Verstehen« und damit zu einer größeren Akzeptanz führen würde. Daß im öffentlichen Raum immer konkurrierende Informationen vorhanden sind oder daß es das Phänomen des individuellen »Verstehens« gibt, wird hier kaum berücksichtigt. Allgemein ließe sich daher sagen, daß diesen Untersuchungen starke normative Annahmen über die Öffentlichkeit, über das, was Wissenschaft und wissenschaftliches Wissen ist, und über Verstehensprozesse zugrundeliegen. Das Problem der Beziehung zwischen Wissenschaft und Öffentlichkeit wird damit in den Bereich der Öffentlichkeit geschoben, und oftmals wird »Aufklärung von oben« als Lösung dieses Dilemmas angesehen. Die Probleme der Umfrageforschung brachte Brian Wynne folgendermaßen auf den Punkt:

Die Untersuchungsmethode dekontextualisiert Wissen und Verstehen und zwingt die Annahme auf, daß ihre Bedeutung unabhängig von sozial wechselwirkenden menschlichen Subjekten existiert. Anzeichen interner Kohärenz zwischen Untersuchungsdaten ist für sich noch kein Anzeichen von breiter Gültigkeit – sondern nur von interner Konsistenz. (Wynne 1994: 370)

In seinen Überlegungen zum Umgang von Laien mit wissenschaftlichem Wissen, die er auch mit den Ergebnissen der Umfrage-Untersuchungen vergleicht, identifiziert John Ziman vier grundlegende Prinzipien:

- *Inkohärenz*: Es gibt keine stabilen persönlichen »Weltauffassungen«, was sich in der Wahrnehmung von Wissenschaft dahingehend niederschlägt, daß das in der Schule erworbene Wissen vielfach von Informationen aus den Medien überlagert ist sowie von eigenen, »praktischen« Erfahrungen. Die jeweilige Bedeutung von Wissenschaft ist eine jeweils neu konstruierte.

- *Inadäquanz*: Der Gebrauch, den Menschen in einer betimmten Situation von formalem wissenschaftlichem Wissen machen, ist von den momentanen Bedürfnissen abhängig.

- *Unglaubwürdigkeit*: Die Glaubwürdigkeit von Wissenschaft und wissenschaftlichen Erkenntnissen hängt vom jeweiligen Kontext ab: Ein simples aufklärerisches ExpertInnen-Modell scheint für die Wissensvermittlung heute weitgehend untauglich.

- *Inkonsistenz:* Öffentliche Auseinandersetzungen über gesellschaftlich relevante Themen untergraben die privilegierte Position des wissenschaftlichen Wissens, sie helfen aber dem Laien zugleich auch, als Person »Anschluß« zu finden.

Die Studien zum öffentlichen Verständnis von Wissenschaft haben lange Zeit die Position der Öffentlichkeit problematisiert sowie die in ihr ablaufenden kognitiven Prozesse. Vor allem fehlende wissenschaftliche Bildung wurde beklagt. Vernachlässigt wurden dabei aber eine genauere Unterscheidung von Wertschätzung, Interesse und Verständnis, aber auch Differenzierungen zwischen »*Science-in-general*«, also einer Haltung gegenüber Wissenschaft im allgemeinen, und »*Science-in-particular*«, einer Stellung zu einem spezifischen wissenschaftlich-technischen Problem – wie sie der britische Wissenschaftsforscher Mike Michael in einer Fallstudie aufzeigte.

Der zweite Forschungsstrang, den wir hier vorstellen möchten, kommt aus der konstruktivistischen soziologischen und anthropologischen Forschung und hat sich dieser angeschnittenen Probleme angenommen. Diesem verdanken wir in den letzten Jahren eine Fülle interessanter Studien zum Umgang der Öffentlichkeit mit wissenschaftlichem Wissen. Hierbei wird unter Anwendung ethnographischer Methoden, teilnehmender Beobachtung und Tiefeninterviews versucht, den Einfluß der sozialen Kontexte und Beziehungen zu untersuchen, in der wissenschaftliches Wissen verwendet und aufgenommen, ja neuverhandelt wird.

Wissenschaft – davon gehen diese Studien aus – ist immer von Interessen durchdrungen und hat somit Auswirkungen auf existierende Beziehungen, Identitäten und Wertesysteme. Damit rücken Begriffe wie Nicht-Wissen, Vertrauen, Glaubwürdigkeit, Relevanz, soziale Identitäten, Modelle sozialer Interaktionen und Reflexivität ins Zentrum der Untersuchungen. Um der Komplexität und Vielschichtigkeit des Phänomens Nicht-Wissens, der »Ignoranz«, in Sachen Wissenschaft gerecht zu werden, hat Michael mit Hilfe von Diskursanalysen untersucht, wie Laien ihre verschiedenen, durchaus differenzierten und kontextabhängigen Haltungen gegenüber Wissenschaft und die bereits genannten unterschiedlichen Bedeutungen reflektieren, die sie Wissenschaft zuordnen. Dabei zeigt sich eine starke Verbindung zwischen der Wahrnehmung ihrer eigenen sozialen Position und der Bedeutung, die Wissenschaft für sie hat. Ersteres beeinflußt sowohl ihr Interesse an wissenschaftlichen Inhalten, aber auch ihr Vertrauen zu und ihre Identifikation mit Wissenschaft. Besteht ein Mißtrauensverhältnis, wird »Ignoranz« oftmals bewußt geschaffen und aufrechterhalten, auch wenn Personen theoretisch wissenschaftlich qualifiziert sind. Ignoranz ist also keineswegs, wie dies oft naiverweise geschehen ist, mit fehlendem Wissen gleichzusetzen, sondern kann unter bestimmten Umständen auch ein aktives Konstrukt sein, das umfangreiches und vielschichtiges Wissen über die sozialen Dimensionen von Wissenschaft beinhaltet.

Welche zentrale Bedeutung bei der Rezeption von Wissenschaft dem jeweiligen sozialen Kontext zukommt, zeigte sich ebenfalls eindrucksvoll in einer englischen Untersuchung über das »wissenschaftliche Desinteresse« der in der atomaren Wiederaufbereitungsanlage *Sellafield* beschäftigten ArbeiterInnen, die nicht zum Fachpersonal zählten. Installateure, Elektriker und Hilfskräfte gaben an, es würde bloß zu permanenter Angst führen und vielleicht sogar ihre eigene Arbeit unsicherer machen, würde man über Strahlungsrisiken »wissenschaftlich« Bescheid wissen. Mehr noch: wenn sie sich für Physik interessierten, dann würde ihnen das von seiten des technisch-wissenschaftlichen Fachpersonals sicher als Vertrauensverlust interpretiert werden, was das funktionierende soziale Gefüge der in Sellafield Beschäftigten zerstören könnte. Natürlich waren diese ArbeiterInnen nicht so naiv, daß sie den sozialen Arrangements innerhalb der Institution völlig vertrauten. Aber der zentrale Punkt ist, daß sie ihre Aufmerksamkeiten nicht auf das wissenschaftliche Wissen über Strahlung richteten, sondern vielmehr auf Hinweise, die für oder gegen eine Vertrauensbeziehung sprechen würden. Wie sich an diesem Beispiel zeigen läßt, hängt die Rezeption von Wissenschaft tatsächlich weniger von intellektuellen Fähigkeiten des einzelnen ab, sondern hat mehr mit den institutionellen Kontexten zu tun, in welchen Menschen leben und arbeiten, sowie mit sozialen Faktoren wie Zugänglichkeit, Vertrauen und Verhandeln.

Die zentrale Rolle von Vertrauen für die Aufnahme von wissenschaftlichem Wissen durch die Öffentlichkeit bedarf noch einer differenzierteren Betrachtung. Brian Wynne argumentiert hier, daß dieses Vertrauen nur konditionell ist. Personen, die für ihre Sicherheit von bestimmten institutionellen Bedingungen abhängen, gehen davon aus, daß sie wohl oder übel vertrauen müssen, beobachten aber skeptisch alle Vorgänge. Das bedeutet, daß Vertrauen in diesem Kontext nie eine stabile Form annimmt und jederzeit umschlagen kann. Seine Studie über die Reaktion der Schafzüchter in Cumbria auf die Post-Tschernobyl-Strahlungsuntersuchungen unterstreicht sehr klar diesen Punkt. Darüber hinaus werden hier einige substantielle Faktoren identifiziert, die die Glaubwürdigkeit der wissenschaftlichen Kommunikation beeinflussen.

Dazu zählen das »Funktionieren« von wissenschaftlichen Aussagen, d.h., Vorhersagen treten ein, die Integration anderer Wissensformen, welche innerhalb sozialer Gemeinschaften (Schafzüchter) existieren, die Klarheit von Form und Inhalt des präsentierten Wissens oder die Fähigkeit der Kritikakzeptanz von seiten der Nicht-WissenschaftlerInnen. Vor allem aber hängt die Aufnahme von wissenschaftlichem Wissen durch die spezifische Öffentlichkeiten sowohl vom Vertrauen ab, das sie wissenschaftlichen Institutionen und deren Vertretern entgegenbringen, als auch von deren Glaubwürdigkeit. Vertrauen und Glaubwürdigkeit ihrerseits hängen davon ab, inwieweit das wissenschaftliche Wissen, welches ja nie interessenlos oder ohne Auswirkungen ist, ihre sozialen Beziehungen und sozialen Identitäten beeinflußt. Hier zeigt Wynne, daß Laien zu sehr differenzierten Reflexionen über ihre Beziehung zu den ExpertInnen fähig sind, aber auch zum Nachdenken über ihr eigenes lokales Wissen (auch wenn es nicht wissenschaftlich im engeren Sinn ist) im Verhältnis zu dem von außen kommenden wissenschaftlichen Wissen.

Auch Nicht-Rezeption von Wissenschaft – auch wenn diese Haltung oft irrational scheint – wird nicht mit mangelnder Aufklärung begründet, sondern vielmehr damit, daß Wissenschaft in einem speziellen Kontext nicht sinnvoll oder der öffentlichen und privaten Erfahrung nicht angepaßt ist. Ist die Sinnhaftigkeit von Wissenschaft in einem konkreten Kontext jedoch gegeben – das heißt: sehen Leute erst einmal die Möglichkeit einer persönlichen oder praktischen Verwendung wissenschaftlicher Kenntnisse, dann ist zumeist auch eine sehr hohe Lernbereitschaft und Aufnahmefähigkeit gegeben.

9.5. Öffentliche Kontroversen um wissenschaftlich-technische Risiken

> (...) öffentliche Reaktionen auf Risiko und Risikoinformation basieren verständlicherweise auf Erfahrung und Einschätzung der Glaubwürdigkeit und Vertrauenswürdigkeit der Institutionen, die den Anspruch erheben, dafür verantwortlich zu sein.
>
> *Brian Wynne*

Der gesellschaftliche Umgang mit technischen Risiken und Umweltproblemen ist im Laufe der letzten Jahre zu einem wichtigen Thema sowohl in der öffentlichen Diskussion wie auch in den Sozialwissenschaften geworden. Gefahren, denen Menschen schon immer ausgesetzt waren, vor allem aber solche, die durch zunehmende Technologisierung weiter Bereiche der Gesellschaft entstanden sind, werden nicht mehr ausschließlich als unabänderliches Schicksal hingenommen, sondern als *wissenschaftlich berechenbar* und *politisch gestaltbar* problematisiert. Was bedeutet diese Intensivierung der Risikowahrnehmung und das geschärfte öffentliche Risiko- und Umweltbewußtsein? Welchen Problemen steht die Gesellschaft im Umgang mit Risiken gegenüber?

Öffentliche Auseinandersetzungen um technische, aber auch um wissenschaftliche Risiken vor allem im Umweltbereich unterscheiden sich von anderen politischen Debatten grundsätzlich durch einige charakteristische Merkmale, wozu vor allem die Rolle von wissenschaftlichen und technischen ExpertInnen zählt, die in diesen Auseinandersetzungen eine zentrale Funktion übernehmen. Gleichzeitig mit der Teilnahme von Fachleuten sind diese öffentlichen Kontroversen auch durch ihre Bezugnahme auf wissenschaftliche Daten gekennzeichnet, die zumeist von Expertenseite ins Treffen geführt werden, aber in umstrittenen Fragen genug Platz für divergierende Interpretationen lassen. *Risikokommunikation* steht also in einem doppelten Spannungsverhältnis: zum einen zwischen Laien und ExpertInnen und deren unterschiedlichem Grad an Informiertheit und an sozialer Mächtigkeit, andererseits zwischen den vielfach noch divergierenden Ansichten der ExpertInnen selbst (ExpertInnen vs. GegenexpertInnen).

Die Rolle der ExpertInnen als integraler Bestandteil wissenschaftlich-technischer Entscheidungsprozesse wurde lange Zeit darin verstanden, durch ihre Expertise größere Kontroversen möglichst zu vermeiden. Spätestens in den siebziger Jahren wurde dieser Auffassung ein abruptes Ende gesetzt. Mit der im Laufe der Kontroversen schwindenden Wissenschafts- und Technikgläubigkeit war auch das beinahe allumfassende Vertrauen in die ExpertInnen verschwunden. Vielmehr machte jetzt – worauf zahlreiche Studien hinweisen – die Teilnahme von WissenschaftlerInnen in öffentlichen Auseinandersetzungen diese zu politisch polarisierten Kontroversen. Expertenwissen wurde im Laufe zahlreicher Kontroversen immer öfter dekonstruiert, der Einsatz von ExpertInnen wurde als rituelle und manipulative Intervention angesehen. Gleichzeitig aber erleben wir ein erstaunliches Phänomen: Die Nachfrage nach Expertenwissen ist größer denn je. Was bedeutet dieser scheinbare Widerspruch für die Rolle der ExpertInnen und der Expertise im Bereich öffentlicher Kontroversen um wissenschaftlich-technische Risiken?

Generell kann man sicherlich sagen, daß ExpertInnen und Laien, WissenschaftlerInnen und Nicht-WissenschaftlerInnen Risiken verschieden wahrnehmen, oder besser: Sie konstruieren sich ihren jeweiligen Risikobegriff nach unterschiedlichen Gesichtspunkten. Der *technische* und der *umgangssprachliche* Risikobegriff weichen voneinander erheblich ab, was wohl einer der Hauptgründe dafür ist, warum die Auseinandersetzung um technische Gefahren ein komplexes Unterfangen ist. Idealtypisch hat Hans Peter Peters die beiden Risiko-Konzeptionen folgendermaßen gegenübergestellt:

Risiko für ExpertInnen	**Risiko für »Laien«**
Genau definierter, quantitativer, präziser und enger Risikobegriff	Komplizierter, vager, qualitativer und inkonsistenter Risikobegriff
Risiko berücksichtigt nur wenige Schadensdimensionen	Breiteres Risikospektrum
Unsicherheit kommt nur als berechenbare Wahrscheinlichkeit vor	Die Berechnungen und Theorien der ExpertInnen werden in Frage gestellt
Risiko ist im statistischen Sinn ein streng deskriptiver Begriff, möglichst ohne weitreichende Implikationen	Das »Risiko« des Laien ist nicht nur deskriptiv, sondern auch (emotional) wertend

Mit anderen Worten: ExpertInnen und Laien sprechen nicht dieselbe Sprache, besitzen ein unterschiedliches Risikoverständnis, haben andere Problemlösungskonzepte. Sie teilen nicht die Vorstellung darüber, was machbar ist bzw. welchen Ersatz es für eine risikoreiche Technologie gibt. Angesichts dieser grundlegenden Unterschiede stellt sich die Frage, ob die wissenschaftlich-statistische Kalkulation der Risikowahrscheinlichkeit bei vorhandenen Problemfällen (etwa der Atomkraft, der Aufrüstung, Umwelt, etc.) rationaler ist als die oft eher »irrational« scheinende öffentliche Meinungsbildung. Genau das jedoch ist der heikle Punkt: Es gibt für Entscheidungen in diesen Fragen keine a priori feststellbaren Kriterien der Rationalität.

Jene eben skizzierte Relativität der Problemperspektiven und der Entscheidungskriterien kann aber keineswegs bedeuten, daß die Sichtweise der ExpertInnen in jedem Fall als inadäquat zu bezeichnen ist. Erfahrungsgemäß verlassen wir uns meist auf Fachurteile und akzeptieren das Entscheidungskalkül von ExpertInnen. Es sind Ausnahmesituationen, wenngleich diese auch immer häufiger auftreten, in welchen dieser unausgesprochene Konsens zerbricht. Dann wird ein Problem von einer technokratischen Optimierungsaufgabe zu einem öffentlich-politischen Streitfall und damit auch zu einem Fall für die Risikokommunikation. Die Ursachen für den Bruch dieser Übereinstimmung zwischen Laien und ExpertInnen können vielfältig sein: allgemeiner Wertewandel in der Bevölkerung, spezifische tiefgreifende Erfahrungen, Verlust des Vertrauens in Institutionen durch vorangegangene Fehlentscheidungen oder auch neue technische Entwicklungen.

Welchen Verlauf nehmen öffentliche Konroversen, und welche Rolle kommt den ExpertInnen zu? Auch hier (vgl. Kap. 9.1.) hat sich eine Beschreibung der Situation durch ein lineares Modell, in dem Wissen von den ExpertInnen an die betroffenen Öffentlichkeiten weitergeleitet wird, manchmal mit den Medien als Zwischenstufe, als nicht adäquat erwiesen. Expertise, so hebt Camille Limoges hervor, kann nicht auf ein Set von Aussagen reduziert werden, die von ExpertInnen gemacht werden. Vielmehr muß eine Kontroverse als kollektiver Lernprozeß gesehen werden – als Interaktion aller Beteiligten. Erst am Ende dieses Prozesses steht fest, welcher Status Expertenwissen tatsächlich zukommt. Expertise ist gewissermaßen keine festverankerte Eigenschaft eines Individuums – des oder der ExpertIn –, sondern der Expertenstatus muß in jeder Stufe der Auseinandersetzung neu ausgehandelt werden.

Um die Prozeßhaftigkeit von Expertise und die Rolle von ExpertInnen besser zu verstehen, bedarf es einer differenzierten Sichtweise von Kontroversen. Fünf wesentliche Aspekte hat Limoges hier zusammengefaßt:

- Kontroversen sind keine öffentliche Begegnung zweier Seiten: einer Pro- und einer Kontra-Seite. Entscheidungen sind vielmehr hochkomplexe Abläufe, in denen sich der Ausgang meist deutlich von dem Vorschlag unterscheidet, der am Beginn der Auseinandersetzung stand.
- Öffentliche Kontroversen können nicht mit wissenschaftlichen Kontroversen gleichgesetzt werden, da es nie um die Etablierung von Wahrheit geht – es geht um Entscheidungsfindung unter z.T. vorgegebenen Rahmenbedingungen (wie der Zeit bis zum Erlaß eines Gesetzes oder finanzielle Beschränkungen).

• Das Set der Teilnehmer an öffentlichen Kontroversen ist nicht homogen zusammengesetzt. Auseinandersetzungen finden in höchst heterogenen Formen statt, wobei prinzipiell alle teilnehmen können – allerdings mit unterschiedlicher Macht ausgestattet.

• Kontroversen sind nicht von Anfang an definiert, sondern sie werden progressiv durch die Wechselwirkung der Beteiligten geformt.

• Jede Gruppe nimmt die an der Kontroverse beteiligten Einheiten und deren Beziehungen zueinander in ihrer spezifischen Weise wahr. Sie werden von ihr »konstruiert«.

Wie kommt es nun zur Beendigung einer Kontroverse und zu einer stabilen Lösung? Auch hier ist ein Aufklärungsmodell durch ExpertInnen sicherlich inadäquat, und das schon alleine deshalb, weil es meist eine Vielzahl von Expertenmeinungen gibt. Aber auch deswegen, weil es in Kontroversen eigentlich um das Verhandeln der Verbindungen zwischen den verschiedenen »worlds of relevance« (Relevanzbereichen) geht, die hier von den Beteiligten mobilisiert werden. Diese Verbindungen sind nicht vorgegeben, sondern ein Ergebnis der Verhandlungen. Erst durch die Auseinandersetzung kommt es zu einer Formulierung der verschiedenen Positionen, aber auch zum Entlehnen und »Übersetzen« von Teilen aus anderen »worlds of relevance«. Kompromißbildung führt dann zu einer Reduktion der Vielfalt der vorhandenen isolierten Welten. Das Ende eines solchen Aushandlungsprozesses, die Schließung der Kontroverse, bedeutet daher meist den Versuch einer ausgewogenen Verbindung verschiedener Teile aus den unterschiedlichsten beteiligten Relevanzbereichen.

Eine Diskussion öffentlicher Kontroversen um wissenschaftlich-technische Risiken muß aber auch die Medien als Akteur berücksichtigen, denen hier eine besondere Rolle zukommt. Wie in jeglicher Berichterstattung über Wissenschaft ist auch Risikokommunikation unterschiedlichen Erwartungen – jenen von ExpertInnen, PolitikerInnen, Industrie – ausgesetzt, und der Vorwurf wird häufig laut, daß die mit Technologien verbundenen Risiken nur vermarktet würden, d.h. übermäßig dramatisiert und unnötige Ängste erzeugend, wobei damit die Akzeptanz neuer Technologien als »vernünftige« Lösungen in der Öffentlichkeit unterminiert würden.

Hinter dieser Kritik steht die Tatsache, daß die KonsumentInnen von Nachrichten in Presse, Hörfunk und Fernsehen oftmals von den Vorstellungen der ExpertInnen divergierende Erwartungen haben, die dann auch in die Konstruktion der Neuigkeiten einfließen. Dies hat Matthias Kepplinger für die Jahre 1960–1986 nachzuweisen versucht, indem er zunächst den Umfang der Berichterstattung in deutschen Zeitungen über Luftverschmutzung, Wasserverunreinigung etc. empirisch erhob. Diesen Daten stellte er anschließend die »tatsächlichen« Entwicklungen in den jeweiligen Bereichen gegenüber. Der Zusammenhang zwischen den von den Medien konstruierten Bildern, die etwa ab 1975 technikkritischer und umweltbewußter wurden, und der sich »objektiv« (wenn auch sehr geringfügig) verringernden Umweltverschmutzung war kaum wahrnehmbar, weshalb Kepplinger zur Schlußfolgerung kommt: »Die Orientierung über Technikfolgen anhand der Presseberichterstattung gleicht damit einem Blindflug anhand eines künstlichen und völlig willkürlichen Horizonts.« Änderungen in der Berichterstattung der Medien sind dieser Studie zufolge weniger auf eine tatsächliche Veränderung von Risiken rückführbar als auf einen Wandel der Wahrnehmung von JournalistInnen.

Daß Risiken nicht einfach vorhanden und damit mehr oder weniger korrekt wahrnehmbar sind, haben bereits Mary Douglas und Aaron Wildavsky Anfang der achtziger Jahre in einer klassisch gewordenen Arbeit gezeigt. Risiken sind vielmehr *sozial konstruiert* und damit unter anderem abhängig von der jeweiligen Kultur oder Subkultur, in der sie erzeugt werden. Es geht also nie um den Vergleich »objektiver« Risiken mit den massenmedial wahrgenommenen, sondern allenfalls um eine Diskrepanz zwischen den von ExpertInnen und den von JournalistInnen (via ExpertInnen) konstruierten Risiken.

Innere und äußere Zwänge des Journalismus müssen bei der Risikokommunikation ebenfalls berücksichtigt werden: Aktuelle Medien spiegeln nicht die Wirklichkeit, sondern geben ausgewählte und restrukturierte Informationen, die von den KonsumentInnen zur Aktualisierung ihres Weltbildes benutzt werden. Wissenschaftliche und technische ExpertInnen erwarten sich von den Medien die Darstellung der von ihnen konstruierten Wirklichkeit, während RezipientInnen meist eher Neuigkeitswert und bisweilen auch Sensations- und Katastrophenmomente erwarten. Breites Interesse existiert also für das Unerwartete und weniger für das Normale, worauf sich die Medien eingerichtet haben. In einer Welt, die »berechenbar« scheint, bedeutet Unerwartetes aber zumeist Negatives oder gar Katastrophales, während das Positive den Normalfall, das gewöhnliche »Funktionieren nach Vorschrift« bezeichnet.

Die Kritik an der Medienberichterstattung umfaßt aber nicht nur den Hang zu einer verstärkten Risikodarstellung. Für WissenschaftlerInnen ist es darüber hinaus eine typische Erfahrung, daß JournalistInnen nicht selten Fehler begehen, wenn sie über wissenschaftliche Erkenntnisse berichten. Untersucht wurde dieses Phänomen beispielsweise in einer kleinen Studie von Michael Haller, in der die Berichterstattung über die Tschernobyl-Katastrophe in vier namhaften deutschspachigen Tageszeitungen untersucht wurde. 171 Zeitungsberichte wurden zwei Physikern vorgelegt, deren Aufgabe es war, die einzelnen Artikel auf Fehler zu prüfen. Die Texteinheiten enthielten wenigstens 199 eindeutige, für die Fachleute sogleich erkennbare Fehler, worunter Meßsystem-Bezeichnungsfehler, Datenfehler (falsche Kommata etc.), aber auch Falschbehauptungen fielen, die für die öffentliche Meinung nicht ohne Einfluß waren. Diese in der Analyse klar ausgewiesene Fehleranfälligkeit der Medienberichterstattung über Wissenschaft und Technologie findet in zahlreichen US-amerikanischen Studien ihre Bestätigung. Dennoch sollte man dabei erwähnen, daß viele Fehler für »gewöhnliche« RezipientInnen unsichtbar und wirkungslos bleiben und nur für die betroffenen WissenschaftlerInnen selbst erkenntbar sind; wobei damit allerdings präzise wissenschaftliche Information auf einen strategischen Wert, nämlich, von der »Wissenschaftlichkeit« der Aussage zu überzeugen, reduziert wird.

Worin könnten nun die Aufgaben für den Wissenschaftsjournalismus im Rahmen der Risikokommunikation liegen? Lange Zeit wurde seine Aufgabe im Bereich wissenschaftlich-technischer Informationen ausschließlich darin gesehen, Wissenschaft zu popularisieren, ein Bild, das bei der Berichterstattung über Folgerisiken, die mit wissenschaftlichen und technischen Entwicklungen einhergehen können, sicherlich zu kurz greift. In diesem Fall geht es nämlich nicht in erster Linie um den Nachvollzug von wissenschaftlichen Erkenntnissen, sondern darum, das Bild der Wissenschaft als interesseloser Unternehmung, das allein auf Erkenntnisgewinn gerichtet ist, durch eine kritische Vision zu ersetzen. Immer größere Bereiche der Forschung sind mit politischen, gesellschaftlichen, militärischen und industriellen Interessen verknüpft, und wissenschaftsexterne Faktoren (wie eben auch die zunehmende Mediatisierung von Wissenschaft selbst) nehmen erheblichen Einfluß auf die Themensetzung und die Zuteilung von finanziellen Ressourcen. Wissenschaftsjournalismus steht vor der Aufgabe, sich nicht mehr in Übersetzen und Erläutern zu erschöpfen, sondern Analysen von Interessen, Absichten und größeren Zusammenhängen anzubieten.

Verwendete und weiterführende Literatur

Wie in den meisten anderen Forschungsbereichen in der Wissenschaftsforschung hat sich die Literatur zum Themenkreis »Wissenschaft und Öffentlichkeit« in den letzten Jahren vervielfacht. Die zunehmende Bedeutung des Verhältnisses von Wissenschaft und Öffentlichkeit läßt sich auch daran ermessen, daß sich seit kurzem auch eine Zeitschrift dieser spannungsreichen Beziehung annimmt, nämlich *Public Understandig of Science*, herausgegeben vom Science Museum in London. Einen guten Überblick über die wichtigsten Studien und Ansätze in diesem Forschungsfeld bietet WYNNE (1994) in einem längeren Buchbeitrag sowie die Aufsätze in der von FELT und NOWOTNY (1993) herausgegebenen Nummer von *Public Understandig of Science*. Die zu Beginn angedeuteten historischen Entwicklungen der Beziehungen zwischen Wissenschaften und Öffentlichkeit sind im Aufsatz von SHAPIN (1990) ausführlicher dargelegt.

Zum Thema der *Popularisierung von Wissenschaft* sind im vergangenen Jahrzehnt einige Dutzend Bücher, Sammelbände und Aufsätze erschienen, die sich vor allem kritisch mit dem konventionellen Verständnis von Popularisierung auseinandersetzen. Unter diesen sind der klassische Beitrag von FLECK ([1935] 1980) (vgl. Kap. 4.4.), der Sammelband von SHINN und WHITLEY (Hg.) (1985) sowie der Artikel von HILGARTNER (1990) hervorzuheben, die sowohl auf die erkenntnistheoretische wie auch die politische Bedeutsamkeit dieses Vermittlungsprozesses hinweisen. Andere Aspekte der Popularisierung werden außerdem im Buch von GOLDSMITH (1986) behandelt.

Einen guten, literaturreichen Überblick über die Verhältnisse von Wissenschaft und Medien bietet der Aufsatz von LEWENSTEIN (1994), eine Einführung in die verschiedenen Wechselwirkungen zwischen Wissenschaft und den Printmedien gibt das Buch von NELKIN (1987). Die zitierte Arbeit zu den »Bildern von Wissenschaft« (allerdings im amerikanischen Kontext) stammt von LAFOLLETTE (1990), ein Sammelband zu diesem Thema wurde von DOORMAN (1989) herausgegeben. Zur Rolle der Museen in der Wissenschaftsvermittlung siehe DURANT (Hg.) (1992). Auch zum Thema Wissenschaft im Fernsehen gibt es mittlerweile einige Arbeiten, so etwa das Buch von SILVERSTONE (1985) oder die Aufsätze von COLLINS (1987) und (1988).

Zur Wissensproduktion an der Schnittstelle zwischen Wissenschaft und Öffentlichkeit siehe den von BLUME et al. (1987) herausgegebenen Band. Daraus stammt auch die Fallstudie von GIZYCKI (1987). Studien über die wissenschaftlichen Kenntnisse der Bevölkerung werden in vielen Ländern bereits seit einigen Jahren durchgeführt. Die angeführten Daten stammen aus der Untersuchung von DURANT, EVANS und THOMAS (1989). Informative Arbeiten über den alltagspraktischen Umgang von verschiedenen Bevölkerungsgruppen mit Wissenschaft und Technologie sind jene von MICHAEL (1992) und WYNNE (1992a).

Die Veröffentlichungen zu den Themen Risikoforschung, Risikokommunikation und öffentliche Kontroversen um Großtechnologien sind in den letzten Jahren ebenfalls stark angewachsen. Eine programmatische Einführung in den Themenkreis Risiko und Gesellschaft liefert BECK (1986). Das in dieser Studie geprägte Schlagwort von der »Risikogesellschaft« hat großen Einfluß auf die wissenschaftliche und öffentliche Diskussion gehabt. Eine Überblicksarbeit zum gesamten Themenkomplex bieten NOWOTNY und EISIKOVIC (1990). Für eine gute Einführung in den Bereich Risikokommunikation siehe PETERS (1994). Andere empfohlene Arbeiten sind jene von EVERS und NOWOTNY (1987), DOUGLAS und WILDAVSKY (1982) sowie die von KROHN und KRÜCKEN (1994) herausgegebene Sammlung klassischer Aufsätze.

Epilog

Die Einsicht, daß Wissenschaft und Technik zutiefst soziale Institutionen sind, daß wissenschaftliche Praktiken untrennbar mit sozialen und kulturellen verflochten sind und daß die Dynamik ihrer rasanten Weiterentwicklung sie in zunehmende wechselseitige Abhängigkeiten mit gesellschaftlichen, ökonomischen, politischen und kulturellen Faktoren bringt, ist relativ jung. Erst in den siebziger Jahren konnte sich die Wissenschaftsforschung institutionalisieren und systematisch dem theoretischen und empirischen Verständnis der aus dieser Einsicht resultierenden Fragen nachgehen. Die konkreten Wege zur Institutionalisierung waren dabei konjunkturell bestimmt und führten länderweise zu stark unterschiedlichen Formen: Zum einen konnte Wissenschaftsforschung mit der Expansion der Sozialwissenschaften im Zuge der Umstrukturierung des höheren Bildungswesens auf universitärem Boden Fuß fassen. Zum anderen korrespondierten bestimmte universitäre und außeruniversitäre Forschungsanstrengungen mit einer stillschweigenden Bündnisstrategie gegenüber den Naturwissenschaften.

Wann immer sich diese von der Gesellschaft, der Politik oder der Öffentlichkeit miß- oder unverstanden fühlten, bot dies Chancen für die Wissenschaftsforschung. Diese allerdings verweigerte das Angebot, zu einer wohldotierten Serviceeinrichtung für umstrittene Naturwissenschaften im Spannungsfeld zwischen Wissenschaft und Öffentlichkeit zu werden. Durch das *konstruktivistische* Programm der neueren Wissenschaftsforschung verweigerte diese zudem die Anerkennung des erkenntnistheoretischen Primats der Naturwissenschaften und damit auch ihre hierarchischen Besserstellung. Die Folgen dieser Weigerung zeigen Auswirkungen auf die Kommunikations- und Vermittlungsfähigkeit der Wissenschaftsforschung.

Die Wissenschaftsforschung ist trotz ihrer Etablierung ein heterogenes, transdisziplinäres Gebilde, das über vielfältige, organisatorisch sehr unterschiedliche Netzwerke institutionalisiert ist. Dem breiten intellektuellen Spektrum der Forschungsfragen und Untersuchungsgegenstände entspricht auch ein tiefes – manche würden sagen: ein *postmodernes* – Mißtrauen gegenüber der Möglichkeit einer theoretischen Grundlegung von Wissenschaft. Die moderne Wissenschaft und Technik hat sich sowohl in ihrer historischen Vielfalt und Wandlungsfähigkeit als auch in ihrer aktuellen Dynamik als viel zu stark in ihren jeweiligen Kontexten verhaftet erwiesen, um sich in einem vereinfachenden Modell, welcher theoretischen Herkunft auch immer, »begründen« zu lassen. Wissenschaftsforschung geht – mit unterschiedlicher Radikalität – von der sozialen Konstruiertheit wissenschaftlicher Erkenntnis und der untrennbaren Verwobenheit von interpersonellen, organisatorischen und kulturellen Faktoren aus, die die Erzeugung und den Gebrauch von wissenschaftlichem Wissen mitformen. Diese Annahme erschließt ein weites Feld von Praktiken und lokalen Kontexten, in dem die Wissenschaftsforschung ihre Fähigkeit im Erfassen von Vielfalt und im transdisziplinären Arbeiten bewiesen hat.

Diese Vielfalt als Stärke interpretierend, erweist sich die Wissenschaftsforschung als hochgradig anschlußfähig. Es gibt kaum ein Wissenschaftsgebiet, kaum eine Forschungsfrage, einen Beobachtungsraum oder handelnde Akteure, keine wissenschaftlichen oder öffentlichen Kontroversen, die nicht von aktuellem Interesse für die Wissenschaftsforschung wären. Studierende, gleichgültig welcher Studienrichtung, sollten mit einer Art »Aha-Erlebnis« ihr eigenes Studium in einem neuen Licht sehen lernen, das ihnen auch vergleichende Ausblicke auf andere Disziplinen eröffnet und zur Infragestellung vieler Selbstverständlichkeiten führt. WissenschaftlerInnen könnten im Dialog mit der Wissenschaftsforschung erkennen lernen, welchem Veränderungsdruck sie ausgesetzt sind und welche Strategien ihnen zur Bewältigung offenstehen. Im Spannungsfeld zwischen Wissenschaft und Öffentlichkeit hat die Wissenschaftsforschung längst gezeigt, daß sie zu einer relativ unabhängigen Vermittlungsfunktion durchaus fähig ist.

Ist die Wissenschaftsforschung also ein erfolgreiches transdisziplinäres Unternehmen, auch in dem Sinn, daß es ihr gelingt, über institutionelle wie epistemologische Grenzen hinweg einen Diskurs- und Kommunikationsprozeß in Gang zu bringen? Die Antwort muß wohl ja und nein lauten. Einerseits hat sie durch ihre inhaltliche und methodische Vielfalt, ihr situationsgebundenes, lokales Einfühlungsvermögen und ihre pragmatische Problemlösungskompetenz durchaus erreicht, in einigen Orten der Wissenserzeugung und Wissensverwertung weiterführende Einsichten zu vermitteln. Doch im Kern der epistemologischen Herausforderung selbst, die die neuere Wissenschaftsforschung gegenüber dem naturwissenschaftlichen Wissen artikuliert hat, ist der Befund ein zwiespältiger geblieben. Diese Herausforderung stellt die Objektivität der »Naturerkenntnis« und ihre von sozialen Einflüssen scheinbar unberührte Wahrheit in Frage. Anders als philosophische Vorläuferströmungen, die ähnliches versucht haben, besteht die *Sociology of Scientific Knowledge* (SSK) jedoch darauf, daß damit zugleich die sozialen und sprachlichen Praktiken der Naturwissenschaften und nicht zuletzt ihr soziales Prestige in der Hierarchie der Wissenschaften untrennbar verknüpft sind.

Mit einiger Verspätung haben die Naturwissenschaften begonnen, auf diese Provokation der neueren Wissenschaftsforschung zu reagieren – als Beispiele dafür sei auf die Bücher von Steven Weinberg, Lewis Wolpert sowie von Paul Gross und Norman Levitt verwiesen. Die Anschuldigungen und Gegenanschuldigungen sind von Mißverständnissen geprägt, doch lassen sie den Kern eines harten Interessenkonflikts erkennen. Die Naturwissenschaften sind in den letzten Jahren in die Defensive geraten, ihre gesellschaftliche Vormachtstellung ist angeschlagen. So verweigerte der US-amerikanische Kongreß zum ersten Mal in der Geschichte der Nachkriegszeit die Weiterfinanzierung eines bereits begonnen Großprojekts: Der Weiterbau des Superconducting Supercolliders, eines riesigen Teilchenbeschleunigers, wurde eingestellt. Das eigene Selbstverständnis der Naturwissenschaften, zum Wohl der Nation oder gar der Menschheit tätig zu sein, wird teils von Ängsten der Bevölkerung über nicht kontrollierbare Risiken von Wissenschaft und Technik überschattet, teils von der eigenen engen Verflechtung mit Industrie und kommerziellen Verwertungsinteressen in Frage gestellt. Just in dieser prekären Situation erheben einige WissenschaftsforscherInnen den Anspruch eines radikalen Relativismus, der zumindest epistemologisch die Überlegenheit der Naturwissenschaften selbst in Frage stellt.

Wenn die Wissenschaftsforschung sich als transdisziplinäres Unternehmen behaupten will, kann sie es sich nicht leisten, sich in einen »Kulturkampf« mit den Naturwissenschaften einzulassen. Es wäre ein Kampf, bei dem letztlich nur beide Seiten verlieren könnten. Es ist unsere feste Überzeugung, daß Wissenschaft und Technik unter den heutigen gesellschaftlichen Bedingungen zu bedeutsam geworden sind, um sie den Naturwissenschaften und den Technikwissenschaften allein zu überlassen. Eine sozialwissenschaftliche Wissenschaftsforschung wird dringend benötigt, um sich in der Komplexität der politischen, ökonomischen und kulturellen Verflechtungen zurechtzufinden, die Wissenschaft, Technik und Gesellschaft verbinden. Ihre eigene Transdisziplinarität verpflichtet sie dabei, nach vielen Seiten hin intellektuell offen zu sein und undogmatisch vorzugehen.

Weder der Glaube an die Objektivität der Natur noch deren Ersatz durch einen anderen Glauben wird jedoch letzten Endes über die Richtung und Wirkungen entscheiden, in die uns die Dynamik von Wissenschaft und Technik führen. Nicht ein neuer Dogmatismus oder andere Überheblichkeiten sind gefragt, sondern eine ernsthafte Auseinandersetzung mit der vollen Komplexität des Ineinandergreifens von wissenschaftlichem Wissen (ausgeweitet auf die Humanwissenschaften), mit den Instrumentarien, Praktiken und Institutionen sowie mit den Bedingungen ihrer gesellschaftlichen und kulturellen Erzeugung und Verwertung. Es ist eine Komplexität, die uns alle angeht und von der wir alle ein Teil sind.

Glossar

Accountability (Rechnungslegung): Vor allem in der US-amerikanischen wissenschaftspolitischen Diskussion prominent gewordener Begriff, der auf die zunehmende öffentliche Kontrolle von wissenschaftlichen Institutionen und deren Finanzgebarung verweist. Wissenschaftliche Institutionen, Labors wie auch die Universitäten werden zunehmend dazu angehalten, ihre Leistungen darzulegen und im Verhältnis zu den getätigten Ausgaben zu rechtfertigen, um weitere Finanzierungen zu erhalten. (Kap. 8)

Aktor-Netzwerk-Theorie: Von Michel Callon und Bruno Latour entwickelter Ansatz der neueren Wissenschaftsforschung, der die Erzeugung und Durchsetzung von wissenschaftlichen Erkenntnisansprüchen bzw. technischen Artefakten zu beschreiben versucht. Kennzeichnend für diesen von der Semiotik geprägten, antagonistischen Ansatz ist unter anderem seine symmetrische Behandlung von menschlichen und nicht-menschlichen AkteurInnen bzw. die damit einhergehende Auflösung der Trennung von Natur (bzw. Technik) und Gesellschaft. (Kap. 5.5.)

Big Science (Großforschung): Von Derek de Solla Price geprägter Begriff, der in idealtypischer Manier die umfangreicheren Dimensionen moderner naturwissenschaftlicher Forschungsprojekte des 20. Jahrhunderts mit jenen der →*Little Science* früherer wissenschaftsgeschichtlicher Epochen kontrastiert. Als klassische *Big Science*-Unternehmungen gelten etwa das →*Manhattan State Project* zum Bau der ersten Atombombe oder das *Radar Project* während des Zweiten Weltkriegs, die Hochenergiephysik, die Fusionsforschung, aber auch viele Bereiche der Rüstungsforschung. Groß ist diese Forschung nicht nur in finanzieller und personeller, sondern auch in organisatorischer und zeitlicher Hinsicht. (Kap. 2.4. und 3.2.)

Black Box: Ursprünglich aus der Kybernetik stammender Begriff, der einen Teil der Maschinerie oder ein Bündel von Befehlen bezeichnet, die zu komplex scheinen, als daß sie in allen Einzelheiten beschreibbar wären. Ein (schwarzes) Kästchen, über das man nichts anderes wissen muß als das, was in es hineingeht (Input) und das, was aus ihm herauskommt (Output), veranschaulicht dieses »Nicht-Wissen«. Ein geflügeltes Wort wurde dieser Begriff in der neueren Wissenschaftsforschung durch Richard Whitleys Kritik an der Mertonschen Wissenschaftssoziologie, die beschuldigt wurde, nur die Inputs und Outputs der Wissenschaft zu untersuchen, aber nicht die interne Praxis der Wissenschaft, mithin also jene Prozesse, durch welche Erkenntnisse konstruiert werden. In der neueren Wissenschaftsforschung steht der Begriff außerdem für eine wissenschaftliche Tatsache, die allgemein akzeptiert und kaum zu widerlegen ist. (Kap. 5.4.)

CERN (Centre Européen pour la Recherche Nucléaire): Europäisches Kernforschungszentrum in Genf, das die erste europäische →*Big Science*-Unternehmung nach dem Zweiten Weltkrieg darstellt. Das CERN wurde 1954 von zwölf europäischen Mitgliedsstaaten gegründet, die gemeinsam die enormen Kosten der Errichtung und des Betriebs aufbrachten. Vordringliches Ziel war es damals, dem politisch und wirtschaftlich zerrütteten Nachkriegseuropa zumindest im Bereich der Wissenschaft zu einem neuen gemeinsamen Selbstbewußtsein zu verhelfen und wieder Anschluß an die US-amerikanische Forschung zu finden. Das CERN entwickelte sich in den folgenden Jahrzehnten zu einem weltweiten Zentrum der Teilchenphysik, an dem mittlerweile auch außereuropäische Nationen wie die USA und Japan Forschung betreiben.

Credibility Cycles [bzw. Cycles of Credit] (Glaubwürdigkeitszyklen): Von Latour und Woolgar eingeführter Begriff, der den Kreislauf von wissenschaftlicher Erkenntnisproduktion ökonomisch zu beschreiben versucht. Das Basiselement der Wissenschaft in diesem Konzept ist »wahres«, verläßliches Wissen, das von WissenschaftlerInnen produziert wird. Von der Quantität und der Qualität des jeweils fabrizierten Wissens hängt die jeweilige *Glaubwürdigkeit* als ForscherIn innerhalb der WissenschaftlerInnengemeinschaft maßgeblich ab. Diese Glaubwürdigkeit bzw. →*symbolisches Kapital* ist in diesem Konzept dann wiederum das Investitionskapital für weitere Forschungsmittel. WissenschaftlerInnen mit mehr Anerkennung verfügen in aller Regel über mehr Geld als andere mit weniger »Glaubwürdigkeit«, investieren dieses in technische Instrumentarien und können mehr AssistentInnen und Hilfskräfte anstellen. Mit diesen gelingt es, noch mehr wissenschaftliche Erkenntnisse zu produzieren. Das Handlungsziel in den Glaubwürdigkeitszyklen ist die Beschleunigung genau dieser Kreisläufe. (Kap. 3.4.)

Denkkollektiv: Zentraler Terminus in den wissenschaftssoziologischen Arbeiten Ludwik Flecks aus den dreißiger und vierziger Jahren. Ähnlich wie Kuhn mit dem Begriff der →*Scientific Community* verweist Fleck mit jenem des *Denkkollektivs* auf die zentrale Rolle der Gemeinschaft (bzw. der Forschungsgruppe) bei der Entstehung von neuen wissenschaftlichen Erkenntnissen. Gemeinsame epistemische und methodologische Basis des *Denkkollektivs* ist der einigende →*Denkstil*. (Kap. 5.2.)

Denkstil: In der Terminologie Flecks die gemeinsame kognitive Grundlage, auf der wissenschaftliche (bzw. konkret: medizinische) →*Denkkollektive* arbeiten, also ein Set von gemeinsamen Begriffen, Methoden und Theorien, das kollektiv weiterentwickelt wird. Vergleiche auch Kuhns Schlüsselbegriff →*Paradigma*, der durch den des *Denkstiles* weitgehend vorweggenommen scheint. (Kap. 5.2.)

Diskursanalyse: Von Michael Mulkay und G. Nigel Gilbert initiiertes Konzept zur Analyse von informellen Wissenschaftskommunikationen und publizierten wissenschaftlichen Texten. Wichtige Erkenntnisse dieser Untersuchungen sind unter anderem die Differenz zwischen gesprochenen und verschriftlichten Berichten oder die Verwendung von unterschiedlichen Erzählrepertoires, je nachdem, ob eigene oder fremde Erkenntnisansprüche thematisiert werden. Das wiederum scheint es für WissenschaftlerInnen schwierig zu machen, über bestimmte Phänomene oder Ergebnisse Konsens herstellen zu können bzw. sich mit gutem Grund für die eine oder die andere Darstellung zu entscheiden. (Kap. 5.5.)

EASST: *European Association for the Study of Science and Technology.* Europäische Vereinigung für Wissenschafts- und Technikforschung.

Edinburgh-School: Die erste Gruppe von Wissenschaftssoziologen und -historikern, die in historischen Fallstudien systematisch versuchte, eine Beziehung zwischen der Sozialordnung einer bestimmten Zeit und ihrem wissenschaftlichen Wissen aufzuzeigen bzw. die kausale Determiniertheit wissenschaftlicher Erkenntnisse durch die politischen Interessen beteiligter Gruppen transparent zu machen. Seine prägnantesten theoretischen Formulierungen erhielt dieser Ansatz im »Strong programme« von Bloor bzw. im (marxistisch inspirierten) Interessenmodell. (Kap. 5.3.)

Experimenters' Regress (experimenteller Zirkel): Begriff, der die Wiederholbarkeit von Experimenten als Beweismittel für die »Wahrheit« von wissenschaftlichen Erkenntnisansprüchen problematisiert. Das paradoxe Problem bei neuen Experimenten liegt nämlich darin, daß das Experimentieren selbst eine voraussetzungsvolle Tätigkeit ist und es deshalb genau genommen nie klar sein kann, ob ein zweites Experiment ausreichend gut durchgeführt wurde, um als Bestätigung der Resultate des ersten zu gelten. Es wäre also ein weitere Überprüfung nötig, um die Qualität des zweiten zu überprüfen – und so weiter ad infinitum. (Kap. 5.3.)

Evaluation: Bewertung der Qualität wissenschaftlicher Forschung (und Lehre) nach bestimmten Kriterien. Wissenschaftliche Institutionen stellen sich heute aus unterschiedlichen Gründen immer öfter einer internen oder externen Kontrolle, deren langfristige Konsequenzen nicht abzuschätzen sind. Evaluiert werden nach sehr unterschiedlichen und zum Teil auch umstrittenen Methoden sowohl die Arbeiten einzelner WissenschaftlerInnen wie auch jene von wissenschaftlichen Instituten, Fakultäten, Universitäten oder anderen Forschungseinheiten. (Kap. 8.5.)

Externalismus: Theoretische Perspektive innerhalb der Wissenschaftssoziologie bzw. Wissenschaftsgeschichte, die die Inhalte und die Entwicklung wissenschaftlicher Erkenntnisse vor allem aus den der Wissenschaft *externen* gesellschaftlichen Faktoren (der Politik, der Wirtschaft etc.) zu erklären versucht. Gegenposition zum →*Internalismus*.

Funktionale Ausdifferenzierung: Schlüsselbegriff der soziologischen Differenzierungstheorien (etwa der Systemtheorie Luhmanns), der jenen Prozeß bezeichnet, nach dem modernisierte Gesellschaften spezifische soziale Teilbereiche ausbilden, die bestimmte Aufgaben und Funktionen übernehmen und nach spezifischen internen Gesetzen und Strukturen operieren. Zu solchen ausdifferenzierten sozialen »Mikrokosmen« werden gemeinhin die Wirtschaft, die Politik, das Recht, die Erziehung, die Religion und auch die Wissenschaft gezählt, als deren Funktion die Bereitstellung von »wahrem« Wissen angenommen wird.

Gender vs. Sex (»soziales« vs. »biologisches« Geschlecht): In der traditionellen feministischen Theoriebildung der Unterschied zwischen den erworbenen sozialen und den angeborenen biologischen Geschlechtsmerkmalen. Rezente wissenschaftshistorische Arbeiten haben überzeugende Nachweise erbringen können, daß auch die sicher geglaubte Kategorie des biologischen Geschlechts nichts »Natürliches« ist, sondern von den Wissenschaften vom menschlichen Körper sozial konstruiert wird. (Kap. 4.3.)

Hybridgemeinschaften: Nach Krohn, Küppers und van den Daele (1979) bezeichnet dieser Begriff unterschiedliche Gruppen, welchen WissenschaftlerInnen und VertreterInnen der Politik, der Verwaltung, der Industrie und anderer Interessengruppen angehören, um gemeinsam »Wissenschaft zu planen«. Solche *Hybridgemeinschaften* können in verschiedene Organisationsstrukturen eingebettet sein. Gemeinsam sind ihnen einige zentrale Aufgaben im Rahmen der Wissenschafts- bzw. Forschungsplanung, die von der Problemdefinition über die Wahl der Finanzierungs- und Forschungsstrategien bis hin zu Lösungsansätzen reichen. Charakteristisch dabei ist der komplexe Transformations- bzw. Übersetzungsprozeß, um politische Zielvorstellungen in Forschungsprogramme zu verwandeln. (Kap. 8.2.)

Indexikalität: Ursprünglich aus der Semiotik stammender Terminus, der die Unmittelbarkeit des Zusammenhangs eines Zeichens mit etwas konkret Vorkommenden bezeichnet. Ein Fingerabdruck etwa ist als Archivbild nur (ikonisches) Zeichen, während er auf einer Tatwaffe den (indexikalischen) Hinweis auf den Verbrecher gibt. In der Wissenschaftsforschung verweist dieser Begriff auf die lokale Situiertheit wissenschaftlicher Operationen und die örtliche oder personale Zuordbarkeit des Forschungshandelns. Ergebnisse werden, wenn sie von der »Community« diskutiert werden, stets auf Personen, Praktiken, Laboratorien (also ihren Entstehungskontext) rückbezogen bzw. *indexikalisiert* und nach diesen Kontexten auch beurteilt. (Kap. 5.4.)

Inkommensurabilität (Unvergleichbarkeit, Unvereinbarkeit): In den Arbeiten Thomas S. Kuhns bezeichnet dieser Begriff die Unvereinbarkeit von wissenschaftlichen →*Paradigmen*, also einer Gruppe von etablierten Theorien und Methoden, die von einer →*Scientific Community* geteilt werden. Paradigmen können demnach allenfalls kollektiv gewechselt werden (»wissenschaftliche Revolutionen«), nebeneinander existieren können sie nicht. (Kap. 5.2.)

Inkrementalismus (»Weiterwursteln«): Begriff aus der Debatte um die Planbarkeit von Wissenschaft und Forschung, der darauf hinweist, daß wissenschaftlicher Fortschritt sich nach sehr viel pragmatischeren und unsteuerbareren Prozessen vollzieht, als von »WissenschaftsmanagerInnen« gerne angenommen. (Kap. 8.2.)

Inscription Device (Einschreibe-Einrichtung): Der ursprünglich von Jacques Derrida eingeführte Begriff der »Einschreibung« verweist auf eine grundlegendere Dimension des Schreibens. In der Adaption des Begriffes von Latour und Woolgar wird darunter jede Sorte von Apparat im Laboratorium verstanden, der eine materiale Substanz in eine Figur, eine Graphik oder ein Diagramm verwandeln kann, die dann für weitere Interpretationen zu verwenden sind. (Kap. 5.4.)

Interessenmodell: Grundkonzept der →*Edinburgh-School*, das davon ausgeht, daß wissenschafts-externe soziale Faktoren – konkret: politische, religiöse oder wirtschaftliche Interessen – sowohl die Entwicklung wie auch die Legitimation von wissenschaftlichen Erkenntnissen kausal beeinflussen. Wie Wissenschaftlerinnen und Wissenschaftler konkurrierende Theorien beurteilen und welche Haltung sie ihnen gegenüber einnehmen, hängt laut diesem theoretischen Konzept ganz entscheidend von Faktoren wie der Klassenzugehörigkeit, Religionszugehörigkeit etc. ab. (Kap. 5.3.)

Internalismus: Eher wissenschaftstheoretische Position vor allem in der Wissenschaftsgeschichte, die die Strukturen und Entwicklungen des wissenschaftlichen Wissens aus diesem selbst bzw. aus den *internen* Strukturen der Wissenschaft zu erklären versucht. (siehe auch →*Externalismus*)

Invisible Colleges (Unsichtbare Institute): Die ursprüngliche Verwendung des Begriffes stammt aus dem England des 17. Jahrhunderts und wurde vom englischen *gentlemanly scholar* Robert Boyle zur Kennzeichnung jener damals noch »unsichtbaren« Gruppe von Wissenschaftlern verwendet, die dann als Mitglieder der neu geründeten *Royal Society* »sichtbar« wurden. Seine heutige Bedeutung erhielt dieser in der Wissenschaftssoziologie der siebziger Jahre einflußreiche Terminus durch Derek de Solla Price. *Invisible Colleges* sind seiner Definition nach informelle Gruppen von eng zusammenarbeitenden WissenschaftlerInnen, die in der Regel auf rund hundert ForscherInnen beschränkt sind bzw. auf eine Anzahl, die durch interpersonelle Beziehungen aufrechterhaltbar ist. Solche »unsichtbaren Institute« sind definitionsgemäß Gruppen von maßgeblichen WissenschaftlerInnen an der Forschungsfront eines wissenschaftlichen Feldes.

Konstruktivismus: Gemeinsame Bezeichnung für unterschiedliche Forschungsansätze im Bereich der jüngeren Gesellschafts- und Erkenntnistheorien sowie der neueren Wissenschaftsforschung. Mit Knorr-Cetina lassen sich idealtypisch drei Spielarten des Konstruktivismus unterscheiden. Zum ersten wäre der *Sozialkonstruktivismus* zu nennen, wie ihn Berger und Luckmann programmatisch formulierten. Im Zentrum der Untersuchungen dieses Ansatzes steht insbesondere die Frage, wie soziale Ordnung kollektiv produziert bzw. konstruiert wird und gleichzeitig als Wirklichkeitsphänomen erfahren wird. Davon wäre zweitens der *kognitionstheoretische (radikale) Konstruktivismus* zu unterscheiden, in dessen Perspektive die Wirklichkeit insofern »konstruiert« ist, als sie in jedem Bewußtsein durch die kognitive Geschlossenheit des Gehirns individuell erzeugt wird. Davon wären drittens die *empirischen Konstruktivismen* zu unterscheiden, wie sie sich in der neueren Wissenschaftsforschung durchgesetzt haben. Diese Ansätze gehen davon aus, daß wissenschaftliche Tatsachen in Laboratorien nicht einfach »entdeckt« werden oder »in Beschreibung« der Natur zustandekommen, sondern diese selbst erst konstruieren. Dabei werden verschiedene Konstruktionsaspekte besonders betont, wie etwa die Künstlichkeit des Labor-Settings, die mündlichen und schriftlichen Verhandlungen, spezifische Rezeptionsverläufe, die zusammen die Konstruiertheit von wissenschaftlichen Tatsachen ausmachen. (Kap. 5.4.)

Laborstudien: Wichtiger mikrosoziologischer Ansatz innerhalb der neueren Wissenschaftsforschung. WissenschaftsforscherInnen wie Bruno Latour, Steve Woolgar, Karin Knorr-Cetina, Michael Lynch oder Sharon Traweek begaben sich erstmals Ende der siebziger Jahre in wissenschaftliche Labors, um dort die »Fabrikation wissenschaftlicher Erkenntnisse« vor Ort zu verfolgen. Beobachtet wird bei Laborstudien mit den Instrumentarien der anthropologischen Feldforschung (teilnehmende Beobachtung, qualitative Interviews, Tonband- und Videoaufzeichnungen etc.) »Science in the Making«, also alles von der alltäglichen Arbeit am Experimentiertisch über die Interpretation der Visualisierungen von »Natur« bis hin zum Verfassen wissenschaftlicher Artikel. Die Ergebnisse dieser Untersuchungen zeigen unter anderem, daß wissenschaftliche Tatsachen nicht einfach durch Übereinstimmung mit Natur zustande kommen, sondern »Konstruktionen« komplexer sozialer Interaktionsprozesse sind (→*Konstruktivismus*). (Kap. 5.4.)

Large Technological Systems (LTS) (Großtechnische Systeme): Vom amerikanischen Technikhistoriker Thomas P. Hughes eingeführter Begriff, der technische Großstrukturen wie etwa das Eisenbahnsystem, das Strom- oder Telephonnetz in ihren komplexen Interdependenzen von »Sozialem« und »Technischem« zu beschreiben versucht. Ein Hauptkennzeichen der Analysen von großtechnischen Systemen ist ihre Integration von technischen, wirtschaftlichen und sozialen Bestandteilen in die Systeme, die auf ihren Entstehungsprozeß (und Niedergang) hin untersucht werden. (Kap. 7.3.)

Little Science (Kleinforschung): Gegenbegriff zu →*Big Science*. *Little Science* bezeichnet Forschung, die sich in traditionellen kleinen Dimensionen abspielt, d.h., die nicht allzu kostenintensiv ist und von kleineren Forschergruppen durchgeführt wird. (Kap. 2.1. und 2.4.)

Lineares Modell: Traditionelles wissenschafts- und techniksoziologisches Konzept, das die weiteren Verbreitungen und Weiterentwicklungen von technischen und wissenschaftlichen Artefakten als geradlinigen und rationalen Prozeß beschreibt, ohne Alternativen von der (wissenschaftlichen) Idee bis zur technischen Umsetzung. Neuere Studien (etwa im Umfeld von →*SCOT*) konnten diesem Modell gegenüber aufzeigen, daß die Entwicklungswege neuer Technologien ungleich verschlungener und kontingenter sind als in den traditionellen linearen Modellen der Technikforschung angenommen. (Kap. 7.1.) Auch in der Beziehung zwischen Wissenschaft und Öffentlichkeit wurden lange Zeit solche linearen Modelle als Beschreibungsbasis herangezogen. (Kap. 9.1.)

Manhattan State Project: US-amerikanisches Forschungsprojekt während des Zweiten Weltkrieges, das den Bau der ersten Atombombe zum Ziel hatte. Rund 2000 Physiker, Mathematiker, Chemiker und Techniker waren zwischen 1941 und 1945 vor allem in Los Alamos (New Mexico) in dieses streng geheime Projekt eingebunden, das mit dem Abwurf der Atombomben über Hiroshima und Nagasaki seinen erfolgreichen und zugleich tragischen Abschluß fand. Neben dem »Verlust der Unschuld« auch der theoretischen Physik und der Mathematik sowie dem moralischen Vorwürfen, denen sich Wissenschaftler zum ersten Mal in dieser Schärfe ausgesetzt sahen, war das *Manhattan State Project* insbesondere durch seine neuartige Wissenschaftsorganisation und -planung (→*Big Science*) von einschneidender wissenschaftshistorischer Bedeutung. (Kap. 2.4. und 7.4.)

Matthäus-Effekt: Nach dem *Evangelium des Heiligen Matthäus* 25, 29: »Denn wer da hat, dem wird gegeben werden; wer aber nicht hat, dem wird auch, was er hat, genommen werden.« Der *Matthäus-Effekt* in den Wissenschaften, wie er von Robert K. Merton erstmals beschrieben und definiert wurde, besteht darin, daß WissenschaftlerInnen mit bereits hoher Reputation für bestimmte wissenschaftliche Beiträge mehr Anerkennung zugestanden wird als unbekannteren KollegInnen für eine »wissenschaftlich gleich bedeutende« Leistung. Nicht nur wird die *Position* bereits anerkannter WissenschaftlerInnen durch diesen Matthäus-Effekt überhöht – die Beiträge anerkannter WissenschaftlerInnen werden auch weit eher *wahrgenommen* als die Beiträge unbekannterer AutorInnen.

New Literary Forms: Aufgrund der → *Reflexivitätsproblematik* hat man sich insbesondere auch in der jüngeren Wissenschaftsforschung um neue Darstellungsformen der eigenen konstruktivistischen Erkenntnisse bemüht, um so dem Verdacht zu entgehen, den Nachweis der Konstruiertheit wissenschaftlichen Wissens nicht selbst erst wieder »objektivistisch« zu behaupten. »Wissenschaftliche« Texte, die in diesen *New Literary Forms* verfaßt sind, ähneln etwa Kaffeehausgesprächen oder Theaterstücken, um so die wissenschaftliche Autorität des Schreibenden mit diesen Ausdrucksformen gleich selbst zu dekonstruieren. (Kap. 5.5.)

Paradigma (urspr. griech.: Exempel, Musterbeispiel): Von Thomas S. Kuhn eingeführter Kernbegriff der neueren Wissenschaftsgeschichte, der ein allgemein anerkanntes Forschungsprogramm mit etablierten Theorien und Methoden, bewährten Forschungsansätzen und Problemlösungen (*Normal Science*) beschreibt. Neben dieser *epistemologischen* Ebene des Begriffs – als ein gemeinsames Set von Methoden, Techniken, Einschätzungen, Wissensbeständen – hat *Paradigma* auch eine *soziale* Bedeutungsdimension, die mit der ersten zirkulär verbunden ist: *Paradigma* entspricht nach Kuhn zudem einer Gruppe von WissenschaftlerInnen, die an ähnlichen Fragestellungen arbeiten, ähnliche Ausbildungen hinter sich haben und die gleiche wissenschaftliche Literatur als wichtig erachten. *Paradigma* ist also nicht nur ein gemeinsames Bündel an theoretischem Wissen, sondern umfaßt vor allem auch eine Gruppe von PraktikerInnen. (Kap. 5.2.)

Patronanz (engl. Patronage): Vom lateinischen *pater* (=Vater) abgeleiteter Begriff, der in der Wissenschaftsgeschichte für die unmittelbare Abhängigkeit der WissenschaftlerInnen von ihren meist adeligen GeldgeberInnen steht. Solche Patronanzverhältnisse waren für die Zeit von der Renaissance bis ins 18. Jahrhundert hinein charakteristisch, also bevor sich ein professionelles Berufsbild von Wissenschaft mit einer geregelten Ausbildung und einem meist vom Staat bezahlten Gehalt zu etablieren begann. Die Beispiele für Wissenschaftler und Erfinder, die von adeligen Gönnern in ihre Dienste genommen wurden, sind zahlreich und reichen von Galileo Galilei (und den Medici) über Robert Hooke (und Sir John Cutler) bis zu Cuvier (und Tessier). Der Begriff wird aber auch für LehrerInnen-SchülerInnen-Verhältnisse verwendet. (Kap. 2.1.)

Peer-Review (Begutachtung[sverfahren]): Unterschiedliche Verfahren, die die Qualität wissenschaftlicher Forschung beurteilen. In der Regel anonyme GutachterInnen, die zumeist FachkollegInnen (»peers«) sind, wählen im

Rahmen der Forschungsförderung unterstützungswürdige Projekte aus oder beurteilen für wissenschaftliche Fachzeitschriften die Publikationswürdigkeit eingereichter Artikel. Kennzeichnend für solche wissenschaftlichen Begutachtungen ist die Geheimhaltung und Anonymität der Verfahren. (Kap. 8.4.)

Realismus: Erkenntnistheoretische Position, die wissenschaftliche Tatsachen als wörtliche Beschreibungen bzw. Repräsentationen einer objektiven Wirklichkeit auffaßt. (Gegenpos.: →*Konstruktivismus*, →*Relativismus*) (Kap. 5.4.)

Reflexivitätsproblematik: In der jüngeren Wissenschaftsforschung verstärkt thematisiertes Forschungsproblem, das seinen Ursprung in der relativistischen These von der Konstruktion wissenschaftlicher Tatsachen hat. Denn wenn das behauptet wird, muß wohl auch diese Aussage selbst als »konstruiert« und damit nur als »bedingt wahr« gelten. Ein möglicher Ausweg aus diesem Dilemma, vor dem auch bereits die →*Wissenssoziologie* stand, ist die Verwendung neuer Formen der Darstellung dieser dekonstruktivistischen Inhalte. (→*New Literary Forms*) (Kap. 5.5.)

Relativismus: Der (erkenntnistheoretische) Relativismus behauptet im Gegensatz zum →*Realismus*, daß Erkenntnisse als bloße Glaubenssätze an eine bestimmte Zeit und an einen bestimmten kulturellen Kontext gebunden sind und daß naturwissenschaftliches Wissen somit nicht oder nur verzerrt die Natur abbildet.

Relative Autonomie: Ein aus der marxistischen Tradition stammender Begriff, der auf die teilweise Unabhängigkeit gewisser gesellschaftlicher Felder oder Systeme (wie etwa der Kunst, der Wissenschaft etc.) hinweist. Soziale, externe Komponenten nehmen in diesem Konzept zwar einen gewissen Einfluß auf das, was in der Wissenschaft, in der Kunst oder sonstwo geschieht – dieser spezifische Einfluß ist aber durch die Eigenbedingungen des Feldes »relativiert«.

Science Based Industries: Immer breitere Bereiche der Wirtschaft, deren Produktion und damit auch deren wirtschaftlicher Erfolg ganz wesentlich von wissenschaftlichen und technologischen Erkenntnissen und deren Umsetzung abhängt. Zu diesen von wissenschaftlicher Forschung abhängigen Bereichen von Wirtschaft zählen unter anderem die elektronische Industrie, die Pharma-Industrie, die Metallverarbeitung etc. (Kap. 7.3.)

Science Citation Index (SCI): Von Eugene Garfield 1961 an seinem »Institute for Scientific Information« (ISI) in Philadelphia eingerichtete, größte EDV-verwaltete Sammlung bibliographischer Daten der Wissenschaft. Rund 80% der wissenschaftlichen Journale der Welt gehen in den SCI ein und stellen so eine wesentliche Grundlage für szientometrische Untersuchungen jeglicher Art dar. Wenige Jahre nach der Gründung des SCI wurde an Garfields Institut auch ein *Social Science Citation Index* eingerichtet (SSCI), der dasselbe für bibliographische Analysen der Sozialwissenschaften leistet. (Kap. 8.5.)

Scientific Community (Wissenschaftlergemeinde, wissenschaftliche Gemeinschaft): Zentraler Begriff in der Wissenschaftssoziologie Mertons und dann im wissenschaftshistorischen Ansatz Kuhns, der für die in der Wissenschaftsforschung zentrale Idee steht, daß professionelle Gruppierungen die relevanten Einheiten sowohl der kognitiven wie auch der sozialen Organisation von Wissenschaft und Technologie darstellen.

Social Construction of Technology (SCOT) Sozialkonstruktivismus der Technik): Neuerer Ansatz in der Technikforschung, der die Entwicklung von technischen Artefakten nachzuzeichnen versucht. Im Gegensatz zu den traditionelleren Ansätzen der Technikgeschichte stehen in diesem Ansatz nicht das technische Artefakt im Zentrum der Analysen, sondern die Interpretationen und Interessen der an der Entwicklung beteiligten sozialen Gruppen. Die konkrete Gestaltung neuer Technologien erweist sich in den rekonstruktiven Arbeiten von SCOT weniger als die logische Durchsetzung der »besten« technischen Lösung, sondern vielfach als abhängig von den Definitionen relevanter sozialer Gruppen. (→*SST*) (Kap. 7.2.)

Social Shaping of Technology (SST) (Soziale Gestaltung der Technik): Sammelbezeichnung für neuere Ansätze in der Technikforschung, die sich ab den 80er Jahren vom bis dahin vorherrschenden Technikdeterminismus abwandten und die gesellschaftliche Gestaltbarkeit sowohl der Produktion wie auch der Anwendung von Technik aufzeigte. (→*SCOT*) (Kap. 7.2.)

Social Studies of Science (SSS): Englische Sammelbezeichnung für die sozialwissenschaftlich fundierte Wissenschaftsforschung, an der neben der Soziologie vor allem auch die Geschichte und – mit etwas weniger Gewicht – die Anthropologie, die Ökonomie, Politikwissenschaft, Psychologie und Kommunikationswissenschaften beteiligt sind.

Sociology of Scientific Knowledge (SSK) (Soziologie des *wissenschaftlichen* Wissens): Im Unterschied zur →*Wissenssoziologie* geht es in der SSK, deren Aufkommen mit den Forschungsprojekten der →*Edinburgh School* eng verknüpft ist, nicht nur um alltägliches Wissen und »Ideologien«, sondern insbesondere um die Inhalte (natur-)wissenschaftlichen Wissens, die auf ihre soziale Bedingtheit hin untersucht werden. Im allgemeinen werden auch die Arbeiten nach der mikrosoziologischen Wende – also die Laborstudien und alles, was in der neueren Wissenschaftsforschung danach kam – unter diesem Begriff subsumiert. (Kap. 5.3.)

Strong Programme (Starkes Programm): Von David Bloor formuliertes Konzept der Soziologie wissenschaftlichen Wissens, das empirischen Studien vier Grundsätze vorgibt: Erstens sollten die Bedingungen unterschieden werden, die Wissen bzw. den Glauben an Wissen bedingen (*Kausalität*); zweitens gilt es zu berücksichtigen, daß Wahrheit oder Falschheit bloß als solche wahrgenommen werden und deshalb vorab nicht unterschieden werden sollten (*Unparteilichkeit*). Drittens müßte »wahres« und »falsches« Wissen nach denselben Methoden untersucht werden (*Symmetrie*); viertens wären die Erklärungsmuster der SSK auf sich selbst anzuwenden (*Reflexivität*). (Kap. 5.3.)

STS: Ein Akronym mit zwei verschiedenen Bedeutungen, die auf die Geschichte dieses gesamten transdisziplinären Fachbereiches hinweisen. Ursprünglich stand STS für »Science, Technology, and Society« und repräsentierte zunächst ein Forschungsgroßprojekt am MIT. Später verstand man darunter eine technik- und wissenschaftskritische neue soziale Bewegung (etwa in den Niederlanden), die sich im Laufe der Jahre institutionell etablieren konnte. Als akademische Transdisziplin steht STS mittlerweile eher für Science and Technology Studies, also als Sammelbezeichnung für Arbeiten im Bereich der Wissenschafts- und Technikforschung.

Symmetrie-Postulat(e): Besagt in der klassischen Formulierung von David Bloor, daß »falsches« und »wahres« Wissen symmetrisch, das heißt: ohne jeden (methodischen) Unterschied analysiert werden sollten – gemäß der These, daß nicht nur »falsches« Wissen sozial beeinflußt ist, sondern auch als wahr geltende Erkenntnisse. In einer anderen, radikaleren Fassung von Bruno Latour meint die Forderung nach Symmetrie, daß das »Soziale« (gesellschaftliche oder politische Interessen, wissenschaftliche Hierarchien etc.) nicht als die Letzterklärung für wissenschaftliche Erkenntnisse fungieren kann (wie etwa in den Studien der Edinburgh-School). Das bedeutet freilich nicht, daß die Natur wieder als Erklärungsinstanz herangezogen werden soll, sondern will darauf aufmerksam machen, daß das »Soziale« selbst konstruiert ist. (Kap. 5.3. und 5.5.)

Szientometrie (Wissenschafts(ver)messung): Teildisziplin innerhalb der Wissenschaftsforschung, die anhand von bestimmten Indikatoren (Anzahl der Publikationen, Anzahl der Zitate etc.) versucht, Wissenschaft statistisch zu vermessen. Szientometrische Methoden spielen insbesondere im wissenschaftspolitischen Bereich bei der Evaluation von wissenschaftlichen Leistungen eine wichtige Rolle. (→*Zitationsanalyse*, →*Peer Review*, →*Evaluation*) (Kap. 8.5.)

Symbolisches Kapital: Zentraler Begriff in Pierre Bourdieus soziologischer Theorie, mit dem – annähernd gleichbedeutend mit Reputation, Ansehen oder Glaubwürdigkeit – auf die dem Konkurrenzkapitalismus ähnliche Marktstruktur des wissenschaftlichen Feldes verwiesen wird. (Kap. 3.4.)

Tacit Knowledge (Implizites Wissen): Dieser ursprünglich von Michael Polanyi verwendete Begriff, beschreibt das auch für wissenschaftliche Kommunikationen zentrale Faktum, daß wir mehr wissen, als wir sagen können. Diese Tatsache, die sich auch in den Spätschriften Wittgensteins sowie in der Gestaltpsychologie findet, wird von Polanyi konsequent auf wissenschaftliche Erkenntnisse angewandt. *Tacit Knowledge* umschreibt dabei jenes bei der wissenschaftlichen Erkenntnisproduktion unreduzierbare Element, das weniger aus Information besteht als aus kumulativ angehäuften Fähigkeiten und Techniken, die in schriftlicher Form kaum mitzuteilen oder zu vermitteln sind. Eine empirische Untermauerung erhielt dieser Begriff durch die Studien von Harry Collins über den Nachbau eines Lasers. (Kap. 5.1. und 5.3.)

Technoscience (Technowissenschaft): Ein auf den Philosophen Martin Heidegger zurückgehender Begriff, der insbesondere in den Arbeiten von Bruno Latour und Michel Callon wieder aufgegriffen wurde. Mit der begrifflichen Verschmelzung von Technologie und Wissenschaft soll zum Ausdruck gebracht werden, daß die Grenzen zwischen »reiner« und »angewandter« Forschung, zwischen Grundlagenforschung und Technologie heute zunehmend fließend sind und daß wissenschaftliche wie technische Forschung von Beginn an Tätigkeiten umfassen, die sich nur sehr bedingt als »rein wissenschaftlich« oder »rein techn(olog)isch« bezeichnen lassen. (vgl. Kap. 7.)

Technology Assessment (Technologiefolgenabschätzung, Technikkontrolle oder Technikbewertung): In den sechziger Jahren in den USA entstandener Versuch, das technologische *laissez-faire* einzuschränken und die Produktion und Anwendung technischer Innovationen unter eine legislative und administrative Kontrolle zu stellen. Diese Kontrolle sollte von nun an nicht mehr nur die Industrie, sondern auch die bislang unbehelligt gebliebene technologische und wissenschaftliche Forschung umfassen. Ist es das Ziel der *Technologiefolgenabschätzung*, die Konsequenzen technischen Wandels vorherzusehen, um so alle unerwünschten Effekte möglichst zu vermeiden, so liegen darin gewisse Probleme, denn die Vorhersehbarkeit der Auswirkungen technologischer Entwicklungen ist immer begrenzt.

Technological Trajectories (technologische Entwicklungspfade): Zentraler Begriff in jüngeren ökonomischen Theorien von Dosi und anderen, die die Bedeutung wissenschaftlicher und technischer Innovationsstrukturen für die Wirtschaft zu beschreiben versuchen. Unter *technologischen Entwicklungspfaden* wird in diesen Konzepten in groben Zügen der Entwicklungsverlauf einer technologischen Innovation von ihrem Anfangsstadium an begriffen. In einer bestimmten technologischen Ausgangssituation sind zumeist mehrere Entwicklungspfade vorhanden; vor allem ökonomische Kriterien selektieren nach diesen Theorien zwischen verschiedenen Entwicklungsbahnen der Technologie. (Kap. 7.2.)

Trans- oder Interdisziplinarität: Verschiedene Formen wissenschaftlicher Zusammenarbeit über die Grenzen der traditionellen Disziplinen hinweg. (Kap. 6.4.)

Translation (Übersetzung): Wichtiger Begriff in der Aktor-Netzwerk-Theorie von Latour und Callon, der die Übersetzung der eigenen Interpretationen auf andere im Zuge des Durchsetzungsprozesses von wissenschaftlichen oder technischen Konstruktionen beschreibt. In einem gelingenden Übersetzungsprozeß werden dabei die eigenen Interessen zu denen der anderen gemacht, in deren Interesse es danach steht, die eigene Interpretation, den eigenen Vorschlag oder gar die eigene technische Innovation mitzutragen. Dabei wird eine Menge von heterogenen Akteuren in ein Netzwerk von Verbindungen gebracht, die das technische oder wissenschaftliche Objekt stabilisieren. (Kap. 5.1. und 5.5.)

Unterdeterminiertheitsthese: Bezeichnet den Sachverhalt, daß Theorien angesichts verschiedenster empirischer Tatsachen aufrechterhalten werden können, da Theorien meist durch ein Netz von Begleitannahmen gestützt sind, die ihre Zurückweisung vermittels empirisch widersprüchlicher Daten unwahrscheinlich machen. Theorien sind mit anderen Worten im Hinblick auf die Empirie immer unterdeterminiert. Dieses Postulat sowie die mit ihm eng verwandte These von der Theoriegeleitetheit jeglicher (wissenschaftlicher) Beobachtung stellten wichtige Ausgangspunkte für die neuere Wissenschaftsforschung dar. (→ *Edinburgh School*, →*Konstruktivismus*, →*Relativismus*) (Kap. 5.2.)

Wissenssoziologie: Vorläuferdisziplin der Wissenschaftssoziologie; hatte ihre Blüte in den zwanziger Jahren in Deutschland, ihre Hauptvertreter waren Karl Mannheim und Max Scheler. Blieb zwar ohne unmittelbaren Einfluß auf die spätere Wissenschaftssoziologie, da sie sich weniger mit der Wissenschaft als mit Formen des Wissens allgemein beschäftigte; die relativistische Richtung der neueren Wissenschaftsforschung (→*Sociology of Scientific Knowledge*) kann als »Anwendung« der Mannheimschen Thesen auf die Naturwissenschaften verstanden werden. (Kap. 5.2.)

Zitationsanalyse: Wichtiges szientometrisches Verfahren, mit welchem sich durch gemeinsam zitierte Arbeiten unter anderem wissenschaftliche SpezialistInnengemeinschaften (→*Invisible Colleges*) identifizieren lassen bzw. die »wissenschaftliche« Bedeutung von Publikationen, die sich aus der Häufigkeit ihres Zitiert-Werdens rekonstruieren läßt. (Kap. 8.5.)

Zeitschriften

Aktuelle Beiträge zu Themen der Wissenschafts- und Technikforschung finden sich zum einen in den einschlägigen sozialwissenschaftlichen Zeitschriften: Für den deutschsprachigen Raum sind die wichtigsten dieser Fachjournale die *Kölner Zeitschrift für Soziologie und Sozialpsychologie*, die Zeitschrift *Soziale Welt* sowie die *Zeitschrift für Soziologie*; im anglo-amerikanischen Raum unter anderem das *American Journal of Sociology*, *Social Science Information – Information sur les sciences sociales* und *Theory and Society*, in Frankreich die *Actes de la recherche en sciences sociales*. Zum anderen gibt es einige Journale, die sich ausschließlich der Wissenschaftsforschung und ihren »Nebendisziplinen« widmen. Wie ein Gutteil der STS-Literatur stammen auch die meisten dieser Zeitschriften aus dem anglo-amerikanischen Sprachraum. Im folgenden sind die wichtigsten dieser Journale angeführt, die jeweils einen Überblick über den aktuellen Stand der Forschung geben.

Die beiden international wohl einflußreichsten Zeitschriften im Bereich **Wissenschaftsforschung** sind:

• *Social Studies of Science*. An International Review of Research in the Social Dimension of Science and Technology (seit 1971)

• *Science, Technology, & Human Values*. Journal of the Society for Social Studies of Science (seit 1976)

Zentrale Schwerpunkte dieser beiden Journale sind die »klassischen STS-Themen« Entwicklung und Dynamik von Wissenschaft und Technologie, die Wechselwirkungen zwischen den Strukturen und Inhalten von (Techno-)Wissenschaft und Gesellschaft, die wissenschaftliche Erkenntnisproduktion, forschungspolitische Fragen etc. Neben Aufsätzen über die Ergebnisse einschlägiger aktueller Forschungen bieten diese beiden Zeitschriften immer wieder auch ein Forum für aktuelle Diskussionen und Debatten zwischen WissenschaftsforscherInnen und geben so einen guten Überblick über den aktuellen Forschungsstand.

Zu weiteren wichtigen Journalen, die sich mit Themen der Wissenschaftsforschung beschäftigen, zählen:

• *Configuration* (seit 1993)
Spezialgebiet dieser Zeitschrift sind die verschiedenen Beziehungen zwischen Wissenschaft und Sprache, also wissenschaftliche Texte, Wissenschaft in der Literatur und anderes mehr.

• *Knowledge: Creation, Diffusion, Utilization* (seit 1979)
Befaßt sich schwerpunktmäßig mit ExpertInnenwissen und seine Übersetzung in Politik und Öffentlichkeit.

• *Public Understanding of Science* (seit 1991)
Themen dieses Journals sind unter anderem Fragen der Popularisierung von Wissenschaft, ihres öffentlichen Verstehens, der Präsentation von Wissenschaft und Technologie in verschiedenen Medien etc.

• *Science Studies* (seit 1988)
Skandinavische Zeitschrift für Wissenschaftsforschung mit ähnlicher Ausrichtung *wie Social Studies of Science* und *Science, Technology, & Human Values.*

• *Yearbook for the Sociology of the Sciences* (seit 1977)
Erscheint jährlich in Buchform und behandelt jeweils ein spezielles Thema der Wissenschafts- bzw. Technikforschung.

• *Science in Context* (seit 1988)
Erscheint halbjährlich in Buchform und ist zumeist bestimmten – eher theoretischen bzw. vor allem wissenschaftshistorischen – Schwerpunktthemen gewidmet, wie etwa »wissenschaftlichen Stilen« oder den »Orten der Wissensproduktion«.

»Überblicksjournale« im Bereich Wissenschaftsforschung sind:

• *EASST Newsletter* (seit 1981)
Vierteljährlich erscheinendes Mitteilungsblatt der *EASST* für ihre Mitglieder, das neben Rezensionen aktueller Publikationen und

Kurzessays über aktuelle Forschungen auch Konferenzberichte und Ankündigungen von Veranstaltungen aus dem STS-Bereich enthält.

• *Bulletin of Science, Technology & Society* (seit 1980)
Erscheint ebenfalls vierteljährlich und bietet unter anderem eine regelmäßige Inhaltsübersicht der übrigen STS-Journale, eine nach Themen geordnete Zusammenfassung eben erschienener Artikel und Bücher, ausführlichere Rezensionen, Neuigkeiten aus der STS-Community sowie Aufsätze zur STS- bzw. Wissenschaftsausbildung. Im Gegensatz zum europäischen EASST Newsletter ist Das Bulletin of STS aus den USA stammend und auch eher auf ein amerikanisches Publikum abgestimmt.

Viele für STS-Fragen wichtige Themenbereiche werden auch von den Journalen der »Nachbardisziplinen« regelmäßig behandelt. Die wichtigsten dieser Periodika aus den Nebenbereichen werden im folgenden aufgelistet:

Wissenschaftsgeschichte:

Die beiden wichtigsten wissenschaftshistoriographischen Zeitschriften, die immer wieder auch wissenschaftssoziologische Themen aus Perspektive der Geschiche behandeln, sind

• *Isis.* International Review devoted to the History of Science and Civilisation (seit 1913)

• *History of Science* (seit 1963)

Wissenschafts- und Forschungspolitik:

• *Research Policy* (seit 1972)

• *Science and Public Policy* (seit 1974)

Themenschwerpunkte beider Journale: Wissenschaftspolitik, Forschungsmanagement, Verhältnis Industrie – Wissenschaft.

• *Science and Technology Policy* (seit 1988)
Überblickszeitschrift, die vor allem Literaturinformationen und Konferenzhinweise enthält.

• *Minerva*. A Review of Science, Learning and Policy (seit 1962)
Eine der traditionsreichsten Zeitschriften im Bereich Wissenschaftspolitik, aber auch Wissenschaftsforschung, die sich insbesondere auch Fragen der Organisation der wissenschaftlichen Ausbildung und der Forschungsstrukturen angenommen hat.

Technikforschung:

• *Technology and Culture*. International Quarterly for the History and Technology (seit 1959)

Eine wichtige Primärquelle für die Wissenschaftsforschung stellen die großen Wissenschaftszeitschriften dar, in welchen über die neuesten Entwicklungen in den (Natur-)Wissenschaften berichtet wird. Von diesen Journalen sind zwei hervorzuheben:

• *Nature* (seit 1869)
Nature gilt heute als die wichtigste Wissenschaftszeitschrift. Es finden sich neben genuin wissenschaftlichen Arbeiten regelmäßig aktuelle wissenschaftspolitische Nachrichten, Zusammenfassungen von bedeutenden Ereignissen sowie ausführliche Buchbesprechungen.

• *Science* (seit 1880)
Für Science gilt ähnliches wie für Nature. Science ist das Organ der *American Association for the Advancement of Science*.

Bibliographie

ABIR-AM, Pnina und Dorinda OUTRAM (1987): *Uneasy Careers and Intimate Lives: Women in Science 1789–1979*. New Brunswick: Rutgers University Press.

AMANN, Klaus (1994): Menschen, Mäuse und Fliegen. Eine wissenssoziologische Analyse der Transformation von Organismen in epistemische Objekte, *Zeitschrift für Soziologie* 23 (1), 22-40.

ASHMORE, Michael (1989): *The Reflexive Thesis: Wrigthing Sociology of Scientific Knowledge.* Chicago: Chicago University Press.

ASIMOV, Isaac (1989): *Asimov's Chronology of Scientific Discovery*. New York: Harper & Row.

BACHELARD, Gaston ([1938] 1978): *Die Bildung des wissenschaftlichen Geistes.* Frankfurt/Main: Suhrkamp.

BARBER, Bernard (1962): *Science and the Social Order*. New York: Collier.

BARNES, Barry (1974): *Scientific Knowledge and Sociological Theory.* London: Routledge.

BARNES, Barry und R.G.A. DOLBY (1970): The Scientific Ethos: A Deviant Viewpoint, *European Journal of Sociology* 11, 3-25.

BAZERMAN, Charles (1989): *Shaping Written Knowledge*. Madison: University of Wisconsin Press.

BECHER, Tony (1989): *Academic Tribes and Territories.* Milton Keynes: Open University Press.

BECK, Ulrich (1986): *Risikogesellschaft. Auf dem Weg in eine andere Moderne*. Frankfurt/Main: Suhrkamp.

BECK, Ulrich und Wolfgang BONSZ (Hg.) (1989): *Weder Sozialtechnologie noch Aufklärung? Analysen zur Verwendung sozialwissenschaftlichen Wissens*. Frankfurt/Main: Suhrkamp.

BECKER, Howard S. ([1986] 1994): *Die Kunst des professionellen Schreibens. Ein Leitfaden für die Sozial- und Geisteswissenschaften.* Frankfurt/New York: Campus.

BEN-DAVID, Joseph (1971): *The Scientist's Role in Society.* Chicago: The University of Chicago Press.

BEN-DAVID, Joseph ([1978] 1991): The Emergence of National Traditions in the Sociology of Science: The United States and Great Britain, in: Ders. (1991), 435-450.

BEN-DAVID, Joseph (1991): *Scientific Growth. Essays on the Social Organization and Ethos of Science.* Berkeley: University of California Press.

BERGER, Peter L. und Thomas LUCKMANN ([1966] 1969): *Die gesellschaftliche Konstruktion der Wirklichkeit. Eine Theorie der Wissenssoziologie.* Frankfurt/Main: Fischer.

BERNAL, John Desmond ([1954] 1970): *Sozialgeschichte der Wissenschaften.* 4 Bände. Reinbek bei Hamburg: Rowohlt.

BERNAL, John Desmond ([1939] 1986): *Die soziale Funktion der Wissenschaft.* Köln: Pahl-Rugenstein.

BIAGIOLI, Mario (1993): *Galileo, Courtier. The Practice of Science in the Culture of Absolutism.* Chicago: The University of Chicago Press.

BIJKER, Wiebe E. (1993): Do Not Despair: There Is Life after Constructivism, *Science, Technology, & Human Values* 18 (1), 113-138.

BIJKER, Wiebe E. und John LAW (Hg.) (1992): *Building Society – Shaping Technology.* Cambridge/MASS: MIT Press.

BIJKER, Wiebe E., Thomas P. HUGHES und Trevor PINCH (Hg.) (1987): *The Social Construction of Technological Systems. New Directions in the Sociology and History of Technology.* Cambridge/MASS: MIT Press.

BLEIER, Ruth (Hg.) (1986): *Feminist Approaches to Science.* Elmsford, NY: Pergamon Press.

BLOCK, Jürgen (1990): The University in Transition: Possibilities and Limitations of Universities in the Steady State, in: S.E. COZZENS et al. (Hg.) (1990), 35-50.

BLOOR, David ([1976] ²1991): *Knowledge and Social Imagery.* London: Routledge & Kegan Paul.

BLUME, Stuart S. (1987): The Theoretical Significance of Cooperative Research, in: St. BLUME et al. (Hg.) (1987), 3-38.

BLUME, Stuart S. et al. (Hg.) (1987): *The Social Direction of the Public Sciences, Yearbook in the Sociology of the Sciences.* Dordrecht: Reidel.

BÖHME, Gernot (1993): *Am Ende des Baconischen Zeitalters. Studien zur Wissenschaftsentwicklung.* Frankfurt/Main: Suhrkamp.

BÖHME, Gernot, Wolfgang VAN DEN DAELE und Wolfgang KROHN (1977): *Experimentelle Philosophie. Ursprünge autonomer Wissenschaftsentwicklung.* Frankfurt/Main: Suhrkamp

BONSZ, Wolfgang und Heinz HARTMANN (Hg.) (1985): *Entzauberte Wissenschaft.* Soziale Welt, Sonderband Nr. 3. Göttingen.

BONSZ, Wolfgang, Rainer HOHLFELD und Regine KOLLEK (Hg.) (1993): *Wissenschaft als Kontext — Kontexte der Wissenschaft.* Hamburg: Junius-Verlag.

BOURDIEU, Pierre (1975): The Specifity of the Scientific Field and the Social Conditions of the Progress of Reason, *Social Science Information* 14 (6), 19-47.

BOURDIEU, Pierre ([1984] 1988): *Homo Academicus.* Frankfurt/Main: Suhrkamp.

BOURDIEU, Pierre (1991): The Peculiar History of Scientific Reason, *Sociological Forum* 6 (1), 3-26.

BRAUN, Ingo und Bernward JOERGES (Hg.) (1994): *Technik ohne Grenzen.* Frankfurt/Main: Suhrkamp.

BROOKS, Harvey und Chester COOPER (Hg.) (1987): *Science for Public Policy*. New York: Pergamon Press.

BROOKS, Harvey (1988): National Rivalries and International Science and Technology, in: K. VAK (Hg.): *Complexities of the Human Environment: A Cultural and Technological Perspective*. Wien: Europa Verlag, 49-62.

BUNDERS, Joske und Loet LEYDESDORFF (1987): Causes and Consequences of Collaboration, in: St.BLUME et al. (Hg.) (1987), 331-347.

BURNHAM, John C. (1987): *How Superstition Won and Science Lost. Popularizing Science and Health in the United States*. New Brunswick und London: Rutgers University Press.

BURRICHTER, Clemens (Hg.) (1985): *Wissenschaftsforschung. Neue Probleme, neue Aufgaben*. Erlangen: IGW.

CALLON, Michel (1986): Some Elements of a Sociology of Translation: Domestication of the Scallops and the Fishermen of St. Brieuc Bay, in: J. LAW (Hg.) (1986), 196-233.

CALLON, Michel (1992): Techno-economic Networks and Irreversibility, in: J. LAW (Hg): *A Sociology of Monsters. Essays on Power, Technology and Domination*. London: Routledge & Kegan Paul.

CALLON, Michel (1994): Four Models for the Dynamics of Science, in: S. JASANOFF et al. (Hg.) (1994), 29-63.

CALLON, Michel (1994a): Is Science a Public Good? Fifth Mullins Lecture, Virginia Polytechnic Institute, 23 March 1993, *Science, Technology, & Human Values* 19 (4), 395-424.

CALLON, Michel und Bruno LATOUR (1981): Unscrewing the Big Leviathan: How Actors Macro-structure Reality and How Sociologists Help Them to Do So, in: K. KNORR-CETINA und A. V. CICOUREL (Hg.) (1981), 277-303.

CALLON, Michel, John LAW, and Arie RIP (Hg.) (1986): *Mapping the Dynamics of Science and Technology: Sociology of Science in the Real World*. London: Macmillan.

CAMBROSIO, Alberto, Camille LIMOGES und Denyse PRONOVOST (1990): Representing Biotechnology: An Ethnography of Quebec Science Policy, *Social Studies of Science* 21 (2), 279-319.

CHUBIN, Daryl E. und Edward J. HACKETT (1990): *Peerless Science, Peer Review and US Science Policy*. New York: State University of New York Press.

CHUBIN, Daryl E. und Ellen W. CHU (Hg.) (1989): *Science off the Pedestal. Social Perspectives on Science and Technology*. Belmont/CA: Wadsworth.

CIBA FOUNDATION CONFERENCE (1989): *The Evaluation of Scientific Research*. Chichester: John Wiley & Sons.

CLARK, W.C. und R.E. MUNN (Hg.) (1989): *Sustainable Development of the Biosphere*. Cambridge: Cambridge University Press.

CLOÎTRE, Michel und Terry SHINN (1986): Enclavement et diffusion du savoir, *Information sur les Sciences Sociales* 25 (1), 161-187.

COHEN, I. Bernard ([1985] 1994): *Revolutionen in der Naturwissenschaft*. Frankfurt/Main: Suhrkamp.

COHEN, I. Bernard (Hg.) (1994): *The Natural Sciences and the Social Sciences. Some Critical and Historical Perspectives*. Boston Studies in the Philosophy of Science, Band 150. Dordrecht: Kluwer Academic Publishers

COLE, Stephen (1992): *Making Science. Between Nature and Society*. Cambridge/MASS: Harvard University Press.

COLE, Jonathan R. (1980): *Fair Science: Women in the Scientific Community*. New York: Free Press.

COLLINS, Harry M. (1974): The TEA Set: Tacit Knowledge and Scientific Networks, *Science Studies* 4 (2), 165-186.

COLLINS, Harry M. (1975): The Seven Sexes: A Study in the Sociology of a Phenomenon, or the Replication of Experiments in Physics, *Sociology* 9, 205-224.

COLLINS, Harry M. ([1985] ²1992): *Changing Order: Replication and Induction in Scientific Practice*. London: Sage.

COLLINS, Harry M. (1987): Certainty and the Public Understanding of Science: Science on Television, *Social Studies of Science* 17 (4), 689-713.

COLLINS, Harry M. (1988): Public Experiments and Displays of Virtuosity: The Core-Set Revisited, *Social Studies of Science* 18 (4), 725-748.

COLLINS, Harry M. und Trevor PINCH (1993): *The Golem. What Everyone Should Understand about Science*. Cambridge: Cambridge University Press.

COZZENS, Susan E., Peter HEALEY, Arie RIP und John ZIMAN (Hg.) (1990): *The Research System in Transition*. Dordrecht: NATO ASI Series.

COZZENS, Susan und Thomas GIERYN (Hg.) (1990a): *Theories of Science in Society*. Bloomington: Indiana University Press.

CRAWFORD, Elizabeth (1992): *Nationalism and Internationalism in Science, 1880–1939*. Cambridge: Cambridge University Press.

DASTON, Lorraine J. (1989): Weibliche Intelligenz. Geschichte einer Idee, in: W. LEPENIES (Hg.): *Jahrbuch des Wissenschaftskollegs zu Berlin*. Berlin: Nicolaische Universitätsbuchhandlung, 213-229.

DASTON, Lorraine J. (1992): Objectivity and the Escape from Perspective, *Social Studies of Science* 22, 597-531.

DE SWAAN, Abram (1988): *In the Care of the State*. Cambridge: Polity Press.

DESROSIÈRES, Alain (1992): *How to Make Things Which Hold Together: Social Science, Statistics and the State*, in: P. WAGNER, B. WITTROCK and R. WHITLEY (Hg.) (1992), 195-218.

DI TROCCHIO, Federico ([1993] 1994): *Der große Schwindel. Betrug und Fälschung in der Wissenschaft*. Frankfurt/New York: Campus.

DICKSON, David (1984): *The New Politics of Science*. Chicago: The University of Chicago Press.

DIJKSTERHUIS, Eduard J. (1956): *Die Mechanisierung des Weltbildes*. Berlin: Springer.

DJERASSI, Carl ([1989] 1991): *Cantors Dilemma. Ein Nobelpreis-Roman*. Zürich: Haffmans.

DOORMAN, S.J. (Hg.) (1989): *Images of Science: Scientific Practice and the Public*. Aldershot: Gower.

DOSI, Giovanni (1988): Sources, Procedures, and Microeconomic Effects of Innovation, *Journal of Economic Literature* XXVI, 1120-1171.

DOSI, Giovanni et al. (Hg.) (1988): *Technical Change and Economic Theory*. London/New York: Pinter.

DOUGLAS, Mary und Aaron WILDAWSKI (1982): *Risk and Culture: An Essay in the Selection of Technical and Environmental Dangers.* Berkeley: University of California Press.

DURANT, John R., Geoffrey A. EVANS und Geoffrey P. THOMAS (1989): The Public Understanding of Science, *Nature* 340, 6 July 1989, 11-14.

DURANT, John (Hg.) (1992): *Museums and the public understanding of science.* London: Science Museum.

DURKHEIM, Emile (1981): *Die elementaren Formen des religiösen Lebens.* Frankfurt/Main: Suhrkamp.

ECKERT, Michael und Helmut SCHUBERT (1985): *Kristalle, Elektronen, Transistoren. Von der Gelehrtenstube zum Industrielabor*. Reinbek bei Hamburg: Rowohlt.

ECKERT, Michael und Maria OSSIETZKI (1989): *Wissenschaft für Markt und Macht. Kernforschung und Mikroelektronik in Deutschland.* München: C.H. Beck.

EDGE, David (1990): Competition in Modern Science, in: T. FRÄNGSMYR (Hg.): *Solomon's House Revisited. The Organization and Institutionalization of Science,* Nobel Symposium 75. Canton: Science History Publications & The Nobel Foundation, 208-232.

EDGE, David (1994): Reinventing the Wheel, in: S. JASANOFF et al. (Hg.) (1994), 3-23.

EDGE, David (1995): The Social Shaping of Technology, in: N. HEAP et al. (Hg.) (1995): *Information, Technology and Society.* London: Sage.

ELIAS, Norbert, Herminio MARTINS und Richard WHITLEY (Hg.) (1982): *Scientific Establishments and Hierarchies.* Yearbook in the Sociology of the Sciences. Dordrecht: Reidel.

ELKANA, Yehuda (1981): A Programmatic Attempt at an Anthropology of Knowledge, in: E. MENDELSOHN and Y. ELKANA (Hg.) (1981): *Sciences and Cultures. Yearbook in the Sociology of the Sciences.* Dordrecht: Reidel, 1-76.

ELKANA, Yehuda (1986): *Anthropologie der Erkenntnis. Die Entwicklung des Wissens als episches Theater einer listigen Vernunft.* Frankfurt/Main: Suhrkamp.

ELZINGA, Aant (1988): From Critizism to Evaluation, in: A. JAMISON (Hg.) (1988): *Keeping Science Straight.* Göteborg: Department of Theory of Science, 29-58.

ETZKOWITZ, Henry (1990): The Second Academic Revolution: The Role of the Research University in Economic Development, in: S.E. COZZENS et al. (Hg.) (1990), 109-124.

ETZKOWITZ, Henry, Carol KEMELGOR, Michael NEUSCHATZ und Brian UZZI (1992): Athena Unbound: Barriers to Women in Academic Science and Engineering, *Science and Public Policy* 19 (3), 157-179.

EURICH, Claus (1991): *Tödliche Signale. Die kriegerische Geschichte der Informationstechnik.* Frankfurt/Main: Luchterhand.

EVERS, Adalbert und Helga NOWOTNY (1987): *Über den Umgang mit Unsicherheit*. Frankfurt/Main: Suhrkamp.

EZRAHI, Yaron (1991): *The Descent of Icarus*. Cambridge/MASS: Harvard University Press.

FAULKNER, Wendy (1994): Conceptualizing Knowledge Used in Innovation: A Second Look at the Science-Technology Distinction and Industrial Innovation, *Science, Technology, and Human Values* 19 (4), 425-458.

FELDERER, Bernhard und David F.J. CAMPBELL (1994): *Forschungsfinanzierung in Europa. Trends – Modelle – Empfehlungen für Österreich*. Wien: Manz.

FELT, Ulrike und Helga NOWOTNY (Hg.) (1993): Science Meets the Public. A New Look at an Old Problem. *Public Understanding of Science* 2 (4).

FELT, Ulrike (1993): Fabricating Scientific Success Stories. *Public Understanding of Science* 2 (4), 375-390.

FEYERABEND, Paul (1976): *Wider den Methodenzwang*. Frankfurt/Main: Suhrkamp.

FEYERABEND, Paul (1992): *Über Erkenntnis. Zwei Dialoge*. Frankfurt/New York: Campus.

FLECK, Ludwik ([1935] 1980): *Entstehung und Entwicklung einer wissenschaftlichen Tatsache*. Frankfurt/Main: Suhrkamp.

FLECK, Ludwik (1983): *Erfahrung und Tatsache. Gesammelte Aufsätze*. Frankfurt/Main: Suhrkamp.

FORMAN, Paul (1971): Weimar Culture, Causality, and Quantum Theory, 1918–1927: Adaption by German Physicists and Mathematicians to a Hostile Intellectual Environment, *Historical Studies in the Physical Sciences* 3, 1-115.

FRIEDMAN, Sharon, Sharon M. DUNWOODY, und S.L. ROGERS (1986): *Scientists and Journalists. Reporting Science as News*. New York: Free Press.

FRÜHWALD, Wolfgang et al. (1991): *Geisteswissenschaften heute. Eine Denkschrift*. Frankfurt/Main: Suhrkamp.

FULLER, Steve (1993): *Philosophy, Rhetoric, and the End of Knowledge. The Coming of Science and Technology Studies*. Madison: The University of Wisconsin Press.

GALISON, Peter (1987): *How Experiments End*. Chicago und London: University of Chicago Press.

GALISON, Peter und Bruce HEVLY (Hg.) (1991): *Big Science. The Growth of Large-Scale Research*. Stanford: Stanford University Press.

GIBBONS, Michael und Ron JOHNSTON (1974): The Roles of Science in Technological Innovation, *Research Policy* 3, 220-242.

GIBBONS, Michael und Björn WITTROCK (Hg.) (1985): *Science as a Commodity: Threats to the Open Community of Scholars*. Essex: Longman.

GIBBONS, Michael, Camille LIMOGES, Helga NOWOTNY, Simon SCHWARTZMAN, Peter SCOTT und Martin TROW (1994): *The New Production of Knowledge. The Dynamics of Science and Research*. London: Sage.

GOLDSMITH, Maurice (1986): *The Science Critic. A Critical Analysis of the Popular Presentation of Science*. London: Routledge & Kegan.

GOODING, David, Trevor PINCH und Simon SCHAFFER (Hg.) (1989): *The Uses of Experiment. Studies in the Natural Sciences.* Cambridge: Cambridge University Press.

GORGES, Irmela (1980): *Sozialforschung in Deutschland 1872 – 1914.* Königstein: Anton Hain.

GORNICK, Vivian (1983): *Women in Science: Portraits from a World in Transition.* New York: Simon and Schuster.

GROSS, Paul und Norman LEVITT (1994): *Higher Superstition: The Academic Left and Its Quarrels with Science.* Baltimore/Maryland: Johns Hopkins University Press.

GIZYCKI, Rainald von (1987): *Cooperation Between Medical Researchers and a Self-Help Movement: The Case of the German Retinitis Pigmentosa Society,* in: St. BLUME et al. (Hg.), 75-88.

GUMMETT, Philip und Judith REPPY (Hg.) (1988): *The Relations Between Defense and Civil Technologies.* Dordrecht: Kluwer.

HACK, Lothar (1988): *Vor Vollendung der Tatsachen. Die Rolle von Wissenschaft und Technologie in der dritten Phase der industriellen Revolution.* Frankfurt/Main: Fischer.

HACKING, Ian (1990): *The Taming of Chance.* Cambridge: Cambridge University Press.

HACKING, Ian (1992): The Self-Vindication of the Laboratory Sciences, in: A. PICKERING (Hg.) (1992), 29-64.

HALLER, Michael (1987): Wie wissenschaftlich ist Wissenschaftsjournalismus? Zum Problem wissenschaftsbezogener Arbeitsmethoden im tagesaktuellen Journalismus, *Publizistik* 3, 305-319.

HARAWAY, Donna (1984): Lieber Kyborg als Göttin! Für eine sozialistisch-feministische Unterwanderung der Gentechnologie, *Argument-Sonderband* 105, 66-84.

HARAWAY, Donna (1989): *Primate Visions: Gender, Race, and Nature in the World of Modern Science.* New York: Routledge.

HARAWAY, Donna (1995): *Die Neuerfindung der Natur. Primaten, Cyborgs und Frauen.* Frankfurt/New York: Campus.

HARDING, Sandra ([1986] 1990): *Feministische Wissenschaftstheorie.* Hamburg: Argument Verlag.

HARDING, Sandra ([1991] 1994): *Das Geschlecht des Wissens. Frauen denken die Wissenschaft neu.* Frankfurt/New York: Campus.

HARDING, Sandra (Hg.) (1993): *The »Racial« Economy of Science. Toward a Democratic Future.* Bloomington/Indianapolis: Indiana University Press.

HASSE, Raimund, Georg KRÜCKEN und Peter WEINGART (1994): Laborkonstruktivismus: Eine wissenschaftssoziologische Reflexion, in: G. RUSCH und S.J. SCHMIDT (Hg.): *Konstruktivismus und Sozialtheorie.* Frankfurt/Main: Suhrkamp, 220-262.

HAUSEN, Karin und Helga NOWOTNY (Hg.) (1986): *Wie männlich ist die Wissenschaft?* Frankfurt/Main: Suhrkamp.

HEINTZ, Bettina (1993): *Die Herrschaft der Regel. Zur Grundlagengeschichte des Computers.* Frankfurt/New York: Campus.

HEINTZ, Bettina (1993a): Wissenschaft im Kontext. Neuere Entwicklungen der Wissenschaftssoziologie, *Kölner Zeitschrift für Soziologie und Sozialpsychologie* 45 (3), 528-552.

HELLER, Joseph (Hg.) (1986): *The Use and Abuse of Social Science*. London: Sage.

HESSE, Mary (1980): The Strong Thesis of the Sociology of Science, in: Dies.: *Revolutions and Reconstructions in the Philosophy of Science*. Brighton: Harvester, 29-60.

HESSEN, Boris M. ([1931] 1974): Die sozialen und ökonomischen Wurzeln von Newtons »Principia«, in: P. WEINGART (Hg.) (1974), 262-325.

HILGARTNER, Stephen (1990): The Dominant View of Popularisation: Conceptual Problems, Political Uses, *Social Studies of Science* 20 (4), 519-539.

HIRSCHAUER, Stefan (1991): The Manufacture of Bodies in Surgery, *Social Studies of Science* 21 (2), 279-319.

HIRSCHAUER Stefan (1993): *Die soziale Konstruktion der Transsexualität*. Frankfurt/Main: Suhrkamp.

HOLTON, Gerald (1981): *Thematische Analyse der Wissenschaft. Die Physik Einsteins und seiner Zeit*. Frankfurt/Main: Suhrkamp.

HONEGGER, Claudia (1991): *Die Ordnung der Geschlechter. Die Wissenschaften vom Menschen und das Weib*. Frankfurt/New York: Campus.

HOUSE, E.R. (1993): *Professional Evaluation – Social Impact and Political Consequences*. London: Sage.

HUGHES, Thomas P. (1979): The Electrification of America: The System-Builders, *Technology and Culture* 20, 125-139.

HUGHES, Thomas P. (1983): *Networks of Power – Electrification in Western Society, 1880–1930*. Baltimore: Hopkins.

HUGHES, Thomas P. (1986): The Seamless Web: Technology, Science, Etcetera, Etcetera, *Social Studies of Science* 16, 281-292.

HUGHES, Thomas P. (1987): The Evolution of Large Technological Systems, in: W. BIJKER, T.P. HUGHES und T. PINCH (Hg.) (1987), 51-82.

HUGHES, Thomas P. ([1989] 1991): *Die Erfindung Amerikas. Der technologische Aufstieg der USA seit 1870*. München: C.H. Beck.

INTERNATIONAL COUNCIL FOR SCIENCE POLICY STUDIES (1990): *Science, Technology and Development*. Paris: UNESCO.

JASANOFF, Sheila (1987): Contested Boundaries in Policy-Relevant Science, *Social Studies of Science* 17 (2), 195-230.

JASANOFF, Sheila (1990): *The Fifth Branch Science. Advisers as Policymakers*. Cambridge/MASS: Harvard University Press.

JASANOFF, Sheila (Hg.) (1992): *The Outlook for STS. Report on a STS Symposium & Workshop.* Cornell: Cornell University.

JASANOFF, Sheila, Gerald E. MARKLE, James C. PETERSEN, und Trevor PINCH (Hg.) (1994): *Handbook of Science and Technology Studies*. Thousand Oaks/London/New Delhi: Sage.

JOERGES, Bernward (1988): Large Technical Systems: Concepts and Issues, in: R. MAYNTZ und T.P. HUGHES (Hg.): *The Development of Large Technical Systems*. Frankfurt/New York: Campus & Westview Press, 9-36.

JORDANOVA, Ludmilla (1989): *Sexual Visions: Images of Gender in Science and Medicine between the Eighteenth and Twentieth Centuries*. Madison: University of Wisconsin Press.

KELLER, Evelyn Fox (1983): *A Feeling for the Organism: The Life and Work of Barbara McKlintock*. New York: W. H. Freeman.

KELLER, Evelyn Fox (1985): *Reflections on Gender and Science*. New Haven and London: Yale University Press.

KELLER, Evelyn Fox (1988): Feminist Perspectives on Science Studies, *Science, Technology, & Human Values* 13 (3&4), 235-249.

KELLER, Evelyn Fox (1989): Feminismus und Wissenschaft, in: E. LIST und H. STUDER (Hg.) (1989): *Denkverhältnisse. Feminismus und Kritik*. Frankfurt/Main: Suhrkamp, 281-300.

KELLER, Evelyn Fox (1992): *Secrets of life, secrets of death: Essays on Language, Gender, and Science*. New York: Routledge and Kegan Paul.

KENNEDY, Paul Michael (^{2}1988): *The Rise and Fall of Great Powers. Economic Change and Military Conflict from 1500 to 2000*. London: Unwin Hyman.

KEPPLINGER, Hans Mathias (1989): *Künstliche Horizonte. Folgen, Darstellung und Akzeptanz von Technik in der Bundesrepublik*. Frankfurt/New York: Campus.

KERN, Horst (1982): *Empirische Sozialforschung. Ursprünge, Ansätze, Entwicklungslinien*. München: C.H. Beck.

KEVLES Daniel (1977): *The Physicists. The History of a Scientific Community in Modern America*. Cambridge/MASS: Harvard University Press.

KNORR, Karin D. (1977): Producing and Reproducing Knowledge: Descriptive or Constructive? *Social Science Information* 16 (6), 669-696.

KNORR-CETINA, Karin ([1981] 1984): *Die Fabrikation von Erkenntnis. Zur Anthropologie der Naturwissenschaft*. Frankfurt/Main: Suhrkamp.

KNORR-CETINA, Karin (1989): Spielarten des Konstruktivismus, *Soziale Welt* 40 (1-2), 86-96.

KNORR-CETINA, Karin (1994): Laboratory Studies: The Cultural Approach to the Study of Science, in: S. JASANOFF et al. (Hg.) (1994), 140-166.

KNORR-CETINA, Karin (1995): *Epistemic Cultures: How Science Makes Sense*. Im Erscheinen.

KNORR-CETINA, Karin und Michael J. MULKAY (Hg.) (1983): *Science Observed: Perspectives on the Social Study of Science*. London and Beverly Hills: Sage.

KNORR-CETINA, Karin et al. (1988): Das naturwissenschaftliche Labor als Ort der »Verdichtung« von Gesellschaft, *Zeitschrift für Soziologie* 17 (2), 85-101.

KOCKA, Jürgen (Hg.) (1987): *Interdisziplinarität. Praxis – Herausforderung – Ideologie*. Frankfurt/Main: Suhrkamp.

KOYRÉ, Alexandre ([1957] 1969): *Von der geschlossenen Welt zum unendlichen Universum*. Frankfurt/Main: Suhrkamp.

KREIBICH, Rolf (1986): *Wissenschaftsgesellschaft. Von Galilei zur High-Tech-Revolution*. Frankfurt/Main: Suhrkamp.

KREUZER, Helmut (Hg.) (1987): *Die zwei Kulturen – Literarische und natur-wissenschaftliche Intelligenz. C.P. Snows These in der Diskussion.* München: dtv.

KROES, Peter und Martijn BAKKER (Hg.) (1992): *Technological Development and Science in the Industrial Age.* Dordrecht: Kluwer.

KROHN, Wolfgang und Günter KÜPPERS (1989): *Die Selbstorganisation der Wissenschaft.* Frankfurt/Main: Suhrkamp.

KROHN, Wolfgang und Günter KÜPPERS (1990): Selbstreferenz und Planung, in: U. NIELSEN (Hg.): *Selbstorganisation. Jahrbuch für Komplexität in den Natur-, Sozial- und Geisteswissenschaften.* Band 1. Berlin, 109-127.

KROHN, Wolfgang und Johannes WEYER (1989): Gesellschaft als Labor. Die Erzeugung sozialer Risiken durch experimentelle Forschung, *Soziale Welt* 40 (3), 349-373.

KROHN, Wolfgang und Georg KRÜCKEN (Hg.) (1993): *Riskante Technologien. Reflexion und Regulation. Einführung in die sozialwissenschaftliche Risikoforschung.* Frankfurt/Main: Suhrkamp.

KUHN, Thomas S. ([1962/69] 1976): *Die Struktur wissenschaftlicher Revolutionen.* Frankfurt/Main: Suhrkamp.

LAFOLLETTE, Marcel C. (1990): *Making Science Our Own. Chicago – Public Images of Science 1910–1955.* Chicago: The University of Chicago Press.

LAFOLLETTE, Marcel C. und Jeoffrey K. STINE (Hg.) (1990): *Technology and Choice.* Chicago: University of Chicago Press.

LAQUEUR, Thomas ([1990] 1992): *Auf den Leib geschrieben. Die Inszenierung der Geschlechter von der Antike bis Freud.* Frankfurt/New York: Campus.

LASSNIGG, Lorenz (Hg.) (1993): *Hochschulreform in Europa: Autonomisierung, Diversifizierung, Selbstorganisation.* Wien: IHS/Reihe Soziologie.

LATOUR, Bruno (1987): *Science in Action. How to Follow Scientists and Engineers Through Society.* Cambridge: Harvard University Press.

LATOUR, Bruno (1990): Postmodern? No, Simply Amodern! Steps towards an Anthropology of Science: An Essay Review, *Studies in the History and Philosophy of Science* 21, 145-171.

LATOUR, Bruno (1991): The Impact of Science Studies on Political Philosophy, *Science, Technology & Human Values* 16 (1), 3-19.

LATOUR, Bruno ([1991] 1995): *Wir sind nie modern gewesen. Versuch einer symmetrischen Anthropologie.* Berlin: Akademie-Verlag.

LATOUR, Bruno ([1993] 1995): *Der Berliner Schlüssel.* Berlin: Akademie-Verlag.

LATOUR, Bruno und Steven WOOLGAR ([1979] 1986): *Laboratory Life. The (Social) Construction of Scientific Facts.* Beverly Hills/CA: Sage.

LAW, John (Hg.) (1991): Introduction: Monsters, Machines and Sociotechnical Relations, in: Ders. (Hg.) (1991), 1-23.

LAW, John (1993): *Organizing Modernity.* London: Routledge.

LAW, John (Hg.) (1986): *Power, Action and Belief.* London: Routledge & Kegan Paul.

LAW, John (Hg.) (1991): *The Sociology of Monsters. Essays on Power, Technology, and Domination.* London: Routledge.

LEBEAU, André und Jean-Jacques SALOMON (1990): Science, Technology and Development, *Social Science Information* 29 (4), 841-858.

LENOIR, Timothy (1992): *Politik im Tempel der Wissenschaft. Forschung und Machtausübung im deutschen Kaiserreich.* Frankfurt/New York: Campus.

LEPENIES, Wolf ([1985] 1988): *Die drei Kulturen. Soziologie zwischen Literatur und Wissenschaft.* Reinbek bei Hamburg: Rowohlt.

LEPENIES, Wolf (1989): *Gefährliche Wahlverwandtschaften. Essays zur Wissenschaftsgeschichte.* Stuttgart: Reclam.

LEWENSTEIN, Bruce V. (1992): Cold Fusion and Hot History, *Osiris* 7(2), 135-163.

LEWENSTEIN, Bruce V. (1994): Science and the Media, in: S. JASANOFF et al. (Hg.), 343-360.

LIMOGES, Camille (1993): Expert Knowledge and Decision-making in Controversy Contexts, *Public Understanding of Science* 2, 417-426.

LUHMANN, Niklas (1990): *Die Wissenschaft der Gesellschaft.* Frankfurt/Main: Suhrkamp.

LUHMANN, Niklas (1992): *Soziologie des Risikos.* Berlin: de Gruyter.

LUNDGREEN, Peter et al. (1986): *Staatliche Forschung in Deutschland 1870–1980.* Frankfurt/New York: Campus.

LUUKKONEN, Terttu, Olle PERSSON und Gunnar SIVERTSEN (1992): Understanding Patterns of International Scientific Collaboration, *Science, Technology, & Human Values* 17 (1), 101-126.

LYNCH, Michael (1985): *Art and Artifact in Laboratory Science: A Study of Shop Work and Shop Talk in a Research Laboratory.* London: Routledge and Kegan Paul.

LYNCH, Michael und Steve WOOLGAR (Hg.) ([1988]) 1990): *Representation in Scientific Practice.* Cambridge/MASS: MIT Press.

LYOTARD, Jean-François ([1979] 1986): *Das postmoderne Wissen. Ein Bericht.* Wien: Edition Passagen.

MACKENZIE, Donald (1981): *Statistics in Britain 1865–1930.* Edinburgh: Edinburgh University Press.

MACKENZIE, Donald (1990): *Inventing Accuracy. A Historical Sociology of Missile Guidance.* Cambridge/MASS: MIT Press.

MACKENZIE, Donald und Judith WAJCMAN (Hg.) (1985): *The Social Shaping of Technology. How the Refrigerator Got its Hum.* Milton Keynes: Open University Press.

MANICAS, Peter T. (1987): *A History and Philosophy of the Social Sciences.* Oxford: Basil Blackwell.

MANNHEIM, Karl [(1929) 1985]: *Ideologie und Utopie.* Frankfurt/Main: Klostermann.

MANSFIELD, Edwin (1991): Academic Research and Industrial Innovation, *Research Policy* 20 (1), 1-12.

MARTINO, Joseph P. (1992): *Science Funding. Politics & Porkbarrel.* New Brunswick: Transaction.

MAURER, Margarete (Hg.) (1993): *Frauenforschung in Naturwissenschaften, Technik und Medizin.* Wien: Wiener Frauenverlag.

MAYNTZ, Renate (1985): *Forschungsmanagement. Steuerungsversuche zwischen Scylla und Charybdis*. Opladen: Westdeutscher Verlag.

MAYNTZ, Renate (1993): Große Technische Systeme und ihre gesellschaftstheoretische Bedeutung, *Kölner Zeitschrift für Soziologie und Sozialpsychologie* 45 (1), 97-108.

MEJA, Volker und Nico STEHR (Hg.) (1982): *Der Streit um die Wissenssoziologie. Zwei Bände*. Frankfurt/Main: Suhrkamp.

MENDELSOHN, Everett, Merrit Roe SMITH und Peter WEINGART (Hg.) (1988): *Science and the Military, Yearbook in the Sociology of the Sciences. Zwei Bände*. Dordrecht: Kluwer.

MEHRTENS, Herbert (1990): *Moderne – Sprache – Mathematik. Eine Geschichte des Streits um die Grundlagen der Disziplin und des Subjekts formaler Systeme*. Frankfurt/Main: Suhrkamp.

MELCHIOR, Josef (1993): *Zur sozialen Pathogenese der österreichischen Hochschulreform. Eine gesellschaftstheoretische Rekonstruktion*. Baden-Baden: Nomos.

MELCHIOR, Josef (1993a): Entwicklung der Hochschulpolitik in Europa, in: L. LASSNIGG (Hg.) (1993), 55-67.

MERCHANT, Carolyn ([1980] 1987): *Der Tod der Natur: Ökologie, Frauen und die neuzeitliche Naturwissenschaft*. München: Beck.

MERTON, Robert K. ([1938] 1970): *Science, Technology and Society in Seventeenth-Century England*. New Jersey: Humanities Press.

MERTON, Robert K. ([1973] 1985): *Entwicklung und Wandlung von Forschungsinteressen. Aufsätze zur Wissenschaftssoziologie*. Frankfurt/Main: Suhrkamp.

MEYER-ABICH, Klaus (1988): *Wissenschaft für die Zukunft*. München: C.H. Beck.

MICHAEL, Mike (1992): Lay Discourses of Science: Science-in-General, Science-in-Particular, and Self, *Science, Technology, & Human Values* 17 (3), 313-333.

MOWERY, David C. und Nathan ROSENBERG (1989): *Technology and the Pursuit of Economic Growth*. Cambridge: Cambridge University Press.

MULKAY, Michael (1985): *The Word and the World: Explanation in the Form of Sociological Analysis*. London: Allen & Unwin.

MULKAY, Michael (1991): *Sociology of Science. A Sociological Pilgrimage*. Milton Keynes: Open University Press.

MULKAY, Michael und G. Nigel GILBERT (1984): *Opening Pandora's Box: A Sociological Analysis of Scientists' Discourse*. Cambridge: Cambridge University Press.

MYERS, Greg (1990): *Writing Biology. Texts in the Social Construction of Scientific Knowledge*. Madison/WI: University of Wisconsin Press.

NEEDHAM, Joseph (1979): *Wissenschaftlicher Universalismus. Über Bedeutung und Besonderheit der chinesischen Wissenschaft*. Frankfurt/Main: Suhrkamp.

NEIDHARDT, Friedhelm (1988): *Selbststeuerung in der Forschungsförderung. Das Gutachterwesen der DFG*. Opladen: Westdeutscher Verlag.

NELKIN, Dorothy (1987): *Selling Science: How the Press Covers Science and Technology*. New York: Freeman and Co.

NOBLE, David F. (1992): *A World Without Women. The Christian Clerical Culture of Western Science*. New York: Alfred A. Knopf.

NOWOTNY, Helga (1986): Gemischte Gefühle, in: K. HAUSEN und H. NOWOTNY (Hg.): *Wie männlich ist die Wissenschaft*? Frankfurt/Main: Suhrkamp, 17-30.

NOWOTNY, Helga und Rafael EISIKOVIC (1990): *Entstehung, Wahrnehmung und Umgang mit Risiken*. Bern: Schweizerischer Wissenschaftsrat.

NOWOTNY, Helga (1993): Socially Distributed Knowledge: Five Spaces for Science to Meet the Public, *Public Understanding of Science* 2 (4), 307-319.

NOWOTNY, Helga und Ulrike FELT (1995): *High-Temperature Superconductivity – A New Research Field in the Making*. Im Erscheinen.

NOWOTNY, Helga und Klaus TASCHWER (Hg.) (1995): *Sociology of the Sciences*. Zwei Bände. Cheltenham: Elgar.

OLBY, Robert C. et al. (Hg.) (1990): *Companion to the History of Modern Science*. London: Routledge.

OSSOWSKA, Marja und Stanislaw OSSOWSKI (1936): The Science of Science, *Organon* 1 (1), 1-12.

PAVITT, Keith (1991): What Makes Basic Research Economically Useful?, *Research Policy* 20 (2), 109-110.

PERROW, Charles (1989): *Normale Katastrophen. Die unvermeidbaren Risiken der Großtechnologie*. Frankfurt/New York: Campus.

PETERS, Hans Peter (1994): Risikokommunikation in den Medien, in: K. MERTEN, S.J. SCHMIDT und S. WEISCHEN (Hg.) (1994): *Die Wirklichkeit der Medien. Eine Einführung in die Kommunikationswissenschaft*. Opladen: Westdeutscher Verlag.

PICKERING, Andrew (1984): *Constructing Quarks. A Sociological History of Particle Physics*. Chicago University Press.

PICKERING, Andrew (1993): The Mangle of Practice: Agency and Emergence in the Sociology of Science, *American Journal of Sociology* 99 (3), 559-589.

PICKERING, Andrew (Hg.) (1992): *Science as Practice and Culture*. Chicago & London: University of Chicago Press.

POLANYI, Michael ([1966] 1985): *Implizites Wissen*. Frankfurt/Main: Suhrkamp.

PRICE, Derek de Solla ([1961] 1975): *Science since Babylon*. Yale: University Press.

PRICE, Derek de Solla ([1963] 1974): *Little Science, Big Science. Von der Studierstube zur Großforschung*. Frankfurt/Main: Suhrkamp.

PRICE, Derek de Solla (1984): The Science/Technology Relationship, the Craft of Experimental Science, and Policy for the Improvement of High Technology innovation, *Research Policy* 13, 3-20.

PRINZ, Wolfgang und Peter WEINGART (Hg.) (1990): *Die sog. Geisteswissenschaften: Innenansichten*. Frankfurt/Main: Suhrkamp.

RABINBACH, Anson ([1990] 1992): *The Human Motor: Energy, Fatigue and the Origins of Modernity*. Berkeley: University of California Press.

RHEINBERGER, Hans-Jörg (1992): *Experiment, Differenz, Schrift: zur Geschichte epistemischer Dinge*. Marburg/Lahn: Basiliskenpresse.

RICHTER, Derek (Hg.) (1982): *Women Scientists: The Road to Liberation*. London: Macmillan.

RINGER, Fritz K. (1983): *Die Gelehrten. Der Niedergang der deutschen Mandarine 1890–1933*. Stuttgart: Klett-Cotta.

RIP, Arie (1990): An Exercise in Forsight: The Research System in Transition – To What? in: S.E. COZZENS et al. (Hg.) (1990), 387-401.

RIP, Arie (1992): Science and Technology as Dancing Partners, in: P. KROES und M. BAKKER (Hg.) (1992), 231-270.

RITTER, Gerhard A. (1992): *Großforschung und Staat in Deutschland. Ein historischer Überblick*. München: C.H. Beck.

ROSE, Hilary (1994): *Love, Power and Knowledge: Towards a Feminist Transformation of the Sciences*. Cambridge: Polity Press.

ROSSITER, Margret (1982): *Women Scientists in America. Struggles and Strategies to 1940*. Baltimore: John Hopkins University Press.

ROTHBLATT, Sheldon und Björn WITTROCK (Hg.) (1993): *The European and American University since 1800: Historical and Sociological Essays*. Cambridge/MASS: Cambridge University Press.

RUDWICK, Martin (1976): The Emergence of a Visual Language for Geological Science 1760-1840, *History of Science* 14, 149-195.

SALAM, Abdus (1987): *Ideals and Realities*. Singapore: World Scientific Publishing Co.

SALOMON, Jean-Jacques (1990): *Science, War and Peace*. Paris: Economica.

SCHIEBINGER, Londa (1993): *Nature's Body. Gender in the Making of Modern Science*. London: Beacon Press.

SCHIEBINGER, Londa ([1989] 1993): *Schöne Geister. Frauen in den Anfängen der modernen Wissenschaft*. Stuttgart: Klett-Cotta.

SCHIELE, Bernard (Hg.) (1994): *When Science Becomes Culture. World Survey of Scientific Culture*. Ottawa: University of Ottawa Press.

SCHOTT, Thomas (1991): The World Scientific Community: Globality and Globalisation, *Minerva* 29 (4), 440-462.

SCHWARZ, Michiel und Michael THOMPSON (1990): *Divided We Stand: Redefining Politics, Technology, and Social Choice*. Philadelphia: University of Pennsylvania Press.

SCHRÖDER-GUDEHUS, Brigitte (1990): Nationalism and Internationalism, in: R. C. OLBY et al. (Hg.), 909-919.

SERRES, Michel (Hg.) ([1989] 1994): *Elemente einer Geschichte der Wissenschaften*. Frankfurt/Main: Suhrkamp.

SHAPIN, Steven (1982): History of Science and its Sociological Reconstructions, *History of Science* 20, 157-211.

SHAPIN, Steven (1988): The House of Experiment in Seventeenth-Century England, *Isis* 79 (4), 373-404.

SHAPIN, Steven (1990): Science and the Public, in: R. C. OLBY et al. (Hg.), 990-1007.

SHAPIN, Steven (1991): »The Mind Is Its Own Place«: Science and Solitude in Seventeenth-Century England, *Science in Context* 4 (1), 191-218.

SHAPIN, Steven (1994): *The Social History of Truth. Civility and Science in Seventeenth-Century England.* Chicago und London: University of Chicago Press.

SHAPIN, Steven und Simon SCHAFFER (1985): *Leviathan and the Air-Pump.* Princeton/New Jersey: Princeton University Press.

SHINN, Terry (1982): Scientific Disciplines and Organizational Specifity: the Social and Cognitive Configuration of Laboratory Activities, in: N. ELIAS, H. MARTINS und R. WHITLEY (Hg.) (1982), 239-259.

SHINN, Terry (1988): Hierarchies des chercheurs et formes de recherche, *Actes de la recherche en science sociales* 74, 2-22.

SHINN, Terry und Richard WHITLEY (Hg.) (1985): *Expository Science. Forms and Functions of Popularisation. Yearbook in the Sociology of the Sciences.* Dordrecht: Kluwer.

SILVERSTONE, Roger (1985): *Framing Science. The Making of a BBC Documentary,* Tiptree: Anchor Brendon.

SISMONDO, Sergio (1993): Some Social Constructions, *Social Studies of Science* 23, 515-553.

SMIT, Wim A. (1994): *Science, Technology, and the Military: Relations in Transition,* in: S. JASANOFF et al. (Hg.) (1994), 598-626.

SØRENSEN, Knut und Nora LEVOLD (1992): Tacit Networks, Heterogeneous Engineers, and Embodied Technology, *Science, Technology, & Human Values* 17 (1), 13-35.

SØRENSEN, Knut (1992): Towards a Feminized Technology? Gendered Values in the Construction of Technology, *Social Studies of Science* 22 (1), 5-30.

SOHN-RETHEL, Alfred (1987): *Von der Wiedergeburt der Antike zur neuzeitlichen Naturwissenschaft.* Bremen: Neue Bremer Presse.

SPIEGEL-RÖSING, Ina (1973): *Wissenschaftsentwicklung und Wissenschaftssteuerung. Einführung und Material zur Wissenschaftsforschung.* Frankfurt/Main: Athenäum.

SPIEGEL-RÖSING, Ina und Derek de Solla PRICE (Hg.) (1977): *Science, Technology, and Society. A Cross-Disciplinary Perspective.* London und Beverly Hills: Sage.

STEHR, Nico (1975): Zur Soziologie der Wissenschaftssoziologie, in: N. STEHR und R. KÖNIG (Hg.) (1975), 9-18.

STEHR, Nico (1991): *Praktische Erkenntnis.* Frankfurt/Main: Suhrkamp.

STEHR, Nico (1994): *Arbeit, Eigentum, Wissen. Zur Theorie von Wissensgesellschaften.* Frankfurt/Main: Suhrkamp.

STEHR, Nico (1994a): Wissenschaftssoziologie, in: H. KERBER und A. SCHMIEDER (Hg.): *Spezielle Soziologien. Problemfelder, Forschungsbereiche, Anwendungsorientierungen.* Reinbek bei Hamburg: Rowohlt, 541-555.

STEHR, Nico und René KÖNIG (Hg.) (1975): Wissenschaftssoziologie. Studien und Materialien. Sonderheft 18 der *Kölner Zeitschrift für Soziologie und Sozialpsychologie.* Opladen: Westdeutscher Verlag.

STEHR, Nico und Richard V. ERICSON (Hg.) (1993): *The Culture and Power of Knowledge. Inquiries into Contemporary Studies.* Berlin/New York: de Gruyter, 363-379.

STICHWEH, Rudolf (1991): *Der frühmoderne Staat und die europäische Universität. Zur Interaktion von Politik und Erziehungssystem im Prozeß ihrer Ausdifferenzierung.* Frankfurt/Main: Suhrkamp.

STICHWEH, Rudolf (1994): *Wissenschaft, Universität, Professionen. Soziologische Analysen.* Frankfurt/Main: Suhrkamp.

STORER, Norman (1966): *The Social System of Science.* New York: Holt, Rhinehart and Wiston.

TRAWEEK, Sharon (1988): *Beamtimes and Lifetimes. The World of High Energy Physicists.* Cambridge/MASS: Harvard University Press.

TRISCHLER, Helmuth (1988): Wissenschaft und Forschung aus der Perspektive des Historikers, *Neue Politische Literatur* 33 (3), 393-416.

TUANA, Nancy (Hg.) (1987): *Feminism and Science.* Bloomington: Indiana University Press.

VAN DEN DAELE, Wolfgang (1987): Der Traum von der »alternativen« Wissenschaft, *Zeitschrift für Soziologie* 16 (6), 403-418.

VAN DEN DAELE, Wolfgang, Wolfgang KROHN und Peter WEINGART (Hg.) (1979): *Geplante Forschung. Vergleichende Studien über den Einfluß politischer Programme auf die Wissenschaftsentwicklung.* Frankfurt/Main: Suhrkamp.

WAGNER, Peter (1990): *Sozialwissenschaften und Staat in Kontinentaleuropa. Konstitutionsbedingungen des gesellschaftswissenschaftlichen Diskurses der Moderne.* Frankfurt/New York: Campus.

WAGNER, Peter, Björn WITTROCK und Richard WHITLEY (Hg.) (1992): *Discourses on Society. The Shaping of the Social Science Disciplines. Yearbook in theSociology of the Sciences.* Dordrecht: Kluwer.

WAGNER, Peter (1993): *A Sociology of Modernity. Liberty and Discipline.* London/New York: Routledge.

WAJCMAN, Judy ([1991] 1994): *Technik und Geschlecht. Die feministische Technikdebatte.* Frankfurt/New York: Campus.

WEBER, Max ([1919] 1986): Wissenschaft als Beruf, in: Ders.: *Gesammelte Aufsätze zur Wissenschaftslehre.* Tübingen: Mohr, 582-613.

WEBSTER, Andrew (1991): *Science, Technology, Society. New Directions.* New Brunswick: Rutgers University Press.

WEINBERG, Alvin (1963): Criteria for Scientific Choice, *Minerva* 1 (2), 159-171.

WEINBERG, Alvin M. ([1967] 1970): *Probleme der Großforschung. Wissenschaftspolitik und Organisationen der Forschung. Die Forschungspolitik der BRD.* Frankfurt/Main: Suhrkamp.

WEINBERG, Steven (1992): *Dreams of a Final Theory. The Search for the Fundamental Laws of Nature.* New York: Pantheon.

WEINGART, Peter (1976): *Wissensproduktion und soziale Struktur.* Frankfurt/Main: Suhrkamp.

WEINGART, Peter (1979): The Relation between Science and Technology – A Sociological Explanation, in: W. KROHN et al. (Hg.) (1979): *The Dynamics of Science and Technology. Yearbook in the Sociology of Science.* Dordrecht: Kluwer, 251-286.

WEINGART, Peter (1985): Wissenschaftsforschung. Neue Probleme, neue Aufgaben, in: C. BURRICHTER (Hg.) (1985), 40-63.

WEINGART, Peter (1989): »Großtechnische Systeme« – ein Paradigma der Verknüpfung von Technikentwicklung und sozialem Wandel? in: Ders. (Hg.) (1989): *Technik als sozialer Prozeß*. Frankfurt/Main: Suhrkamp, 174-196.

WEINGART, Peter und Matthias WINTERHAGER (1984): *Die Vermessung der Forschung. Theorie und Praxis der Wissenschaftsindikatoren*. Frankfurt/New York: Campus.

WEINGART, Peter, Jürgen KROLL und Kurt BAYERTZ (1988): *Rasse, Blut und Gene. Geschichte der Eugenik und Rassenhygiene in Deutschland*. Frankfurt/Main: Suhrkamp.

WEINGART, Peter (Hg.) (1973): *Wissenschaftssoziologie I. Wissenschaftliche Entwicklung als sozialer Prozeß*. Frankfurt/Main: Fischer und Athenäum.

WEINGART, Peter (Hg.) (1974): *Wissenschaftssoziologie II. Strukturen wissenschaftlicher Entwicklung*. Frankfurt/Main: Fischer und Athenäum.

WEINGART, Peter et al. (1991): *Die sog. Geisteswissenschaften: Außenansichten*. Frankfurt/Main: Suhrkamp.

WEINGART, Peter et al. (1991a): *Indikatoren der Wissenschaft und Technik. Theorie, Methoden, Anwendungen*. Frankfurt/New York: Campus.

WEINGART, Peter, Roswitha SEHRINGER und Matthias WINTERHAGER (Hg.) (1992): *Representations in Science and Technology*. Leiden: DSWO Press.

WHITLEY, Richard (1984): *The Intellectual and Social Organization of the Sciences*. Oxford: Clarendon Press.

WINNER, Langdon ([1980] 1986): Do Artifacts Have Politics?, in: Ders. (1986): *The Whale and the Reactor. A Search for Limits in an Age of High Technology*. Chicago: Chicago University Press, 19-39.

WINNER, Langdon (1993): Upon Opening the Black Box and Finding It Empty: Social Constructivism and the Philosophy of Technology, *Science, Technology, & Human Values* 18 (3), 362-378.

WITTROCK, Björn und Aant ELZINGA (Hg.) (1985): *The University Research System*. Stockholm: Almquist und Wiksell.

WOBBE, Theresa und Gesa LINDEMANN (Hg.) (1994): *Denkachsen zur theoretischen und institutionellen Rede vom Geschlecht*. Frankfurt/Main: Suhrkamp.

WOLPERT, Lewis (1992): *The Unnatural Nature of Science: Why Science Does Not Make (Common) Sense*. London: Faber & Faber.

WOMEN IN SCIENCE (1994), *Science* 263, 11. März 1994, 1467-1496.

WOOLGAR, Steve (1988): *Science: the Very Idea*. London: Routledge.

WOOLGAR, Steve (1991): Beyond the Citation Debate: Towards a Sociology of Measurement Technologies and Their Use in Science Policy, *Science and Public Policy* 18 (5), 319-326.

WOOLGAR, Steve (Hg.) (1988a): *Knowledge and Reflexivity*. London: Sage.

WYNNE, Brian (1991): Knowledges in Context, *Science, Technology, & Human Values* 16 (1), 111-121.

WYNNE, Brian (1992a): Misunderstood misunderstandings: Social identities and the uptake of science, *Public Understanding of Science* 1 (3), 281-304.

WYNNE, Brian (1992b): Public Understanding of Science: New Horizons or Hall of Mirrors? *Public Understanding of Science* 1, 37-43.

WYNNE, Brian (1994): Public Understanding of Science, in: S. JASANOFF et al. (Hg.) (1994), 361-388.

YENTSCH, Clarice und Carl J. SINDERMANN (1992): *The Woman Scientist. Meeting the Challenges for a Successful Career*. New York/London: Plenum Press.

ZILSEL, Edgar (1976): *Die sozialen Ursprünge der neuzeitlichen Wissenschaft*. Frankfurt/Main: Suhrkamp.

ZIMAN, John (1985): *An Introduction to Science Studies. The Philosophical and Social Aspects of Science and Technology*. Cambridge: Cambridge University Press.

ZIMAN, John (1991): Public Understanding of Science, *Science, Technology, & Human Values* 16 (1), 99-105.

ZIMAN, John (1994): *Prometheus Bound. Science in a Dynamic Steady State*. Cambridge: Cambridge University Press.

ZIMMERLI, Walther Ch. (Hg.)(1990): *Wider die »Zwei Kulturen«. Fachübergreifende Inhalte in der Hochschulausbildung*. Heidelberg: Springer.

ZUCKERMAN, Harriet (1988): The Sociology of Science, in: Neil L. SMELSER (Hg.): *Handbook of Sociology*. Beverly Hills/CA: Sage, 511-576.

ZUCKERMAN, Harriet, Jonathan COLE und John BRUER (Hg.) (1991): *The Outer Circle: Women in the Scientific Community*. Norton: New York.

Personenregister

Abir-Am, P. 112
Archimedes 198
Aristoteles 87, 92, 102, 105, 153
Ashmore, M. 148
Asimov, I. 55

Bachelard, G. 134
Bacon, F. 34f., 39, 91, 107, 111, 122, 185
Barber, B. 29, 83
Barnes, B. 83, 147
Barthes, R. 170
Bazerman, Ch. 175, 180
Becher, T. 59, 64, 70, 83, 173, 180
Beck, U. 161, 163, 179, 279
Ben-David, J. 29, 55f.
Benguigui, G. 261
Bernal, J.D. 16, 17, 23, 25, 29f., 33, 55, 213
Bijker, W. 187, 207
Bleier, R. 106, 113
Block, J. 230, 243
Bloor, D. 129, 143, 147, 287, 293f.
Blume, St. 279
Böhme, G. 55
Bonß, W. 28, 161, 163, 179
Bourdieu, P. 75ff., 83, 118, 294
Boyle, R. 129, 152, 178, 289
Braun, I. 207
Brooks, H. 243
Bruer, J. 113
Burrichter, C. 29
Bush, V. 44

Callon, M. 117ff., 121, 142f., 146, 148, 211, 219, 285, 295
Campbell, D.F.J. 223, 243
Cavendish, M. 87, 89
Christina 89
Chubin, D.E. 243

Cloître, M. 251
Cohen, I.B. 55, 180
Cole, J.R. 97f., 112
Collins, H.M. 131ff., 147, 279, 294
Comte, A. 154
Condorcet 90, 154
Curie, M. 93
Cutler, J. 292
Cuvier 292

da Vinci, L. 198
Daele, W. van den 55, 242, 288
Daston, L. 101f., 105, 113
de Swaan, A. 161, 179
Derrida, J. 138, 288
Descartes, R. 35
Desrosières, A. 161, 179
Dickson, D. 242
Dijksterhuis, E.J. 55
Dolby, R.G.A. 83
Doorman, S.J. 279
Dosi, G. 182, 187f., 206, 295
Douglas, M. 276, 279
du Châtelet 89
DuBridge, L.A. 196
Duden, B. 101, 113
Durant, J. 266, 279

Eckert, M. 243
Edge, D. 29, 81, 83, 206
Edison, Th.A. 196
Eisikovic, R. 279
Elias, N. 83
Elzinga, A. 243
Engels, F. 23
Epstein, C.F. 93
Etzkowitz, H. 113, 226, 232, 243
Evans, G.A. 279
Evers, A. 164, 179, 279
Ezrahi, Y. 165f., 179, 242

Faulkner, W. 206
Felderer, B. 223, 243
Felt, U. 278
Feyerabend, P. 123, 147
Fleck, L. 116, 127f., 147, 250, 279, 286
Frühwald, W. 179

Galilei, G. 34, 89, 198, 292
Galison, P. 48, 56, 147
Galton, F. 104
Garfield, E. 237, 292
Gibbons, M. 65, 83, 166, 179
Giddens, A. 151
Gilbert, W. 34
Gilbert, G.N. 286
Gizycki, R.v. 262, 279
Goldsmith, M. 235, 279
Gorges, I. 178
Graunt, J. 153
Gross, P. 283

Hack, L. 138, 242
Hackett, E.J. 243
Hacking, I. 179
Haller, M. 277
Halley, E. 153
Haraway, D. 84, 110, 113
Harding, S. 108, 113
Hartmann, H. 28
Hartsock, N. 108
Hausen, K. 112
Heidegger, M. 294
Heintz, B. 146
Heller, J. 179
Herrnstein, R.J. 106
Hesse, M. 123f., 147
Hessen, B. 23, 24, 29
Hevly, B. 56
Hilgartner, St. 279
Hobbes, Th. 152, 178
Honegger, C. 101, 113
Hooke, R. 292
House, E.R. 243
Hughes, Th.P. 144, 182f., 194ff., 207, 290

Jacobi, D. 248
Jasanoff, S. 28f.
Jerusalem, W. 122

Joas, H. 113
Joerges, B. 206
Jordanova, L. 113

Keller, E.F. 84ff., 108, 110, 112
Kepplinger, H.M. 276
Kern, H. 178
Kevles, D. 207
Knorr-Cetina, K. 83, 134ff., 138, 147f., 150, 249, 289
Kocka, J. 180
Koyré, A. 55
Kreibich, R. 45, 56, 242
Kreuzer, H. 180
Krohn, W. 55, 242, 279, 288
Krücken, G. 279
Kuhn, Th.S. 116f., 123ff., 147, 188, 286, 288, 291f.
Küppers, G. 242, 288

LaFollette, M. 253, 256, 258, 279
Lakatos, I. 123
Laqueur, Th. 105, 113
Lassnigg, L. 243
Latour, B. 79f., 83, 118, 134, 137f., 143, 147f., 206, 249, 285f., 288f., 294f.
Law, J. 148, 187, 191, 207
Le Play, F. 154
Lederman, L. 44
Lenoir, T. 56, 242
Lepenies, W. 15, 171f., 178
Levitt, N. 283
Lewenstein, B. 279
Limoges, C. 166, 274
Linné, C.v. 92
Lotka, A. 23, 99
Luhmann, N. 287
Lundgreen, P. 242
Lynch, M. 134, 147, 289

MacKenzie, D. 130, 147, 201, 206
Manicas, P.T. 179
Mannheim, K. 23, 122f., 129, 147, 295
Mansfield, E. 229, 243
Marquard, O. 158
Marx, K. 22, 23, 109, 122, 226
Mayntz, R. 207, 243

McKlintock, B. 112
Medici 36, 292
Meja, V. 147
Melchior, J. 233, 243
Mendelsohn, E. 201, 207
Merchant, C. 91
Merian, M.S. 90
Merton, R.K. 26, 29, 55, 58ff., 66, 76, 82f., 115, 118, 285, 291f.
Michael, M. 269, 279
Mill, J.St. 90
Mowery, D.C. 206
Mulkay, M. 70, 286
Murray, Ch. 106

Needham, J. 23, 55
Neidhardt, F. 243
Nelkin, D. 261, 279
Nelson, R. 187, 227
Newton, I. 23, 24, 153
Noble, D.F. 91, 112
Nowotny, H. 28, 112, 164, 166, 179, 250, 278, 280

Olby, R.C. 55
Ossietzki, M. 243
Ossowska, M. 24, 29
Ossowski, St. 24, 29
Outram, D. 112

Pavitt, K. 243
Peters, H.P. 273, 280
Petty, W. 153
Pickering, A. 130, 147f., 148
Pinch, T. 147, 207
Polanyi, M. 25, 119, 213, 294
Popper, K. 25, 213
Price, D. de Solla 15, 28f, 43ff., 56, 237, 285, 289
Prinz, W. 179

Quêtelet, A. 154

Reagan, R. 201
Richter, D. 112
Rip, A. 206
Ritter, G.A. 56
Rose, H. 112
Rosenberg, N. 206
Rossiter, M. 112

Rothblatt, S. 55
Rousseau, J.J. 90
Ruivo, B. 94

Saint-Simon 22
Salomon, J.J. 207
Sayers, D. 101
Schaffer, S. 152, 178
Scheler, M. 23, 295
Schiebinger, L. 90, 92, 112f.
Schiele, B. 248
Scholz, G. 158, 179
Schubert, H. 243
Schumpeter, J.A. 161
Schwartzman, S. 166
Scott, P. 166
Sehringer, R. 243
Serres, M. 55
Shakespeare 169
Shapin, St. 56, 147, 152, 178, 278
Shinn, T. 71ff., 83, 250ff., 279
Siemens, W. von 183
Silverstone, R. 279
Sismondo, S. 146
Smit, W.A. 207
Smith, M.R. 201, 207
Smith, A. 226
Snow, C.P. 170f., 180
Sohn-Rethel, A. 55
Spiegel-Rösing, I. 28
Stehr, N. 29, 56, 147, 179
Stepan, N. 92
Stichweh, R. 56
Storer, N. 29, 83
Süssmilch, J.P. 153

Taschwer, K. 28
Terman, L. 104
Tessier 291
Thomas, G.P. 279
Tocqueville, A. de 222
Traweek, S. 68, 73, 83, 113, 134, 147, 289
Trischler, H. 29
Trow, M. 166, 239
Tuana, N. 85

Wagner, P. 155, 157, 161, 179
Wajcman, J. 113, 206
Weber, M. 7, 23

Webster, A. 28
Weinberg, A. 56, 237
Weinberg, St. 283
Weingart, P. 28f., 179, 201, 206f., 242f.
Whewell, W. 39
Whitley, R. 172f., 179f., 250, 279, 285
Wildavsky, A. 277, 281
Winkelmann, M. 90
Winner, L. 22, 207
Winterhager, M. 243

Wittrock, B. 55, 155, 157, 161, 179, 243
Wolpert, L. 283
Woolf, V. 107
Woolgar, St. 79f., 83, 118, 134, 137f., 142, 146ff., 249, 286, 288f.
Wynne, B. 265, 267, 270f., 278f.
Zilsel, E. 55
Ziman, J. 28, 217f., 243, 267
Zimmerli, W. 180
Zuckerman, H. 15, 82, 98, 113, 146

Aus unserem Programm

Frederico Di Trocchio

Der große Schwindel

Betrug und Fälschung in der Wissenschaft

1994. 221 Seiten

Die Wissenschaft sei der Wahrheit verpflichtet, heißt es. Aber stimmt das denn? Nein, behauptet Frederico Di Trocchio. Im Namen der Wissenschaft wurde gelogen, betrogen und erfunden: Experiment gelungen, aber gefälscht. Am Ende standen zwar die großen Theorien, aber falsche Fährten wurden immer mal gelegt. Schon Newton, Mendel oder Galilei waren »Wissenschaftsfälscher«. Sie filterten, vereinfachten und paßten Widersprüchliches durch Kunstgriffe und kleine Korrekturen ihren präzisen Gesetzen an.

Die großen (Ver-)fälschungen genialer Forscherpersönlichkeiten standen immer im Dienste einer Idee. Und heute? Wurde früher noch aus Liebe zur Wahrheit geschummelt und gemogelt, so im postmodernen System der Big Science bloß noch um des schnöden Geldes willen. Die Wissenschaftler kämpfen nicht mehr um Ideen, sondern nur noch um Posten und die Finanzierung ihres nächsten Forschungsprojektes. Dies, so zeigt der Autor, begründet eine neue Scientific Community: die Wissenschaft der Fälscher ohne Wahrheitsanspruch.

»Vergnüglich, packend und gut dokumentiert.«   *La Stampa*

Campus Verlag · Frankfurt / New York

Otto Kruse
Keine Angst vor dem leeren Blatt
1995. Ca. 220 Seiten

Der bewährte Ratgeber für alle StudentInnen, die sich mit dem Schreiben wissenschaftlicher Arbeiten schwertun, wird jetzt erweitert um eine Schritt-für-Schritt-Anleitung für die erste Hausarbeit. Sie soll helfen, die schriftlichen Anforderungen des Studiums vom Start weg zu lösen.

»Kruses Einführung in die Kunst des Schreibens ist genauso vielfältig wie leicht lesbar - eine Lektüre nach der die nächste Hausarbeit leichter fallen dürfte.« *Süddeutsche Zeitung*

Howard S. Becker
Die Kunst des professionellen Schreibens
1994. 223 Seiten

Geistes- und sozialwissenschaftliche Texte sind oft schlecht geschrieben. Der Grund dafür liegt in den stilistischen Unarten, die sich mit der Orientierung an einen vermeintlich wissenschaftlichen Jargon unvermeidlich einstellen. All denen, die durch Studium oder Beruf zum Schreiben gezwungen sind, liefert dieser anregende Leitfaden eine Fülle erhellender Einsichten zur Vermeidung all der Fehler, welche die Lektüre wissenschaftlicher Texte so oft zur Strapaze machen.

Campus Verlag · Frankfurt / New York